新能源材料
系列教材

储能材料与器件

李 星 王明珊 陈俊臣 等编

化学工业出版社
·北京·

内容简介

《储能材料与器件》全书共分7章，内容包括绪论、铅酸蓄电池、锂离子电池、锂金属电池及锂金属负极保护、液流电池、金属-空气电池以及超级电容器。本书主要针对电化学储能材料及器件展开论述，讲解具体的储能方式、各类储能电池工作原理、关键材料及器件。此外，本书还对物理储能及氢能存储做了简要介绍。

本书适用于新能源材料与器件、新能源科学与工程、储能科学与工程专业及相近专业本科教学，也可作为材料及化学等相关专业类似课程的参考书；同时还可以为从事储能电池方面研究和生产的工作人员提供参考。

图书在版编目（CIP）数据

储能材料与器件/李星等编. —北京：化学工业出版社，2023.1（2024.10重印）

新能源材料系列教材

ISBN 978-7-122-42496-9

Ⅰ.①储… Ⅱ.①李… Ⅲ.①储能-功能材料-教材 Ⅳ.①TB34

中国版本图书馆CIP数据核字（2022）第208318号

责任编辑：杨 菁 金 杰 闫 敏　　文字编辑：林 丹 陈立璞

责任校对：田睿涵　　装帧设计：张 辉

出版发行：化学工业出版社（北京市东城区青年湖南街13号 邮政编码100011）

印　　装：大厂回族自治县聚鑫印刷有限责任公司

787mm×1092mm 1/16 印张 $9\frac{3}{4}$ 字数234千字 2024年10月北京第1版第2次印刷

购书咨询：010-64518888　　售后服务：010-64518899

网　　址：http://www.cip.com.cn

凡购买本书，如有缺损质量问题，本社销售中心负责调换。

定　　价：38.00元

前 言

“新能源材料与器件”是由教育部于2010年批准建设的战略性新兴产业专业。“储能材料与器件”属于该专业核心课，本科生在学习了电化学原理之后，通过该门课程，可以进一步学习具体的储能方式、各类储能电池工作原理、关键材料及器件。但是，由于该专业建设时间较短，目前，市面上还缺少针对性的教材。为此，笔者结合西南石油大学新能源材料与器件教研室多年来的教学研究经验编写了本书。同时，为了体现针对性，笔者将本书命名为《储能材料与器件》，方便开设“新能源材料与器件”及相似专业的高校选用。

储能即能量存储，是指通过一种介质或者设备，把一种能量形式用同一种或者转换成另一种能量形式存储起来，并基于未来应用需要以特定能量形式释放出来的循环过程。储能广义上可以分为物理储能及电化学储能。“储能材料与器件”对应的内容非常宽泛。本书主要针对电化学储能材料及器件展开论述，具体包括化学储能电池发展历史，化学电源入门基础知识，铅酸蓄电池、锂离子电池、锂金属电池、液流电池、金属-空气电池、超级电容器等电化学储能器件的工作原理、结构及性能等。此外，本书也简要介绍了物理储能及氢能存储。本书的特点在于，大量引入了最新的研究前沿有关内容，如锂离子电池章节、锂金属电池章节、超级电容器章节等。通过对本书的学习，既能对储能的广义范畴有所了解，同时又能深入学习电化学储能的相关知识。

本书的编写目的在于让学生了解目前储能器件与关键材料的研究进展和未来的发展趋势，并使学生熟练掌握储能电池和超级电容器等电化学储能器件及关键材料的制备、性能表征及设计等方面的基本原理和一般研究方法，同时为进一步设计和制备新型电化学储能材料与器件打下良好的基础。

本书由李星、王明珊、陈俊臣等编。其中，第1、4章由李星编写，第3、7章由王明珊、姜春海编写，第2、6章由陈俊臣编写，第5章由童仲秋编写。

本书得到“四川省产教融合示范项目(川财教【2022】106号)”及“成都市鼓励校地校企合作培养产业发展人才项目(成财制【2021】2号)”资助。

鉴于编者学识有限，书中难免有不足之处，希望广大读者在使用过程中提出批评和建议。

编者

目 录

第1章 绪 论

1.1 储能的方式介绍

广义上讲，储能即能量存储，也称蓄能，是指通过一种介质或者设备，把一种能量形式用同一种或者转换成另一种能量形式存储起来，基于未来应用需要再以特定能量形式释放出来的循环过程。

通常所说的储能是指针对电能的存储，是利用化学或者物理的方法将能量转化成电能存储起来并在需要时释放的一系列技术和措施。

储能主要应用于电力系统、电动汽车、轨道交通、电动工具、电子产品等。随着电力系统、新能源发电（风能、太阳能等）、清洁能源动力汽车等行业的飞速发展，对储能技术尤其是大规模储能技术提出了更高的要求，储能技术已成为该类产业发展不可或缺的关键环节。特别是储能技术在电力系统中的应用将成为智能电网发展的一个必然趋势，是储能产业未来发展的重中之重。

对新能源和可再生能源的研究与开发，寻求提高能源利用率的先进方法，已成为全球共同关注的首要问题。对于中国这样一个能源生产和消费大国来说，既有节能减排的需求，也有能源增长以支撑经济发展的需要，这就需要大力发展储能产业。

到目前为止，人们已经探索出了多种形式的储能方式，全球已经实现商用或达到示范应用水平的电力储能主流技术包括：抽水蓄能、压缩空气储能、飞轮储能、二次电池储能（如铅酸蓄电池、氢-镍电池、镉-镍电池、锂离子电池、液流电池、锂金属电池、锂/钠-硫电池、钠离子电池以及其他新型储能电池）、超级电容器储能和超导储能等。按照能量转换形式，储能技术主要可分为物理储能和化学储能。氢能被认为是21世纪的终极能源，因此以下也将简要地介绍氢能的存储。

1.1.1 物理储能

物理储能指的是利用抽水、压缩空气、飞轮等物理方法实现能量的存储，具有环保、绿色的特点。物理储能具有规模大、循环寿命长和运行费用低等优点，但需要特殊的地理条件和场地，建设的局限性较大，且一次性投资费用较高，不适合较小功率的离网发电系统。抽水蓄能、压缩空气储能和飞轮储能都属于物理储能。抽水蓄能、传统压缩空气储能等技术发展历史长、技术成熟、成本较低，已经实现了商业化应用。但无论是抽水蓄能，还是传统压缩空气储能都对环境、地理、地质条件有较高的要求，极大地制约了这些技术的普遍推广和应用。

作为发展较早的储能技术，物理储能正经历着应用模式的变革及传统技术向新兴技术转化的过程。上述三种物理储能技术虽然在原理、应用领域、安装容量以及未来发展趋势上各不相同，但作为战略新兴技术，都需要技术的突破、政策和资金的支持以及更多的市场应用机会。

1.1.2 化学储能

化学储能实际上是把电能转变为化学能来进行能量存储的一种方式。主要的化学储能方式有铅酸电池（即铅酸蓄电池）、镉-镍/氢-镍电池、锂离子电池及其他新型储能电池体系等。这里需要强调的是，严格意义上，干电池不能叫做化学储能电池，因为它们只是把化学能转化为电能，而不能把电能转变为化学能。

（1）铅酸蓄电池

铅酸蓄电池的电极材料主要由铅及其氧化物组成，电解液是硫酸溶液。铅酸蓄电池荷电状态下，正极主要成分为二氧化铅，负极主要成分为铅；放电状态下，正负极的主要成分均为硫酸铅。

铅酸蓄电池的优点是成本较低、发展比较成熟，缺点是循环寿命短、比能量小、质量大、体积大、自放电大。铅酸蓄电池在当前有非常庞大的市场，主要应用在汽车启动电源、低速电动车等领域。铅酸蓄电池废弃后需要妥善回收处理，不然会对环境造成重大污染。我国在铅酸蓄电池回收方面需要进一步加强。

（2）镉-镍/氢-镍电池

镉-镍电池正极板上的活性物质由氧化镍粉和石墨粉组成，石墨不参加电化学反应，其主要作用是导电；负极板上的活性物质由氧化镉粉和氧化铁粉组成，氧化铁粉的作用是使氧化镉粉有较高的扩散性，防止结块，并增加极板的容量。活性物质分别包在穿孔钢带中，加压成型后即成为电池的正负极板。极板间用耐碱的硬橡胶绝缘棍或有孔的聚氯乙烯瓦楞板隔开。电解液通常用氢氧化钾溶液。与其他电池相比，镉-镍电池的自放电率（即电池不使用时失去电荷的速率）适中。镉-镍电池在使用过程中，如果放电不完全就又充电，则下次再放电时，就不能放出全部电量。比如，放出80%电量后再充足电，该电池只能放80%的电量。这就是所谓的记忆效应。当然，几次完整的放电/充电循环能够使镉-镍电池恢复正常工作。由于记忆效应，镉-镍电池若未完全放电，应在充电前将每节电池放电至1V以下。

镉-镍电池的优点是成本低、自放电小，缺点是循环寿命短、有较强的记忆效应、质量大、体积大、含有有害物质、对人体有害。镉-镍电池主要应用在数码产品方面，但是由于工作电压不高、能量密度低，因此市场占有份额不高。

氢-镍电池是一种性能良好的蓄电池。氢-镍电池分为高压氢-镍电池和低压氢-镍电池。低压氢-镍电池正极活性物质为氧化镍，负极活性物质为金属氢化物，也称储氢合金，电解液为6mol/L氢氧化钾溶液，也称为金属氢化物-镍电池（MH-Ni电池）。氢-镍电池作为氢能源应用的一个重要方向越来越被人们注意，其电量储备比镉-镍电池多30%左右，相比镉-镍电池更轻，使用寿命也更长，并且对环境污染小，无记忆效应。氢-镍电池在新能源汽车、数码产品等方面均有较广泛的用途。

（3） 锂离子电池

锂离子电池通常是以含锂的化合物作为正极、石墨作为负极，中间以隔膜隔开，电解液为有机锂盐的一类二次电池。当对锂离子电池进行充电时，电池的正极上有锂离子从正极材料中脱出，生成的锂离子经过电解液运动到负极，并嵌入到负极材料中；放电时，嵌入负极材料中的锂离子脱出，经由电解液重新嵌入正极。因此，锂离子电池也被形象地称为“摇椅式”电池。

锂离子电池的优点是能量密度大、使用寿命长、无记忆效应、体积小、重量轻，可在－20～60℃之间正常工作。当前，锂离子电池在人们的生产生活中已被广泛应用。

（4） 超级电容器

电容器是一类区别于二次电池的储能体系，分为传统平行板电容器、电化学超级电容器等。电化学超级电容器具有充放电循环寿命长、充电时间短的特点，但是其储存的能量相对于二次电池来说较少。尽管如此，由于高功率及快速充放电的特性，其在生产生活中仍然具有广泛的用途。

（5） 其他新型储能电池

其他新型储能电池主要包括以锂金属为负极的锂金属电池、锂-硫电池、锂-空气电池，钠离子电池，镁离子电池，锌离子电池及铝离子电池等。

上述介绍的电池体系在本书后面的章节中会有较为详细的介绍。

1.1.3 氢能存储

氢能是氢在物理、化学及电化学等变化过程中释放的能量。氢在地球上主要以化合态的形式出现，是宇宙中分布最广泛的物质，占宇宙质量的75%。氢能是一种清洁的二次能源，具有能量密度大、燃烧热值高、来源广、可储存、可再生、零污染、零碳排等优点，有助于解决能源危机以及环境污染等问题，被誉为21世纪的“终极能源”。

氢在一般条件下是以气态形式存在的，这就给储存和运输带来了很大的困难。因此，在氢能技术中，氢的存储是关键环节。目前，氢的主要储存方法有：高压气态储存、低温液氢储存、金属氢化物储存等。

（1） 高压气态储存

气态氢可储存在钢瓶中，为了减小储存体积，必须先将氢气压缩，因此需消耗较多的压缩功。一般一个充气压力为20MPa的高压钢瓶储氢重量只占钢瓶总重量的1.6%，即使是钛瓶，储氢重量也仅为其总重量的5%，因此还需要发展耐更高压的储氢瓶。

（2） 低温液氢储存

将氢气冷却到－256℃，可呈液态，然后将其储存在高真空的绝热容器中，此过程即为低温液氢储存。液氢储存工艺首先用于宇航中，其储存成本较高，安全技术也比较复杂。高度绝热的储氢容器是目前研究的重点。目前，一种间壁充满中孔微珠的绝热容器已经问世。中孔微珠为二氧化硅，直径约为30～150μm，中间是空心的，壁厚1～5μm；在部分微珠上镀上了厚度为1μm的铝。由于这种微珠热导率极小，其颗粒又非常细，可完全抑制颗粒间的对流换热，因此将部分镀铝微珠（一般约为3%～5%）混入不镀铝的微珠中可有效地切断辐射传热。这种新型的热绝缘容器不需抽真空，其绝热效果远优于普通高真空的绝热容器，是一种理想的液氢储存罐，美国宇航局已广泛采用这种新型的储氢容器。

（3）金属氢化物储存

氢与氢化金属之间可以进行可逆转换，当外界有热量加给金属氢化物时，它就分解为氢化金属并放出氢气；反之，氢和氢化金属构成氢化物时，氢就以固态结合的形式储于其中。用来储氢的氢化金属大多为由多种元素组成的合金，它们可以分为四类：一是稀土镧镍等，每千克镧镍合金可储氢约153L；二是铁钛系，它是目前使用最多的储氢材料，其储氢量是前者的4倍，且价格低、活性大，还可在常温常压下释放氢，从而给使用带来了很大的方便；三是镁系合金，这是吸氢量最大的金属元素，但它需要在290℃下才能释放氢，且吸收氢十分缓慢，因而使用上受到一定的限制；四是钒、铌、锆等多元素系合金，这类金属本身属于贵金属，因此只适用于某些特殊场合。

目前，在金属氢化物储存方面还存在以下问题：储氢量低、成本高及释氢温度高。进一步研究氢化金属本身的化学物理特性，包括平衡压力-温度曲线、生成时转化反应速度、化学及机械稳定性等，寻求更好的储氢材料是氢能开发利用的关键。

高压气态储存和低温液氢储存技术需要将氢气保存在特制容器瓶中，因造价昂贵而无法大规模应用。相对廉价安全的纳米、合金、络合氢化物、金属有机骨架化合物和有机液体等材料作为储氢载体循环使用更有应用前景。氢的储存技术是开发利用氢能的关键性技术，如何有效地对氢进行储存，并且在使用时能够方便地释放出来，是该项技术的研究焦点。当前一些储氢材料和技术离氢能的实际应用还有较大距离，在质量和体积储氢密度、工作温度、可逆循环性能以及安全性等方面，还不能同时满足实用化要求。

今后储氢研究的重点将集中在新型、高效、安全的储氢材料研发及性能综合评估方面。氢的制取、储运和转化已经进入研发示范阶段。目前，金属氢化物已经在电池中有应用，高压轻质容器储氢和低温液氢已能满足特定场合的用氢要求，化学氢化物也有发展前景。相信随着储氢材料和技术的不断发展，经过市场介入，氢能有望在21世纪中叶进入商业应用，从而开创人类的“氢能”时代。

氢燃料电池汽车是最广为人知的氢能产业应用之一。氢燃料电池汽车与纯电动汽车具有互补关系，而且氢能源是真正的零排放、零污染，发展氢能源电动汽车意义深远。《节能与新能源汽车技术路线图》中也曾指出，到2030年，中国氢燃料电池汽车将超过百万辆。一些资料显示，2017年中国燃料电池汽车产量1275辆，虽然不多，却也在不断增长。现有的氢燃料电池，存在的问题主要是储存能力和稳定性。氢燃料需要在低温或者高压条件下储存或运输，而且保证它的安全性也有一定难度，这是它发展缓慢的重要原因。另外一个原因就是成本的问题。

氢燃料电池虽然不是什么全新的技术（20世纪60年代，氢燃料电池已经成功地应用于航天领域），但是它的优点很明显，如体积小、容量大、没有污染、零排放。与现有的纯电动汽车相比，氢燃料电池汽车更方便、绿色和环保。因此，可以预测，今后一个时期内，氢燃料电池必将得到快速的发展。

1.2 化学储能电池的发展历史和未来趋势

1780年，意大利生物学家伽伐尼（Galvani）在用银质手术刀触碰放在铁盘上的青蛙时，无意间发现青蛙腿部的肌肉抽搐了一下，仿佛受到电流的刺激。伽伐尼根据实验得出：青蛙自身肌肉和神经里的“生物电”是导致抽搐的原因。1791 年，伽伐尼发表了《论肌肉运动中的电力》，提出了生物电的观点，引起了广泛关注。

善于质疑的意大利物理学家伏特（Volta）提出了疑问：蛙腿抽搐究竟是生物自身带电起作用，还是蛙腿肌肉中的某种液体在起作用？于是他做了两个实验，实验一：用两根不同的金属棒同时去触碰已解剖的青蛙腿，蛙腿发生抽搐；实验二：把两种不同的金属片浸在各种溶液中，只要其中一种金属片与溶液发生化学反应，金属片之间就能产生电流。接着他又用不同的金属进行了实验，发现铜和锌是最合适的金属。伏特用实验推翻了伽伐尼的结论，蛙腿之所以抽搐是因为蛙腿中的某种液体与金属片发生了作用。因此伏特认为，只要有两种不同金属互相接触，中间隔以湿的硬纸、皮革或其他海绵状的东西，不管有没有蛙腿，都不影响电流产生，从而否定了生物电的观点。

1800 年，伏特用锌片与铜片夹以盐水浸湿的纸片叠成电堆产生了电流，这个装置后来被称为伏特电堆。这种电堆就是早期的电力来源，后来的电池就是在此基础上发明的。伏特电堆是实用电池的开端。

1836 年，英国的丹尼尔（Daniel）对伏特电堆进行了改良，根据伏特电堆发明了世界上第一个实用电池，并用于早期铁路的信号灯。1841 年，德国化学家本生（Bunsen）把“碳”引入到阳极，并开创了人类利用原电池作为照明电源的先河。然而在当时，无论哪种电池都需在两个金属板之间灌装液体，搬运很不方便，特别是蓄电池所用的液体是硫酸，在移动时很危险。

1868 年，法国科学家勒克郎谢（George Leclanche）研制成功了以氯化铵（NH_4Cl）为电解液的锌-二氧化锰干电池，同时将最初潮湿水性的电解液用黏浊状类似糨糊的电解液代替，于是“干”性的电池出现了。1887 年，英国科学家赫勒森（Hellesen）发明了最早的干电池。相对于液体电池而言，干电池的电解液为糊状，不会溢漏，便于携带，因此获得了广泛应用。

如今，干电池已经发展成为一个庞大的家族，种类达 100 多种，常见的有普通锌-锰干电池、碱性锌-锰干电池、镁-锰干电池等。不过，最早发明的碳-锌电池依然是现代干电池中产量最大的电池。在干电池技术的不断发展过程中，新的问题又出现了。人们发现，尽管干电池使用方便、价格低廉，但用完即废，无法重新利用。另外，由于以金属为原料容易造成原材料浪费，并且废弃电池还会造成环境污染。于是，能够经过多次充电放电循环反复使用的蓄电池成为新的方向。

事实上，蓄电池的最早发明同样可以追溯到 1859 年。当年，法国科学家普兰特（Plante）发明出了用铅作电极的电池，即铅酸电池。这种电池的独特之处是当使用一段时间电压下降时，可以给它通以反向电流，使电池电压回升。因为这种电池能充电，并可反复使用，所以称它为“蓄电池”。铅酸蓄电池经过不断完善，到目前为止已在储能电池市场占据巨大的份额。

1899 年，瑞典科学家 Jungner 发明了镉-镍电池。但是由于镉毒性大，且该电池的电压不高（1.2V 左右），容量也不高，在能量密度方面提升空间不大，逐渐被市场淘汰。20 世纪 50 年代，美国科学家斯坦福·奥弗辛斯基（Stanford Ovshinsky）发明了氢-镍电池，作为汽车启动电源、动力电池，有一定的市场份额。

上述无论是干电池还是二次电池，其电解液中的溶剂都是水。这就决定了该类电池体系的工作电压不高，一般低于 2V，这主要因为水的分解电压（1.23V）的限制。为了打破这个限制，20世纪50年代，美国军方提出了开发高能量密度储能电池的需求。锂金属由于密度小（0.543g/cm^3）、比容量大（3860mA·h/g）、电压平台低（－3.040V，相对于氢标准电极），被认为是理想的负极材料。但是，锂金属活泼，传统的水性电解质都不适合。直到1958年，哈瑞斯（Harris）提出了采用有机电解质作为锂金属原电池的电解质。非水电解液的提出，使电池的工作电压得到了极大提升。1962年，波士顿召开的电化学学会冬季会议上，提出了“锂非水电解质体系”的设想，第一次把活泼金属锂引入电池设计中，这就是锂电池的雏形。值得注意的是这个时期的锂电池还没有二次充电的能力，被称作锂一次电池或者锂原电池。我们最熟悉的金属锂一次电池便是手表、计算器和电脑主板中经常使用的纽扣电池，它是典型的锂一次电池，但是这种电池只能用一次，不够环保。

1979年，被称为金属锂二次电池（负极是金属锂）的第一块可以充电的锂电池出现了。美国埃克森（Exxon）公司推出的首款可充电锂电池就拥有可深度充放电1000次且每次循环的损失不超过0.05%的优良性能，但这种拥有可重复充放电能力的锂电池有一定的安全隐患：在充电的过程中，锂电极上的金属沉积速度是不一样的（由电极表面的凹凸不平等因素造成），锂金属会在沉积的过程中形成树枝状枝晶。过度充电后，电池的正负两极会被负极生长的金属锂枝晶连接起来形成短路，使电池大量放热而起火甚至爆炸。1989年，锂/二氧化锰二次锂电池的起火事故导致大多数企业停止了对此类电池的开发。

自1990年以来，正极材料、负极材料与电解质的不断革新带动了可充放二次锂电池的发展。1980～1990年这段时间里，锂离子电池开始出现并得到了快速发展。这种电池用嵌入式化合物取代了金属锂（安全性得到大幅提高），使锂离子在充放电的过程中能在电池两极摇摆，因此又被称为“摇椅式电池”（rocking chair battery，RCB）。日本索尼公司率先获得了这种电池的专利权，并将该技术重新命名为“Li-ion”。这个标识可以在很多手机电池或者笔记本电池上找到。很多电子产品中提到的“锂电池”实际上指的就是锂离子电池。1995年，日本索尼公司发明了聚合物锂电池，电解质是凝胶的聚合物。1999年，聚合物锂电池开始商品化。

锂离子电池自从20世纪90年代初开发成功以来，由于具有众多优点，已经成为目前综合性能最好的电池体系，在移动电话、笔记本电脑、摄像机、数码相机等方面得到了广泛应用。此外，随着锂离子电池技术的发展，锂离子电池的应用领域逐渐拓展，目前电动汽车、航天和储能等方面也在大规模地使用锂离子电池。

需要提出的是，随着表界面科学的进步，如今锂金属作为负极材料又被提出，并成为当前研究的热点，锂金属电池、锂-硫电池、锂-空气电池等先进电池体系得到了迅速发展。除此之外，钠离子电池、镁离子电池、锌离子电池、铝离子电池体系也在快速发展中。

能源是人类生存和发展必不可少的重要条件保障，人类文明进步和经济社会发展离不开能源的消耗。随着煤炭、石油、天然气等常规能源的消耗，寻找新能源便成为当前最紧迫的任务。绿色储能器件即为满足新能源的高效储存而设计的清洁装置。储能是我国推进能源革命的重要战略支撑，技术层面总体上已经初步具备了产业化的基础。加快储能技术与产业发展，对于构建“清洁低碳、安全高效”的现代能源产业体系，带动从材料制备到系统集成全产业链发展，成为提升产业发展水平、推动经济社会发展的新动能，有着重要的意义。

值得注意的是，化学储能电池一般指二次电池，即能够多次进行充电和放电的电池体系；化学电源除包含化学储能电池（二次电池）外，还包含燃料电池、储备电池、一次电池等。以下将对化学电源的分类及应用等进行阐述。

1.3 化学电源的分类及应用领域

1.3.1 化学电源的分类

化学电源按工作性质和储存方式可分为：

① 燃料电池，该类电池又称“连续电池”，即活性材料在电池工作时才连续不断地从外部加入其中，如氢氧燃料电池等。

② 储备电池，这种电池又称“激活电池”，即电池储存时不直接接触电解液，直到电池使用时，才加入电解液，如海水电池等。

③ 一次电池，又称原电池，如果原电池中电解质不流动，则称为干电池。由于电池反应本身不可逆或可逆反应很难进行，电池放电后不能充电再用。如锌-锰干电池、锌-汞电池等。

④ 二次电池，即可充电池，如氢-镍电池、锂离子电池、镉-镍电池等；蓄电池习惯上指铅酸蓄电池，也是二次电池；其他一些先进储能电池，如锂金属电池、钠离子电池等也属于二次电池。

1.3.2 化学电源的应用

化学电源具有能量转化效率高、方便、安全可靠等优点，广泛地用于工业、军事及日常生活中。

一次电池常用于低功率和中等功率放电，这种电池外形多为圆柱形、扣式、扁形，常以单体或电池组形式用于各种便携式电器和电子设备。圆柱形电池广泛用于照明、信号、报警装置和半导体收音机、收录机、计算器、剃须刀、吸尘器等家庭生活用品中。扣式电池用于手表等。一次电池还广泛用于军事便携通信、雷达和导航仪器等。

二次电池及电池组常用于较大功率放电、汽车启动、照明和点火、应急电源以及人造卫星、宇宙飞船等，其中在电动车辆方面已显示出广阔的应用前景。

储备电池可用作导弹电源、心脏起搏器电源。

燃料电池已成功地应用于“阿波罗”飞船的登月飞行和载人航天器中，尤其是氢燃料电池，一旦技术取得进一步突破并大幅降低成本，必然会在21世纪大放异彩。

1.4 化学电源相关的基本概念

1.4.1 电池内阻

电池内阻有欧姆电阻（R_Ω）和电极在电化学反应中所表现的极化电阻（R_f）。欧姆电阻、极化电阻之和为电池的内阻（R_i）。欧姆电阻由电极材料、电解液、隔膜电阻及各部分零件的接触电阻组成。极化电阻发生在电极界面处，主要由传质、电极反应及电子传导不一致导致。

1.4.2 开路电压和工作电压

开路电压是外电路没有电流流过时电极之间的电位差（U），一般开路电压小于电池电动势（E）。工作电压（U_{cc}）又称放电电压或负荷电压，是指有电流通过外电路时，电池两极间的电位差。工作电压总是低于开路电压，因为电流流过电池内部时，必须克服极化电阻和欧姆电阻所造成的阻力。

$$U_{cc}=E-IR_i=E-I(R_\Omega+R_f) \quad 或 \quad U_{cc}=E-\eta_+-\eta_--IR_\Omega=\varphi_+-\varphi_--IR_\Omega \tag{1-1}$$

式中 η_+——正极极化过电位；

η_-——负极极化过电位；

φ_+——正极电位；

φ_-——负极电位；

I——工作电流。

(1) 终止电压

电池放电时，电压下降到不宜再继续放电的最低工作电压称为终止电压。一般在低温或大电流放电时，终止电压低些。因为这种情况下，电极极化大，活性物质不能得到充分利用，电池电压下降较快。小电流放电时，终止电压规定高些。因为小电流放电，电极极化小，活性物质能得到充分利用。例如镉-镍电池，当以 1 小时率放电时，终止电压为 1.1V。

(2) 放电电流

当谈到电池容量或能量时，必须指出放电电流大小或放电条件，通常用放电率表示。

放电率指放电时的速率，常用“时率”和“倍率”表示。时率是指以放电时间（h）表示的放电速率，或以一定的放电电流放完额定容量所需的小时数。例如，电池的额定容量为 30A·h，以 2A 电流放电，则时率为 30A·h/2A=15h，称电池以 15 小时率放电。

“倍率”指电池在规定时间内放出其额定容量时所输出的电流值，数值上等于额定容量的倍数。例如，2“倍率”的放电，表示放电电流数值的 2 倍，若电池容量为 3A·h，那么放电电流应为 2×3=6（A）。换算成小时率则是 3A·h/6A=1/2h（小时率）。

电池放电电流（I）、电池容量（C）、放电时间（t）的关系为

$$I=\frac{C}{t} \tag{1-2}$$

1.4.3 电池容量

电池容量是指在一定的放电条件下可以从电池获得的电量，单位为安培·时（A·h），分为理论容量（C_0）、实际容量（$C_{实际}$）和额定容量（$C_{额定}$）。

理论容量表示活性物质全部参与成流反应时获得的电量。根据法拉第定律（电极上发生反应的物质的量与通过的电量成正比），1mol 活性物质参与成流反应所释放的电量为 1 个电子所带的电量与 1mol 活性物质包含数量的乘积，即 $1.60219\times10^{-19}C\times6.022169\times10^{23}mol^{-1}=9.65\times10^4C/mol$，又由于 1C=1A·s（1/3600A·h），因此上述结果又可以表示为 26.8A·h/mol。

因此电极的理论容量计算式为

$$C_0=\frac{26.8nm}{M} \tag{1-3}$$

式中，n 为成流反应时的得失电子数；M 为活性物质的摩尔质量；m 为活性物质完全反应时的质量。令

$$q=\frac{M}{26.8n} \tag{1-4}$$

式中，q 为活性物质的电化当量（即电化学当量），单位为 g/(A·h)。

如果电池处于不平衡状态，则用阳极值和阴极值中的最低值来计算理论容量；如果电极活性物质不是100%被利用，如电池内的某些反应消耗了反应物，那么电池的容量为实际容量。$C_{实际}$与放电条件有很大关联，是指在一定放电条件下，电池实际能输出的电量。在恒电流放电时

$$C_{实际}=It \tag{1-5}$$

当电池在恒电阻放电时

$$C_{实际}=\int I\mathrm{d}t \tag{1-6}$$

$C_{额定}$是指电池在规定条件下放电至预先设定的截止电压时的最低容量，也称为标称容量。由于使用上的原因，实际大部分电池阴极与阳极反应物的当量数都是不等的。为便于比较，一般采用比容量。比容量是这样定义的：电池单位质量（体积）的容量，单位为 A·h/kg 或 A·h/L。

1.4.4 电池的能量

电池在一定条件下对外做功所能输出的电能叫电池的能量，单位一般用 W·h 表示。

当电池的放电过程处于平衡状态，放电电压保持电动势（E）数值，且活性物质利用率为100%时，在此条件下电池的输出能量为理论能量（W_0），即可逆电池在恒温恒压下所做的最大功。

$$W_0=-\Delta G=nFE \tag{1-7}$$

式中，E 为法拉第常数。

而电池的实际能量（W）为

$$W=CU_{av} \tag{1-8}$$

式中，C 为电池工作时输出的电量；U_{av}为电池工作时输出的工作电压。

单位质量或单位体积的电池所给出的能量，称质量比能量（W·h/kg）或体积比能量（W·h/L），也称能量密度。比能量也分理论比能量 W'_0和实际比能量 W'。

电池的理论质量比能量根据正、负两极活性物质的电化当量和电池的电动势计算。

$$W'_0=\frac{1000}{q_+ + q_-}E=\frac{1000}{\sum q_i}E \quad (\mathrm{W\cdot h/kg}) \tag{1-9}$$

式中 q_+，q_-——正负极活性物质的电化当量，g/(A·h)；

$\sum q_i$——正极、负极及参加电流成流反应的电解质的电化当量之和。

1.4.5 电池的功率

电池的功率是指在一定放电制度下，单位时间内电池所输出的能量，单位为瓦（W）或千瓦（kW）。电池的理论功率可表示为电池输出的电流强度，主要由其外部的负载电阻决定。输出功率 P 由电流和电压决定，如下所示。

$$P_0=\frac{W_0}{t}=\frac{C_0E}{t}=\frac{ItE}{t}=IE \tag{1-10}$$

式中，t 为时间；C_0 为电池的理论容量；I 为电流。

电池的实际功率 P 用下式计算：

$$P=\frac{W}{t}=\frac{CV}{t}=IU_{平均}=I(E-IR_{内})=IE-I^2R_{内} \tag{1-11}$$

式中，$I^2R_{内}$ 为消耗在电池全内阻上的功率。这部分功率对负载是无用的，它转变成热能损失了。额定功率是在一定放电条件下电池的输出功率。一般情况下随着电池的电流强度增大，电池的功率开始增大；达到最大值后，当继续增大电流强度时，由于消耗在电池内阻上的功率显著增加，电池电压迅速下降，导致电池的功率 P 也随之下降。

单位质量或单位体积电池输出的功率称比功率，质量比功率和体积比功率的单位为 W/kg 和 W/L。当电池应用于牵引电动机且自身的重量需要考虑时，比功率和比能量都是用于评定电池性能的决定性因素。

电池通常都有一个允许的最大持续输出功率，在此值以上继续放电容易导致电池过热和性能衰减。从另一方面来说，电池也具有一个最大瞬时额定功率。对于短时放电，电池不会达到一个热力学稳态，且如果其组分的热导率足够高，电池也可容纳释放的热量。进一步讲，短时放电时传质极化的影响并不十分显著。某些电池，例如用于启动大型柴油发动机的电池，其性能取决于它的高瞬时功率。

1.4.6 储存性能和自放电

一次电池在开路时，在一定条件下（温度、湿度等）储存容量会下降。容量下降的原因主要是负极腐蚀和正极自放电。

负极腐蚀：由于负极多为活泼金属，其标准电极电位比氢电极负，特别是有正电性金属杂质存在时，杂质与负极形成腐蚀微电池。

正极自放电：正极上发生副反应时，消耗正极活性物质，使电池容量下降。例如，铅酸蓄电池正极 PbO_2 和板栅铅的反应消耗部分活性 PbO_2。

$$PbO_2+Pb+2H_2SO_4 \longrightarrow 2PbSO_4+2H_2O$$

同时，正极物质如果从电极上溶解，就会在负极还原引起自放电；还有杂质的氧化还原反应也消耗正、负极活性物质，引起自放电。

降低电池自放电的措施，一般是采用纯度高的原材料，在负极中加入氢过电位较高的金属，如 Cd、Hg、Pb 等；也可以在电极或电解液中加入缓蚀剂，抑制氢的析出，减少自放电反应发生。

自放电速率是单位时间内容量降低的百分数。

$$x=\frac{C_{前}-C_{后}}{C_{前}\,t}\times 100\% \tag{1-12}$$

式中，$C_{前}-C_{后}$ 为电池储存前后的容量之差；t 为储存时间，可以用天、月或年表示。

1.4.7 电池寿命

一次电池的寿命用来表征额定容量的工作时间（与放电倍率大小有关）。二次电池的寿命分为充、放电循环使用寿命和搁置使用寿命，

蓄电池经历一次充放电，称一个周期。在一定的放电制度下，电池容量降至规定值之前

经受的循环次数，称使用周期。

影响蓄电池循环使用寿命的主要因素有：在充放电过程中，电极活性表面积减小，使工作电流密度上升，极化增大；电极上活性物质脱落或转移；电极材料发生腐蚀；电池内部短路；隔膜损坏和活性物质晶型改变，活性降低等。

1.5 电池常见的测试方法

电池的性能包括容量、电压特性、内阻、自放电、储存性能、高低温性能等，二次电池还包括循环性能、充放电特性、内压等。当然，由于电池的应用领域不同，对其性能要求也不尽相同。一般说来，电池最基本的性能是容量、电压特性（输出工作电压）、内阻等。

对于不同种类的电池，如原电池与二次电池，其检测的手段与检测的指标是有区别的。原电池的检测，如容量的检测是破坏性的，其容量在检测后不可恢复；而二次电池对容量的检测不具有破坏性，只有在进行寿命测试时才具有破坏性。同样对于二次电池而言，MH-Ni电池与锂离子电池本身的特性是不同的，因而对其检测时所采用的设备与方式也存在着一定的区别。

随着现代电子技术的发展，各种专门或通用的电池检测设备不断涌现，国内就有多家公司生产这方面的设备，如新威尔、蓝电等。这些检测设备各有所长，可以根据实际需要选用。

1.5.1 电池容量的测定

一个电池的容量是由其中某个电极的容量来决定的，而不是正、负极容量之和。因此，实际电池的容量取决于容量较小的那个电极。一般在实际生产中使负极容量过剩，那么正极容量则限定了整个电池的容量。

1.5.1.1 电池容量的检测方法

电池容量的测定方法与电池放电性能检测的方法基本一致，有恒电流放电法，恒电阻放电法，恒电压放电法，定电压、定电流放电法，连续放电法和间歇放电法等。根据放电的时间与电流的大小就可以计算电池的容量。

恒电流法的放电容量与放电电流有很大的关系，并且放电温度、充电制度、搁置时间等都会对容量产生影响。在相同的放电制度下，不同的充电制度对电池的充电效率是不一致的，因此电池的放电容量也会有区别。同样，在相同的充电制度下，搁置10min与搁置1h再进行放电容量的测试，其结果也会有2%～5%的差别，具体视电池的自放电性能而定。

在恒电阻法测试容量的放电过程中，放电电流不是定值。放电开始时电流较大，然后逐渐变小。

恒电阻放电过程中电池的容量通常用下式进行近似计算。

$$C=\frac{1}{R}U_{av}t \tag{1-13}$$

式中，U_{av}为平均放电电压，即电池刚放电时的初始工作电压与终止电压的平均值，严格地讲，U_{av}应该是电池在整个放电过程中放电电压的平均值；R为放电电阻；t为放电到终止电压所需的时间。

1.5.1.2 分选检测

不同种类及新旧程度的电池不能混用，以免由于电池容量的不匹配而引起过充过放等情况出现。另外，在电池组中，其整体性能一般是由性能最差的那只电池决定的。对于一次电池来说，容量的检测是破坏性的，因此只有通过严格的生产控制才能保证产品容量的一致性。对于二次电池，除了严格的生产过程控制外，还应采用分选检测来保证电池容量的一致性。

1.5.2 电池寿命及检测技术

电池寿命是衡量二次电池性能的一个重要参数。在一定的充放电制度下，电池容量降至某一规定值之前，电池所能承受的循环次数，称为二次电池的循环寿命。

各种蓄电池的使用寿命是有差异的，通常镉-镍电池和MH-Ni电池的循环寿命可达500～1000次，有的甚至几千次，启动型铅酸蓄电池的循环寿命一般为300～500次。

影响二次电池循环寿命的因素很多，如电极材料、电解液、隔膜及制造工艺都会对寿命有较大的影响。这些因素相互影响，共同决定了电池的使用寿命。

在电池寿命的测试中，电池的容量不是唯一衡量电池循环寿命的指标，还应综合考虑其电压特性、内阻的变化等。具有良好循环性能的电池，在经过若干次循环后，不仅要求容量衰减不超过规定值，其电压特性相应地也应无大的衰减。

电池寿命的测试电路与容量的检测电路基本上是一致的，只是在一周期结束后应接着进行另一周期，直至达到检测终点为止。通常是在一定的充放电条件下进行循环，然后检测电池容量的衰减；当放电容量衰减到初始容量的70%～80%时（不同的电池有不同的规定），计算循环次数，即为电池的循环寿命。

1.5.3 电池内阻、内压的测定

1.5.3.1 电池内阻的测定

电池内阻是指电流通过电池时受到的阻力，包括欧姆电阻和电极在电化学反应时所表现的极化电阻。欧姆电阻主要由电极材料、电解液、隔膜电阻及各部分零件的接触电阻构成。内阻的高低直接决定了电池工作电压的高低。在同类型电池中，一般说来，内阻低的电池其电压特性也较好。

不同种类的电池其内阻是不同的，如铅酸蓄电池内阻只有$10^{-3}\Omega$，没有放过电的Zn-MnO_2干电池内阻一般为0.2～0.5Ω，Cd-Ni电池为30～100mΩ，MH-Ni电池为15～50mΩ。同系列不同型号的化学电源其内阻也是不同的，一般容量越高的电池其内阻越低（对单体电池而言）。

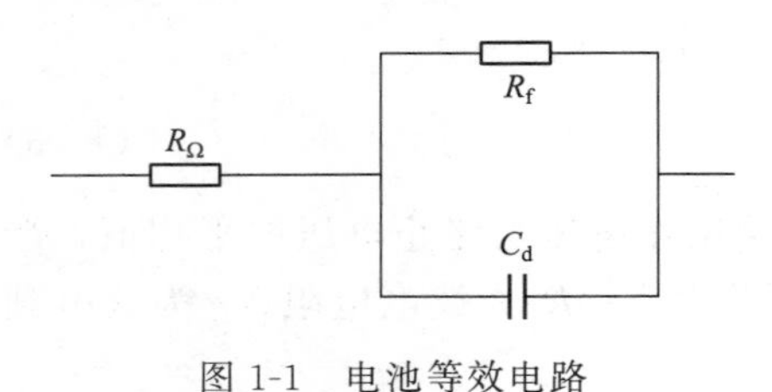

图1-1 电池等效电路

电池内阻与普通电阻元件不同，它是有源元件，不能用普通万用表测量，必须用特殊方法测量，包括方波电流法、交流电桥法、交流阻抗法、直流伏安法、短路电流法、脉冲电流法等。

电池内阻测定的等效电路如图1-1所示。图中R_Ω为电池的欧姆内阻，R_f为电池的极化电阻，C_d为两

极板的双电层电容。在一些简单的测量方法中，如直流伏安法、短路电流法等，通常忽略双电层电容的影响，将电路进一步简化为纯电阻电路。

用方波电流法测量电阻，即用恒电流仪控制通过电极的电流为一定值，用信号发生器调节方波周期与幅值，用示波器记录电压的响应，一般要求周期较短，测出的内阻值实际为电池的欧姆内阻。另外，电池的内阻可用交流阻抗法或交流电桥法测量，得出电池阻抗谱图，从而求出电池的欧姆内阻。在实际的生产检测中，有各种专门的内阻仪可以选用。

常见的这些内阻仪表一般都是采用交流法测试电池内阻。它们是利用电池等效于一个有源电阻的特点，给被测电池通以恒定交流电流（一般为1000Hz，50mA），然后对其进行电压采样、整流滤波等一系列处理，从而精确测得电池的内阻值。

电池的内阻与电池测试时所处的状态是相关的，充电态与放电态电池的内阻就有着一定的区别。因此，在标注电池内阻时，应注明电池的荷电状态。交流阻抗法是重要的电池内阻测试方法，无论是对科学研究还是实际生产都具有重要的意义。

1.5.3.2 电池内压的测定

测量电池内压的方法通常有破坏性测量和非破坏性测量两种。破坏性测量是在电池中插入一个压力传感器，记录充电过程中的压力变化。非破坏性测量是用传感器测量充电过程中电池外壳的微小形变，由此计算电池内压。

非破坏性测量所依据的基本原理是：在一定区间内，电池壳体因内部气体压力产生的应变，与所受内压的高低有关，并存在着确定的关系；通过实验可以确定电池外壳应变与内压之间的关系；采用精密的微小形变测量工具，可以准确地测量电池壳体在内压作用下的微应变，因而基本上可反映出电池测试所关注的一定区间内的内压。

1.5.4 安全性能的测试

1.5.4.1 耐过充过放能力的测试

对于密闭性二次电池来说，在过充过放的情况下，都会引起气体在密闭容器内的迅速积累，从而导致内压迅速上升，如果安全阀不能及时开启，可能会使电池发生爆裂。通常情况下，安全阀在一定压力作用下会开启释放掉多余的气体，气体泄出后，会导致电液量减少，严重时使得电液干涸，电池性能恶化，直至失效。并且，在气体泄出过程中带出一定量的电解液，而一般的电解液均是浓酸或浓碱，对用电器有腐蚀作用。因此，一个性能优良的电池应有良好的耐过充能力，绝对不能有爆裂的现象出现，并且在一定的过充放程度下，不能出现泄漏现象，电池外形也不应发生变化。

电池在设计中，一般采用负极过量的方式来避免气体在电池内部的过度积累。为避免过放电时反极现象的出现，一般在正极中加入反极物质，实行反极保护。

进行过充电测试时，可根据具体的电池种类及型号选用适当的条件。以MH-Ni电池为例，过充电流的选择可根据恒流源的输出功率确定，对一些大容量的电池，一般的恒流源都不能输出1C的大电流；并且，在大电流情况下，应考虑有足够的安全防护措施。对于容量相对较小的电池，则可选用较大的电流倍率。在不同的放电制度下，判断电池过充电能力的标准相应地也有一定的区别，实际工作中采用下面两种过充制度。

① 以0.1C的电流恒流充电28d，试验过程中电池不得爆炸、泄漏，并且充电后以0.2C

放电其容量应不低于标称容量。

② 以1C的电流恒流充电5h，试验过程中前75min应无泄漏现象，此后允许有泄漏现象发生，但不得爆炸，并且充电后以0.2C放电其容量应不低于标称容量。

在充电过程中，可通过在封口处滴加酚酞液来进行泄漏的检定。溶液变红或有气泡产生均视为发生泄漏。

对电池进行过放电测试时，首先应将电池充足电，然后选择适当的条件进行放电。常用的测试条件有：

① 将电池与一标准电阻（10Ω左右，根据电池型号选用）串联，连续放电24h，电池在放电过程中应无爆炸、无泄漏。在过放电后电池的容量应不低于标称容量的90%。

② 首先将电池以1C放电到0V，再以0.2C放电至0V，然后以1C的电流强制过放电6h，电池应无爆炸，但允许有泄漏或变形。测试后电池不能再被使用。

对于一次电池，一般都采用第一种方式测试其耐漏液的能力。

1.5.4.2 短路测试

电池在短路情况下，会产生很大的电流，瞬间就可以使电池温度升高，甚至可使电解液沸腾或使密封圈熔化。因此，在短路测试中，电池可能会出现喷碱、泄漏等情况，通常应有较好的防护措施。常见的测试条件为：

将电池充足电，在室温下将电池两极短接1h，允许有泄漏发生，但电池不得起火或爆炸。

1.5.4.3 耐高温测试

一般电池都禁止投入火中，因为较高温度下，电池会发生一定变化，并可能出现爆炸等情况。因此，有必要对电池在适当温度下的安全性能进行测试。一般的测试温度区间分为高温区与低温区，高温区即投入火中进行测试，低温区为100～200℃。常见的低温区测试条件如下：

① 满充态的电池投入沸水中（100℃）保持2h，电池应无爆炸、泄漏。

② 满充态的电池置入150℃的恒温箱中10min，电池应无爆炸、泄漏。

通过低温区测试后的电池内阻及开路电压均会发生一定的变化，但电池应仍能继续使用。

电池在高温区的测试是具有破坏性的，测试后的电池将不能继续使用。电池投入火中后，温度可达800℃，密封圈及电池内的其他塑料都会熔化，并且会着火，允许有气体析出，但不得发生爆炸。

1.6 电池常见问题与分析

1.6.1 过放电

电池放完内部储存的电量，电压达到一定值后，继续放电就会造成过放电。通常根据放电电流来确定放电截止电压。电池过放可能给电池带来灾难性的后果，特别是大电流过放或反复过放对电池影响更大。一般而言，过放电会使电池内压升高，正负极活性物质可逆性受到破坏，即使充电也只能部分恢复，容量也会有明显衰减。

造成过放电的原因可能是：

① 浮充电压长期低于说明书要求的范围，电池长年亏电；

② 长期停止充电；

③ 循环使用的电池每次补充电不足；

④ 按一定的电流放电，放到终止电压后仍继续放电，放电后又不及时充电或充电不足；

⑤ 电池储存期过长。

1.6.2 过充电

过充电是指电池经一定充电过程充满电后，再继续充电的行为。对于镉-镍电池，过充电产生如下反应：

正极：$4OH^- - 4e^- \longrightarrow 2H_2O + O_2$

负极：$2Cd + O_2 \longrightarrow 2CdO$

由于在设计时，负极容量比正极容量要高，因此，正极产生的氧气透过隔膜纸与负极产生的镉复合。故一般情况下，电池的内压不会有明显升高，但如果充电电流过大，或充电时间过长，产生的氧气来不及被消耗，就可能造成内压升高、电池变形、漏液等不良现象。同时，其电性能也会显著降低。

造成过充电的原因可能是：

① 浮充电压超过说明书的规定值；

② 环境温度高于45℃，但浮充电压未按要求进行缩减（以25℃为标准，环境温度每升1℃，电压降低3mV）；

③ 充电机失控或误调充电机，造成充电电流超过规定值，且时间较长。

为了防止电池过充，需要对充电终点进行控制。当电池充满时，会有一些特别的信息，可利用其来判断充电是否达到终点。一般有以下六种方法来防止电池被过充。

① 峰值电压控制：通过检测电池的峰值电压来判断充电的终点。

② dT/dt 控制：通过检测电池的峰值温度变化率来判断充电的终点。

③ T 控制：电池充满电时的温度与环境温度之差会达到最大。

④ $-V$ 控制：当电池充满电达到一峰值电压后，电压会下降一定的值。

⑤ 计时控制：通过设置一定的充电时间来控制充电终点，一般设定为充进130%标称容量所需的时间。

⑥ TCO控制：考虑电池的安全和特性应当避免高温（高温电池除外）充电，因此当电池温度升高60℃时应当停止充电。

1.6.3 短路

电池外两端连接在任何导体上都会造成外部短路，电池类型不同，短路有可能带来不同严重程度的后果。电解液温度和内部气压升高等，如果气压值超过电池盖帽耐压值，电池将漏液，这种情况严重损坏电池。如果安全阀失效，甚至会引起爆炸。因此切勿将电池外部短路。

1.6.4 内阻偏大

造成电池内阻偏大的原因可能如下。

(1) 检测设备差别

如果检测精度不够或者不能消除接触电阻，将造成显示内阻偏大，应采用基于交流电桥法原理的内阻测试仪器检测。

(2) 存放时间过长

电池存放时间过长，造成容量损失过大，内部钝化，内阻变大，可以通过充放活化来解决。

(3) 异常受热

电芯在加工（点焊、超声波等）时使电池异常受热，使隔膜产生热闭合现象，造成内阻严重增大。

1.6.5 电池爆炸

电池爆炸一般有以下几种情况。

(1) 过充爆炸

保护线路失控或检测柜失控使充电电压大于5V，导致电解液分解，电池内部发生剧烈反应，电池内压迅速上升，电池爆炸。

(2) 过流爆炸

保护线路失控或检测柜失控使充电电流过大，导致锂离子来不及嵌入而在极片表面形成锂金属穿透隔膜，正负极直接短路造成爆炸（很少发生）。

(3) 超声波焊塑料外壳时爆炸

超声波焊塑料外壳时，由于设备原因使其超声波能量转移至电池芯上，超声波能量很大使电池内部隔膜熔化，正负极直接短路，产生爆炸。

(4) 点焊时爆炸

点焊时电流过大造成内部严重短路产生爆炸。另外，点焊时正极连接片直接与负极相连，使正负极直接短路后爆炸。

(5) 过放爆炸

电池过放电或过流放电（3C以上）容易使负极铜箔溶解沉积到隔膜上，导致正负极直接短路产生爆炸（很少发生）。

(6) 振动跌落时爆炸

电芯在剧烈振动或跌落时导致其内部极片错位，直接严重短路而爆炸（很少发生）。

1.7 电池的成本

自从电池被商业化开发利用以来，电池制造商的目标更加一致。对于小型一次性电池，主要目标是使其具有较高的能量密度和功率密度、长的搁置寿命和低的价格。然而，一次性电池一直是一种昂贵的获取能量的方式，这就要求用可兼容充电电池来替代它。应用于电动车辆的电池首先要具有高能量密度和低价格。对于能量储备装置，其成本一直是首要考虑的因素。能量储备系统的成本分为两大部分：①电池的原始成本必须要考虑，包括原材料费用、研究开发费用、投资建厂费用、企业日常管理和生产费用。倘若电池具有长循环寿命，高成本还是可以被接受的，如一个电池体系具有1500次循环充放电的能力，一天1次循环，每周5次，可使用5～6年。②由电池的充放电循环效率决定，即放电过程电池提供的能量与充电过程电池接受的能量的比值。能否开发出一个新型长寿命、高效率的电池是负载水平电池得以广泛应用的关键。

习　题

1. 什么是储能？什么是储能技术？
2. 储能技术分哪几类？什么是物理储能？什么是化学储能？
3. 什么是抽水储能？
4. 什么是压缩空气储能？
5. 什么是飞轮储能？
6. 氢能存储的方式有哪些？
7. 常见的化学储能电池有哪些？
8. 什么是一次电池？什么是二次电池或者蓄电池？
9. 简述储能电池的发展历史。
10. 电容器的突出特点有哪些？
11. 简述化学电源的未来发展趋势。
12. 简述电动汽车的未来发展趋势。
13. 电池内阻主要由哪些部分组成？电池内阻的测试方法有哪些？
14. 什么是电池的容量？电池容量与正、负极容量之间有什么关联？
15. 如何测量电池的容量？如何测量电极的比容量？
16. 电池的能量和比能量指的是什么？如何测量？
17. 电池的功率和比功率指的是什么？如何测量？
18. 电池自放电指的是什么？自放电的原因是什么？如何抑制自放电？
19. 简述电池的寿命及检测技术。
20. 简述电池短路测试的注意事项。
21. 什么是电池的过放电及过充电？

第 2 章 铅酸蓄电池

2.1 铅酸蓄电池概述

铅酸蓄电池因具有成本低、结构简单、可靠性高和可大电流放电等优点而被广泛应用于汽车启动、照明、小型电动车等化学电源领域[1,2]。铅酸蓄电池最早是由普兰特（Plante）于 1859 年发明的，他以两条卷式铅条作为电极，以亚麻布作为中间隔膜并用一次电源为其充电，组装出了第一个可充电铅酸蓄电池[2,3]。铅酸蓄电池发展初期受限于材料及器件加工制造上的困难，性能较差，实用性很低。在经过一个多世纪的发展和研究之后，目前铅酸蓄电池的性能已得到显著提高，并且在日常生活中得到了广泛的应用[4]。

根据 web of science 检索数据，进入 21 世纪后，铅酸蓄电池相关专利数量持续增长。虽然近两年铅酸蓄电池专利数量有所回落，但年均授权专利数量仍保持在 900 项以上，说明铅酸蓄电池在发展了近一个世纪之后在实际应用中仍然具有较强的生命力（图 2-1）。

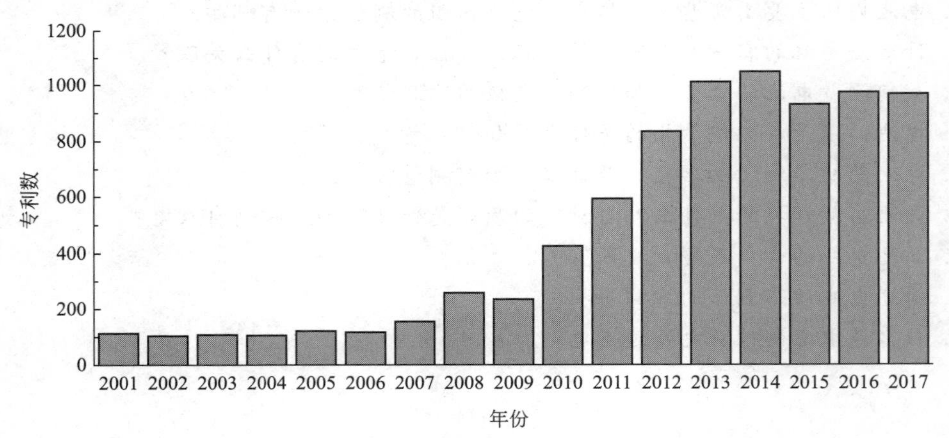

图 2-1　近年来铅酸蓄电池专利数变化图

2.2 铅酸蓄电池基本原理

铅酸蓄电池的核心部件是正负电极、电极间的隔板和电解液，通过封装工艺将这些部件封装串并联可得到实用的铅酸蓄电池。铅酸蓄电池中，通常正极材料以二氧化铅为活性物质，而负极材料为海绵状的金属铅，其电解液为硫酸的水溶液。相对于电极以及电解液成分复杂的锂离子电池，铅酸蓄电池的电极构造比较简单，造价极低，这是铅酸蓄电池得到广泛应用的根本原因之一。

铅酸蓄电池按其功能、结构等特点，有不同的分类方法。表 2-1 概括了铅酸蓄电池的各种分类方法及其分类。

表 2-1 铅酸蓄电池分类

铅酸蓄电池分类	按用途	启动用;固定型防酸式;牵引用;铁路客车用;轿车用;潜艇用;航空用
	按极板结构	涂膏式;管式;形成式;卷绕式
	按电解液和充电维护	干放电蓄电池;干荷电蓄电池;带液充电蓄电池;湿荷电蓄电池;免维护蓄电池;少维护蓄电池
	按电池盖和排气结构	开口式;排气式;防酸隔爆式;防酸消氢式;阀控式密封蓄电池

2.2.1 铅酸电极电池反应

铅酸蓄电池中的电极结构如图 2-2 所示。其电化学表达式为

$$(-)Pb|H_2SO_4|PbO_2(+)$$

总的电极反应式可表示为

$$Pb+PbO_2+2H^++2HSO_4^- \underset{充电}{\overset{放电}{\rightleftharpoons}} 2PbSO_4+2H_2O$$

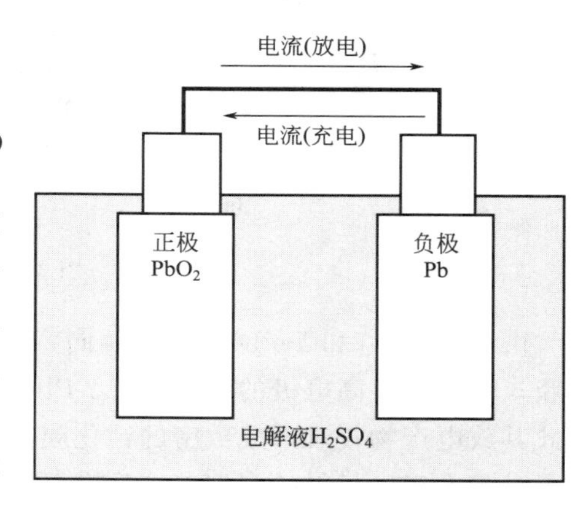

图 2-2 铅酸蓄电池的电极反应示意图[5]

根据上述反应式可知，铅酸蓄电池在放电过程中，电解液中参与电化学反应的主要是氢离子和硫酸氢根离子。这是因为在铅酸蓄电池电解液中，硫酸首先电离成硫酸氢根和氢离子，硫酸氢根较难进一步电离成氢离子和硫酸根离子。放电过程中，正负电极中的二氧化铅和金属铅都变成硫酸铅（也称为双硫酸盐化），消耗电解液中硫酸的同时还伴随着水的生成，也就是说在放电过程中硫酸的浓度会降低；反之，充电过程中，反应逆向进行，电解液中的硫酸浓度也会升高，因此通过测试电解液的浓度可以推测出铅酸蓄电池的荷电状态[6]。

2.2.2 铅酸蓄电池正极

铅酸蓄电池正极的活性材料主要为 PbO_2，以铅膏的形式涂覆在铅合金的板栅上，经过化成之后形成 PbO_2 正极。当铅酸蓄电池外电路导通时，正极的电动势高于负极，因此负极中的铅与硫酸反应失去电子，电子流经外电路回到正极，参与到正极的电极反应得到硫酸铅。正极的电化学反应式可表示为[4]

$$PbO_2(s)+4H^+(aq)+SO_4^{2-}(aq)+2e^- \underset{充电}{\overset{放电}{\rightleftharpoons}} PbSO_4(s)+2H_2O(l)$$

通常条件下，硫酸在室温下首先电离成 H^+ 和 HSO_4^-，而后 HSO_4^- 电离成 H^+ 和 SO_4^{2-}。由于 HSO_4^- 解离常数较低（$T=25℃$，解离常数为 1.99），因此铅酸蓄电池中硫酸起传导电流作用的同时，其主要以 HSO_4^- 的形式参与电化学反应。其正极反应可表述为[1,4]

$$PbO_2(s)+3H^+(aq)+HSO_4^-(aq)+2e^- \underset{\text{充电}}{\overset{\text{放电}}{\rightleftharpoons}} PbSO_4(s)+2H_2O(l)$$

由于 PbO_2 和 $PbSO_4$ 都是微溶物质，且在放电过程中 PbO_2 表面转化为 $PbSO_4$ 后，体积会增加。因此，PbO_2 电极多采用高孔隙率结构，一方面可以增加电极电解质界面，得到更大的电流密度，另一方面可以缓解放电体积膨胀带来的结构影响。同时由于体积的膨胀，放电过程中形成的 $PbSO_4$ 会导致孔隙率降低，易在 PbO_2 表面形成致密的钝化膜，阻止反应进一步进行。PbO_2 电极的晶型主要有两种——斜方晶系（α-PbO_2）和正方晶系（β-PbO_2），如图 2-3 所示，且这两种晶型都存在于制备好的 PbO_2 电极中[1,4]。

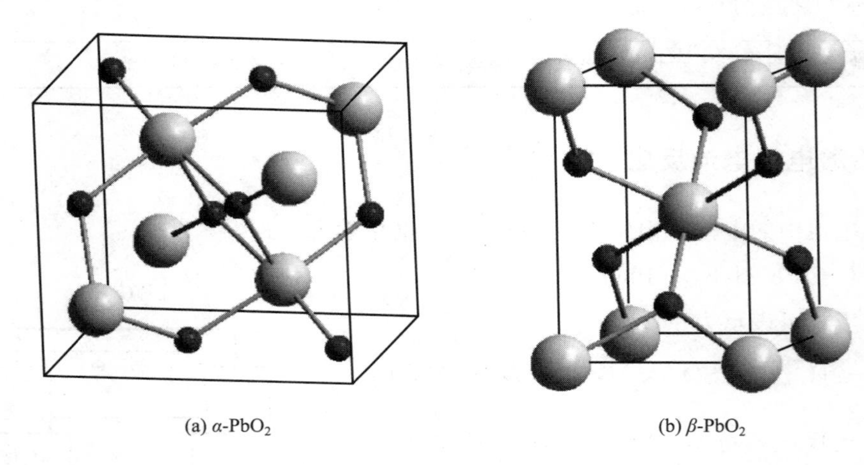

图 2-3　PbO_2 晶体结构

由于 $PbSO_4$ 和 α-PbO_2 晶型相同，因此 α-PbO_2 表面很容易被 $PbSO_4$ 迅速覆盖形成钝化膜，不利于提高电极的利用率。β-PbO_2 属于正方晶系，与 $PbSO_4$ 的晶格常数相差较大，因此其放电产物较难形成致密的钝化膜，而是在 β-PbO_2 表面形成疏松的结构，有利于提高放电过程中正极材料的利用率，具有更高的放电容量。由于 β-PbO_2 晶型的热力学稳定性更高，因此在充放电过程中 α-PbO_2 会逐渐转化成 β-PbO_2。

2.2.3 铅酸蓄电池负极

铅酸蓄电池的负极为金属铅，通常为海绵状铅负载在铅合金的板栅上。放电过程中与硫酸氢根反应生成微溶的硫酸铅和氢离子并释放电子，其反应过程可以表示为[4]

$$Pb+HSO_4^- \underset{\text{充电}}{\overset{\text{放电}}{\rightleftharpoons}} PbSO_4+H^++2e^-$$

溶解过程：　$Pb-2e^- \longrightarrow Pb^{2+}$

沉淀过程：　$Pb^{2+}+HSO_4^- \longrightarrow PbSO_4+H^+$

首先金属铅失去两个电子生成铅离子，然后铅离子游离出电极表面与硫酸氢根反应生成硫酸铅。由于硫酸铅为微溶物质，随着反应的进行，电极表面硫酸铅的浓度升高，从而在电极表面析出硫酸铅沉淀。负极的放电反应产物也是 $PbSO_4$，因此铅酸蓄电池的放电过程又叫双硫酸铅盐化。同正极一样，负极在放电过程中也会遇到类似正极的钝化过程，即 $PbSO_4$ 在金属铅表面沉积阻止放电反应的进一步进行。目前，主要通过在负极材料中加入添加剂来抑制电极的钝化过程。例如，与 $PbSO_4$ 同晶型的 $BaSO_4$ 可以促进多孔非钝化的 $PbSO_4$ 形成[4]。

2.2.4　铅酸蓄电池电解液

铅酸蓄电池的电解液主要由硫酸的水溶液组成。硫酸是一种二元强酸，其电离分为两步：

$$H_2SO_4 \xleftrightarrow{k_1} H^+ + HSO_4^-$$

$$HSO_4^- \xleftrightarrow{k_2} H^+ + SO_4^{2-}$$

其中，k_1 和 k_2 分别为 H_2SO_4 和 HSO_4^- 的电离平衡常数。在室温条件下（25℃），$k_1=10^3$，$k_2=1.2\times10^{-2}$。$k_1 \gg k_2$ 说明硫酸的第二步电离较难发生，电解液中由硫酸电离出的离子主要为 HSO_4^- 和 H^+。这也就是铅酸蓄电池中正极反应为第二个反应式而不是第一个的原因[5]。

铅酸蓄电池中电解液的浓度有一定要求，浓度过低或过高都会导致活度的降低，不利于电解液的高效利用。阀控密封铅酸蓄电池的电解液主要有两种存在形式：液体硫酸电解液和胶体电解液。液体电解液为一定浓度的硫酸水溶液，胶体电解液是在一定浓度的硫酸水溶液中加入凝胶剂形成的。液体电解液散热性能好、离子电导率高、高温性能较好，而凝胶电解液具有抗硫化性能明显、可维护性好、不易漏液、耗水慢和寿命高的优点，且低温性能较好[7]。

通常情况下，电解液中会加入一些添加剂，以进一步提高铅酸蓄电池的性能。在液体电解液中通常会加入少量的硫酸盐、磷酸、磷酸盐以及离子液体作为添加剂，改善铅酸蓄电池的自放电、寿命、能量密度、析氢析氧和板栅耐蚀性等性能。胶体电解液中通常加入磷酸、硼酸以提高蓄电池的容量、循环寿命，有机添加剂引入同样有利于离子和气体的迁移、扩散，缓解水化分层现象，在一定程度上可以抑制硫酸盐化，延长电池寿命[8]。

2.3　铅酸蓄电池失效机制与解决方法

2.3.1　正极失效机制

正极失效是铅酸蓄电池失效的主要原因之一。正极的失效主要分为以下三种情况[9]：

① 铅酸蓄电池的正极在制备完成后主要由 α-PbO_2 和 β-PbO_2 两种晶型混合。如前所述 β-PbO_2 拥有更高的容量，但是在正极材料中 α-PbO_2 颗粒尺寸更大，颗粒间更容易接触形成活性材料网络，在充放电过程中可防止活性材料剥落造成电极材料失效，因此 α-PbO_2 对正极的循环稳定性是有利的。在循环过程中，α-PbO_2 会向 β-PbO_2 晶型转变，β-PbO_2 颗粒较小，小颗粒间难以相互接触形成活性材料网络，导致活性材料易从板栅剥落造成电极失效。

② 正极在充放电过程中，氧化铅转变成硫酸铅后体积会增加，而后再转化为氧化铅时导致正极密度变小，循环之后氧化铅颗粒变小、互相难以接触且循环过程中的体积变化都导

致活性材料与板栅接触变差而造成正极失效。

③ 正极中的活性材料主要由结晶的氧化铅以及氧化铅线性聚合物凝胶组成。循环过程中，结晶区和凝胶区的比例发生变化，使正极活性材料颗粒无定形化，正极密度降低，沉积物相连的聚合物链减少，导致电极剥离。

正极是铅酸蓄电池的重要组成部分，正极材料的性能好坏关系到电池使用性能的优劣。针对正极材料的失效，正极的改性主要通过在正极材料中加入添加剂实现。添加剂的引入可以提高电极的导电性能、孔隙率、PbO_2 颗粒间的结合力，抑制板栅腐蚀、氧气析出以及促进 $PbSO_4$ 在充电过程中转化为 PbO_2 的能力等。常见的正极添加剂如表 2-2 所示。

表 2-2 常用铅酸蓄电池正极添加剂[8,10-12]

添加剂	优点	缺点
钛氧化物	导电性好	在硫酸电解液中易分解
钨的低价态氧化物	导电性好	在正电位下不稳定
钛丝	低倍率下提高电极活性材料的利用率	—
二氧化锡	提高正极利用率和容量	—
硅藻土	提高正极利用率和容量	—
铋	提高寿命	析氧、加速正极板栅腐蚀、阻碍硫酸铅氧化为氧化铅
硫酸钙	提高低温性能	—
碳材料	导电性好	长期使用易氧化而自放电
四碱式硫酸铅	提高机械强度、增加深循环寿命	降低常温和低温容量
二氧化硅	保护 PbO_2 在充电过程中不软化脱落，提高寿命	—

2.3.2 负极失效机制

负极的失效主要由不可逆的硫酸盐化导致。如图 2-4 所示，在循环过程中，尤其是在高

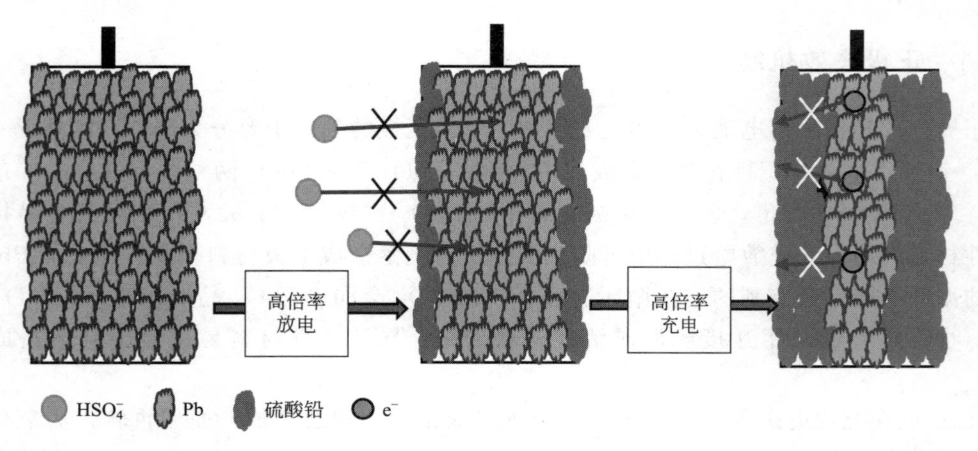

图 2-4 $PbSO_4$ 致密层对充放电行为的影响[13]

倍率部分荷电状态下，负极材料表面易形成致密的硫酸铅，阻碍反应进一步进行[9]。

同时温度对负极的性能也有较大影响。在低温条件下，活性材料的反应活性降低，且电解质离子的扩散动力较小，导致容量降低。低温下更易形成 $PbSO_4$ 钝化膜，导致电极失效。当温度过高时（例如 60℃），板栅的腐蚀速率会加快，由水的蒸发和析氢导致的溶液减少也会造成负极的失效。

负极中加入膨胀剂可以提高铅酸蓄电池的寿命和输出功率，膨胀剂又可分为无机膨胀剂（硫酸钡和硫酸锶等）和有机膨胀剂（腐殖酸、木质素、木素磺酸盐和合成鞣料等）。膨胀剂的作用主要是促进放电过程中硫酸的扩散，抑制 $PbSO_4$ 致密层的形成，在充电过程中抑制铅的比表面积收缩[1]。为了抑制负极在化成后干燥过程中的氧化，负极中往往会添加甘油、木糖醇、抗坏血酸和松香等阻化剂[1]。

2.3.3 超级铅酸蓄电池

针对铅酸蓄电池双硫酸盐化、循环稳定性差等问题，日本和澳大利亚科学家结合超级电容器的高循环稳定性和大电流放电能力，首次提出了超级铅酸蓄电池的概念。其机理如图 2-5 所示，通过在铅酸蓄电池负极引入碳材料构建出的超级铅酸蓄电池可以看成是由一个非对称超级电容器（碳材料为负极，PbO_2 为正极）和铅酸蓄电池并联组成。在大功率充放电过程中，超级电容可以作为大电流的缓冲，保护铅酸蓄电池，从而提高其大电流充放电能力并延长铅酸蓄电池的使用寿命[14]。

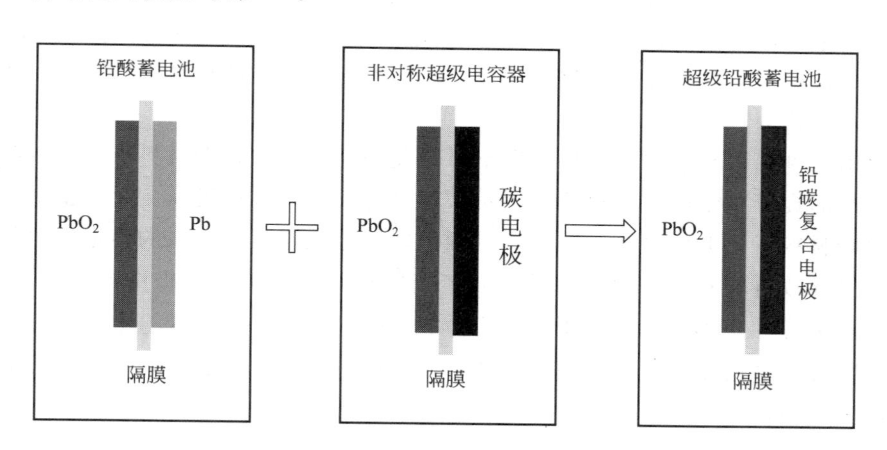

图 2-5 超级电池原理示意图[14]

超级铅酸蓄电池负极的作用机理可由图 2-6 说明。碳材料导电性较好，负极中的碳材料有利于导电网络的形成，抑制 $PbSO_4$ 长大和表面致密钝化膜的形成，从而提高活性材料的利用率。充放电过程中碳材料可产生可观的双电层容量，缓解高倍率充放电对电极活性材料的影响，提高电池的倍率特性。而且碳材料通常还具有较高的比表面积，为 $PbSO_4$ 再结晶生长提供了空间[13]。

超级电池中常用的碳材料为活性炭、炭黑和石墨等，随着石墨烯和碳纳米管等碳材料在超级电容器上的应用，也有研究将这些新型碳材料引入到超级铅酸电池中。石墨烯和碳纳米管的优势在于具有高的比表面积、高的导电性的同时，又具有高的长径比或者较大的二维尺寸，更容易构建出导电网络。例如蔡跃宗等[15]将碳纳米管引入到负极材料中，铅酸蓄电池

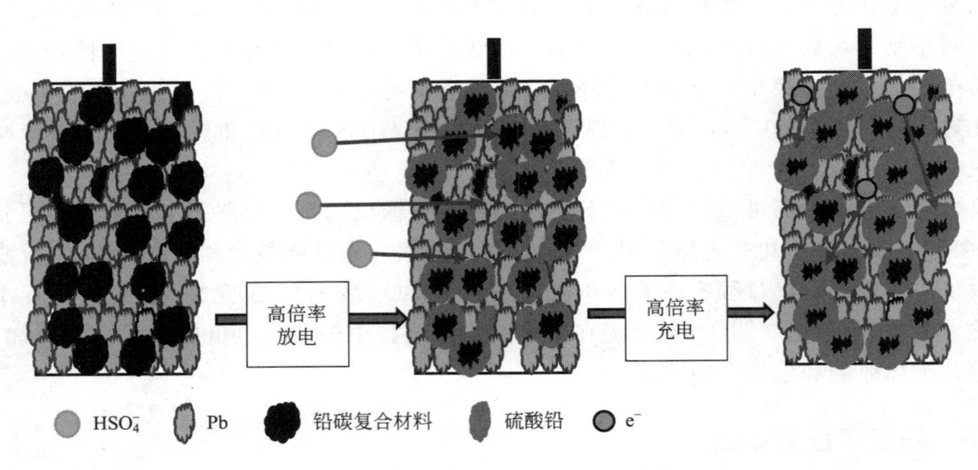

图 2-6 铅碳负极性能影响机制[13]

的循环稳定性提升了一倍。Swogger 等[16]将碳纳米管引入到铅酸蓄电池负极中，不仅没有降低铅酸蓄电池负极的致密度，还显著提高了超级电池的充电接受能力。徐绮勤等[17]将三维石墨烯网络引入到铅酸蓄电池负极材料中，显著提高了超级电池在高倍率部分荷电状态下的循环稳定性。Yeung[18]和 Dada[19]的研究结果都表明，在负极中引入石墨烯之后铅酸蓄电池的容量和循环稳定性都有不同程度的提高。Dada[20]的研究还表明，在正极中引入石墨烯之后可将电池的放电能力提升 14%。需要指出的是，引入石墨烯和碳纳米管等碳材料时，如何在超级电池的成本和性能之间找到一个合适的平衡点是新型碳纳米材料能否在超级电池领域实际应用的挑战。

碳材料引入到铅酸蓄电池中也伴随有不可避免的问题，比如碳材料虽然可以改善电极结构和导电性从而提升整个电极的容量，但是其本身容量低，含量过高会导致整个电极容量的降低。同时碳材料析氢电位更高，在应用过程中可能导致铅酸蓄电池的容量快速降低，并且易在负极析氢导致电解液的分解。为了抑制氢气的析出，在铅碳电极中通常会加入 Bi_2O_3、Ga_2O_3 和 In_2O_3 等氧化物[21]。又因为析氢量和碳材料的比表面积成正比，也可通过降低比表面积适当牺牲双电层比容量来抑制氢气的析出，同时也有研究表明碳材料表面的碱性官能团也可抑制氢气的析出[21,22]。

2.4 铅酸蓄电池制造与工艺

铅酸蓄电池的制造工艺不仅关系到成品铅酸蓄电池的品质与性能，更关系到企业节能减排效果与降低成本的要求[23]。

本节主要以涂膏式极板为例介绍铅酸蓄电池的制造与加工工艺及其研究进展。极板的加工和制造是铅酸蓄电池制造的基础。如图 2-7 所示，在极板的制造过程中，正极和负极的加工工艺很相似，主要成分都是铅粉，经过合膏和涂膏之后，进行化成工艺，正极主要成分转变为 PbO_2，而负极变为海绵状铅。加工好的正负极板与隔板、电池壳等经组装装配注液之后即可得到铅酸蓄电池成品。

铅酸蓄电池的工艺流程及特点见表 2-3。

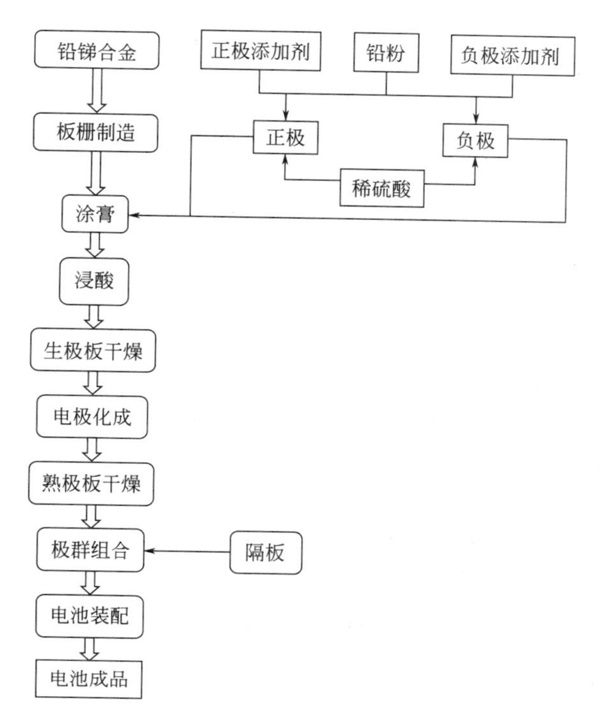

图 2-7　铅酸蓄电池生产制造流程[1]

表 2-3　铅酸蓄电池的工艺流程及特点

工艺名称	工艺作用与特点
铅基合金及板栅	板栅是活性物质的载体，具有传导和汇聚电流的作用。这就要求板栅具有较高的导电性、力学性能和耐蚀性。目前应用最广泛的是铅锑合金，其次是铅钙合金。主要的板栅构型有垂直方格型、辐射型板栅和拉网型板栅
铅粉的制造	铅粉制造是电极活性物质制备的第一步，而且是很重要的一步。铅粉质量的好坏对电池的性能有重大影响。铅粉主要有两种制造方法：球磨法和气相氧化法[24]
铅膏的配制	铅粉需要进一步加工为铅膏才能用于极板涂膏，使活性物质负载在板栅上。正极板用的铅膏是由铅粉、硫酸、短纤维和水组成的。负极板用的铅膏主要由铅粉、硫酸、短纤维、水和负极添加剂组成
生极板的制造	涂膏式极板、生极板的制造，大致包括涂板、淋酸（浸酸）、压板、表面干燥、固化等几个工序[24]
极板化成	极板化成是将极板置于硫酸电解液中，以正极板为正极、负极板为负极通入直流电使正极板上的活性物质电化学氧化生成 PbO_2，而负极板电化学还原生成海绵状铅[25]。电极板的化成有两种方法，分别是槽化成和电池内化成

铅酸蓄电池的装配流程如图 2-8 所示。装配时，首先将化成的正负极板相间排列以隔板隔开；然后分别将正负极焊接成极群，通常极群的边板是负极板；最后通过钎焊将极柱和同名极群焊接再装槽，注入电解液安装电池壳盖装配成电池。

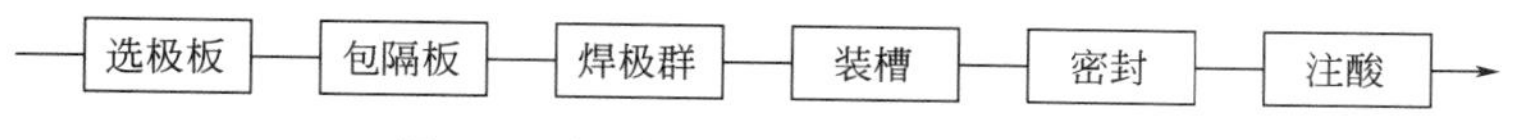

图 2-8　铅酸蓄电池装配流程图[26]

2.5 铅酸蓄电池展望

铅酸蓄电池的低成本、高安全性和可再生性特点，是其在被发明的一个多世纪以来，一直在储能电池领域占据重要位置的原因。

由于铅是重金属，铅酸蓄电池在应用过程中除了电化学性能较差以外，铅以及硫酸对环境的潜在污染也是铅酸蓄电池应用的一大阻碍。但是铅酸蓄电池的成分简单，回收和重复利用率明显高于锂电池，同时其回收成本和难度均远低于锂离子电池。从这一点讲，铅酸蓄电池所引发的环境成本甚至可能小于锂电池。通过淘汰高污染的小作坊，整合高效、低污染的生产企业，发展先进的电池制造和加工技术，可有效控制铅酸蓄电池生产环节的能耗和污染。在使用环节，鼓励铅酸蓄电池的回收、规范铅酸蓄电池回收企业可有效地杜绝铅与硫酸电解质对环境的污染，最终形成一个良性闭合的生产—使用—回收产业链。通过政策的引导和法律的规范，可有效地减少铅酸蓄电池在各个环节的环境污染问题。因此，在可预见的未来铅酸蓄电池仍将在储能领域占有一席之地。

习　　题

1. 请写出铅酸蓄电池的正负极电化学反应方程式。
2. 简述铅酸蓄电池正极钝化过程和机理。
3. 简要说明铅酸蓄电池负极的失效机制。
4. 什么是超级铅酸蓄电池?
5. 请计算铅酸蓄电池在50℃条件下的电动势。
6. 假设铅酸蓄电池正极 PbO_2 的质量为203.3g，负极Pb的质量为210.2g，请计算其理论容量和理论比容量。
7. 在铅酸蓄电池的负极中引入碳材料有什么优缺点? 缺点如何改进?
8. 铅酸蓄电池化成的作用是什么?
9. 常用的化成工艺有哪些?

第3章 锂离子电池

3.1 锂离子电池工作原理

锂离子电池诞生在20世纪60～70年代全球石油危机爆发的背景下。锂是化学元素周期表中电极电位最低的元素（－3.045V），原子量为6.941，电化学当量最小［0.26g/(A·h)］。上述特性预示着锂可作为备选的替代能源之一。1912年，Gilbert N. Lewis提出了锂金属电池的概念[27]。1958年，Harris进行了以锂为负极的一次电池研究，由于锂与水和空气会发生剧烈反应，他提出采用非水电解质作为锂一次电池的电解质。此后，诸多的金属及其化合物被选作锂一次电池的正极材料，如Ag、Cu、Ni的化合物。1970年，日本Sanyo公司采用MnO_2作为正极材料开发出Li‖MnO_2锂金属电池，此款电池开启了锂一次电池的商业化进程。此后，一些新的锂一次电池体系也开始走向商业化，如Li‖CF_x、Li‖I_2、Li‖$Ag_2V_4O_{11}$电池。

美国埃克森公司的M. S. Whittingham[28]开发了Li‖TiS_2的可充电锂二次电池。理论上该电池可实现可逆循环1000次，但在实际充电时，锂离子在负极获得电子被还原为锂金属沉积在极片上，由于锂的沉积速度不一样，金属锂不能均匀地覆盖在电极表面，且在电流较密的位置不断沉积生长最终形成树枝状的晶体导致电池短路，其实际寿命远低于理论值（图3-1）。这些锂枝晶经过充放电循环不断生长和积累，最终可能刺穿隔膜造成电池正负极短路，进一步引起电池内部放热，产生起火或者爆炸。此后，人们也研究了锂铝合金解决锂枝晶问题，但由于合金负极在充放电时发生较大的体积变化，循环次数有限，且锂离子在合金中的扩散速率低，因此并未得到广泛应用。20世纪80年代末期，第一块商品化的锂金属二次电池（Li‖MO_2）由加拿大的Moli能源公司开发了出来[29]。然而由于锂枝晶问题没有

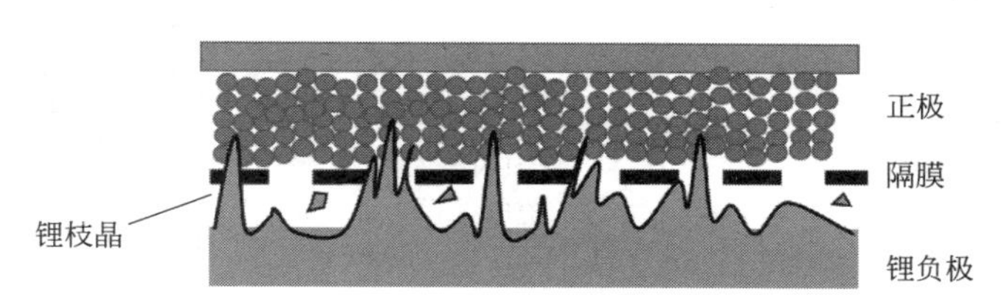

图3-1 锂一次电池循环后锂枝晶生长示意图

得到足够重视，1989 年 Moli 公司的 Li‖MO_2 电池发生了起火事故，此次事故使锂金属二次电池的研发被中止。

同一时期，其他研究者也在研究锂金属电池。1980 年，Armand[30] 提出了以锂金属为负极的“摇椅式电池”（rocking chair battery，RCB）概念。“摇椅式电池”采用锂的嵌合物作为负极。在充电时，锂离子从正极嵌合物中脱出，通过电解液“游动”到负极嵌合物中；在放电时，再从负极嵌合物中脱出，通过电解液“游动”到正极嵌合物中。因此，该充放电的过程类似于锂离子在正负极中的来回脱嵌，锂离子在正负两极的摇摆形成锂的浓差电池。锂离子在负极发生的也是嵌入和脱出过程，而不是锂金属的沉积。

基于摇椅式电池的概念，开启了寻找可嵌入/脱出锂离子的正负极电极材料的研究。M. S. Whittingham 最早发现层状材料 TiS_2 可作为嵌入型锂离子的正极材料[31]。1980 年，美国的物理学教授 J. B. Goodenough[32] 发现类似石墨的层状结构物质 $LiCoO_2$ 作为正极材料，可以实现锂离子在二维层间的可逆脱嵌。1983 年，J. B. Goodenough[33,34] 又发现了尖晶石结构的 $LiMn_2O_4$，尖晶石骨架实现了三维的锂离子脱嵌。1989 年，A. Manthiram 和 J. B. Goodenough[35] 发现了高电压的聚合阴离子正极。1996 年，J. B. Goodenough[36] 合成了橄榄石结构的 $LiFePO_4$，锂离子电池正极材料主要的几种类型诞生。

负极材料研究过程中，1985 年，R. Agarwal 和 J. Selman[37] 发现石墨具有嵌锂的特性，且电化学反应电极电势较低，是嵌入型负极的理想材料，开启了碳作为锂离子电池负极材料的研究。1990 年，Nagaura 等[38] 开发出以石油焦为碳源合成碳，以钴酸锂为正极的锂离子电池原型。同年，日本 SONY 和加拿大 Moli 两大公司同时推出了以碳为负极的锂离子电池原型[38]。1991 年，日本 SONY 公司开发出以聚糖醇热解碳为负极、钴酸锂为正极的商品化锂离子电池[39,40]。

锂离子电池的构造及工作原理如图 3-2 所示。它以钴酸锂（$LiCoO_2$）为正极，石墨（C）为负极，电解液采用 1mol/L 的 $LiPF_6$ 溶解在 EC∶DEC 体积比为 1∶1 的溶剂中。当电池充电时，正极（阴极）发生氧化反应，锂离子从钴酸锂中脱出，进入溶液；溶液中的锂离子在石墨负极（阳极）中被嵌入，发生还原反应。此时，外电路电子从正极流向负极。当放电时，负极石墨中的锂离子被脱出，发生氧化反应；同时电解液中的锂离子再次嵌入正极晶格中，发生还原反应。此时，外电路电子从负极流向正极。理想状态下，锂离子可在正极

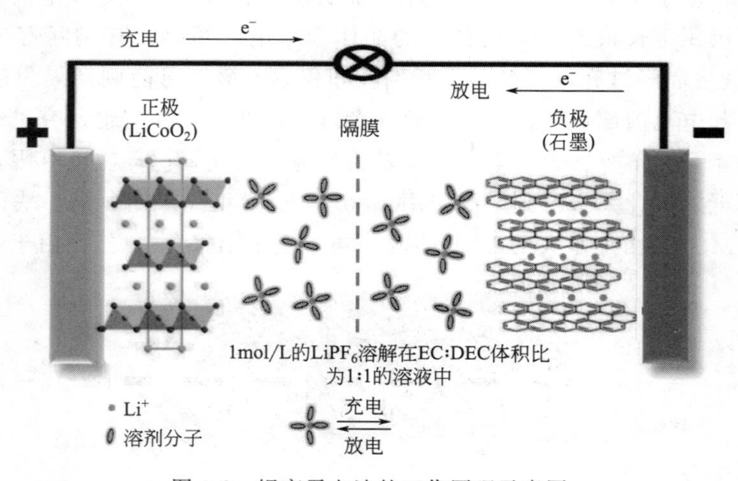

图 3-2　锂离子电池的工作原理示意图

和负极层间来回可逆脱嵌。

上述反应的电化学表达式为

(一)C|1mol/L 的 $LiPF_6$ 溶解在 EC：DEC 体积比为 1：1 的溶剂中|$LiCoO_2$(+)

电极反应式为

负极：
$$6C+xLi^++xe^- \underset{放电}{\overset{充电}{\rightleftharpoons}} Li_xC_6$$

正极：
$$LiCoO_2 \underset{放电}{\overset{充电}{\rightleftharpoons}} Li_{1-x}CoO_2+xLi^++xe^-$$

总反应：
$$LiCoO_2+6C \underset{放电}{\overset{充电}{\rightleftharpoons}} Li_{1-x}CoO_2+Li_xC_6$$

目前商用及研究开发的正极材料包括层状结构的 $LiCoO_2$、$LiNiO_2$、$LiNi_{1-x-y}Co_xMn_yO_2$ 等，尖晶石结构的 $LiMn_2O_4$，橄榄石型结构的 $LiFePO_4$ 等。负极材料包括各种碳材料，如天然石墨、人造石墨、硬碳等和其他非碳材料如硅基合金、锡基合金、过渡金属氧化物、尖晶石钛酸锂硫化物、氮化物等。

3.2 锂离子电池的电化学性能

锂离子电池与其他类型二次电池相比（表 3-1），具有以下特点：

① 工作电压高。锂离子电池采用非水系电解液体系，具有较高的工作电压，高于铅酸、镉-镍、氢-镍等水系二次电池；且目前正在开发更高电压的正极材料，可进一步拓宽电压窗口。

② 能量密度高。电池的能量密度取决于工作电压和材料的比容量。材料的比容量取决于材料体系。目前以钴酸锂为正极、石墨为负极的锂离子电池能量密度可达 150W·h/kg，已远高于镉-镍、氢-镍、铅酸蓄电池；且随着电池材料的不断开发，锂离子电池的能量密度将达到 300～350W·h/kg。

③ 循环寿命长。理想的锂离子电池工作时，锂离子可逆地在正极和负极材料中嵌入或脱出，如果不发生正负极材料晶体结构变化（膨胀、收缩或者坍塌），锂离子电池的循环寿命可无限长。然而实际充放电过程中会产生正极晶体结构的变化和负极固态电解质膜的形成及电解液消耗等问题，实际电池的循环性能逐渐下降。但目前商业锂离子电池的循环寿命仍可达 2000 次，容量保持率在 80%以上。

④ 自放电率小。锂离子电池的自放电率一般为每月<10%。其自放电率低主要是因为在首次充电过程中，电解液还原在石墨负极表面形成一层固体电解质膜（SEI 膜），该 SEI 膜允许锂离子通过但不允许电子通过，使不同荷电态的电极活性物质处于相对稳定的状态。

⑤ 电流效率高。不同于以往任何一种水溶液体系二次电池，锂离子电池在正常的充放电过程中不会产生析氢反应，电流效率接近 100%。

表 3-1　锂离子电池与其他类型二次电池的比较

项目		锂离子电池	Cd-Ni 电池	MH-Ni 电池	铅酸蓄电池
体积比能量/(W·h/L)	现在	240～260	134～155	190～197	50～80
	将来	400	240	280	
质量比能量/(W·h/kg)	现在	150～250	49～60	59～70	30～50
	将来	300	70	80	

续表

项目		锂离子电池	Cd-Ni电池	MH-Ni电池	铅酸蓄电池
平均工作电压/V		3.6	1.2	1.2	2.0
使用电压范围/V		4.2～2.5	1.4～1.0	1.4～1.0	1.8～2.2
循环寿命/次	现在	500～2000	500	500	500
	将来	3000	1000	1000	
使用温度范围/℃		−20～60	−20～65	−20～65	−40～65
自放电率(每月)		＜10％	＞10％	20％～30％	＞10％
安全性能		不安全	安全	安全	不安全
是否对环境友好		是	否	否	否
记忆效应		无	有	无	无
优点		高比能量，高电压	高功率，快速充电，低成本	高比能量，高功率，无公害	价格低廉，工艺成熟
缺点		具有安全隐患，高成本	具有记忆效应，镉公害	自放电高，高成本	比能量小，污染环境

3.3 锂离子电池正极材料

3.3.1 理想的锂离子电池正极材料特点

正极材料是锂离子电池的重要组成部分，占成本的40％～60％，其比容量、晶体结构、充放电特性（工作电压平台、工作电压范围）及材料的物性直接影响锂离子电池的综合性能。理想的锂离子电池正极材料需满足以下条件：

① 金属离子M^{n+}在嵌入化合物$Li_xM_yX_z$中应有较高的氧化还原电位，可以与负极形成较大的电位差，保证电池具有高的工作电压；

② 锂离子能够在嵌入化合物$Li_xM_yX_z$中可逆地嵌入和脱出，且嵌入化合物没有或很少发生结构变化，确保良好的循环稳定性；

③ 充放电过程中，M^{n+}的氧化还原电位应该随锂离子在$Li_xM_yX_z$中的嵌入或脱出量变化（x的变化）尽可能少，使电池保证平稳的工作电压平台；

④ 嵌入化合物具有较好的电子电导率和锂离子电导率；

⑤ 成本低。

3.3.2 正极材料的分类

目前正在使用和开发的锂离子电池正极材料中，主要有三大空间结构，如图3-3所示。第一大类是层状结构化合物，包括钴酸锂（$LiCoO_2$）、镍酸锂（$LiNiO_2$）、锰酸锂（$LiMnO_2$、Li_2MnO_3）、三元层状正极材料（$LiNi_xMn_yCo_zO_2$，$x+y+z=1$），其晶体结构具有典型的层状结构。第二大类为尖晶石型结构化合物，最典型的为尖晶石型锰酸锂（$LiMn_2O_4$），其晶体结构具有三维的可逆脱嵌。第三大类为聚阴离子结构化合物，包括磷酸铁锂（$LiFePO_4$）、磷酸锰锂（$LiMnPO_4$）等，其晶体结构也是由磷酸四面体和铁氧八面体形成的三维骨架结构，也具有三维的锂离子脱嵌。除了这三类空间结构，还有其他类型的正极材料，如钒氧化物（V_2O_5、VO_2、$Li_{1+x}V_3O_8$）、氟化物（FeF_3、CoF_3）、硫化物（TiS_2、FeS_2）、硒化物（$NbSe_3$）等。

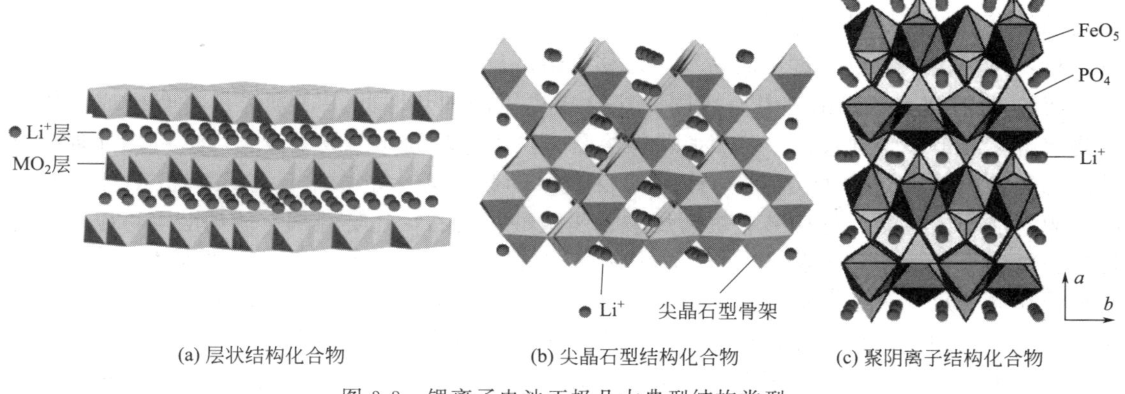

(a) 层状结构化合物　(b) 尖晶石型结构化合物　(c) 聚阴离子结构化合物

图 3-3　锂离子电池正极几大典型结构类型

3.3.3　钴酸锂正极材料

3.3.3.1　钴酸锂的晶体结构

钴酸锂（$LiCoO_2$）是目前商业化最成熟的一种正极材料，自 1990 年商业化应用以来，一直主导锂离子电池正极材料市场应用在数码产品等领域。钴酸锂一般有两种结构：层状结构和尖晶石结构[41]。

在层状 $LiCoO_2$ 结构中，Li^+ 和 Co^{3+} 分别与 O^{2-} 形成锂氧和钴氧八面体，并交替排列（图 3-4）。其中，由于 Li^+ 和 Co^{3+} 与氧原子层的作用力不一样，氧原子的分布并不是理想的密堆结构，而是呈现三方对称性。$a=0.2846$nm，$c=1.4056$nm，$c/a=4.899$。锂离子在键合力强的 CoO_2 层间进行二维迁移。另外，共棱的 CoO_6 八面体分布使 Co 与 Co 之间以 Co—O—Co 形式发生相互作用，钴酸锂的电子电导率比较高[42]。

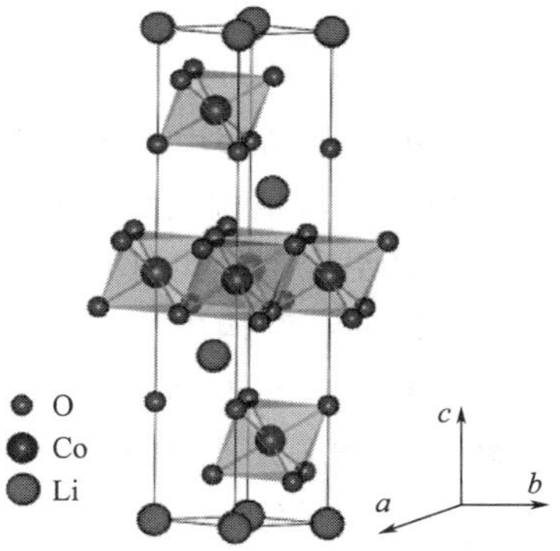

O
Co
Li

图 3-4　钴酸锂的晶体结构

3.3.3.2　钴酸锂的电化学性能

在充电状态下的钴酸锂处于介稳状态，其锂离子脱出摩尔数应小于 0.5。当 $x=0.5$ 时，温度高于 200℃，钴酸锂会发生释氧反应。反应如下：

$$Li_{0.5}CoO_2 \longrightarrow 1/2LiCoO_2 + 1/6Co_3O_4 + 1/6O_2$$

当 $x>0.5$ 时，脱锂态的钴酸锂热稳定性较差，如 $Li_{0.49}CoO_2$，随温度升高，晶体结构从层状结构 $R\bar{3}m$ 向尖晶石 $Fd\bar{3}m$ 转变。在电解液（EC/DMC 的 1mol/L $LiPF_6$）中，脱锂态的 $Li_{0.49}CoO_2$ 将继续发生释氧反应，造成自放电和容量衰减。

因此，1mol 钴酸锂的可逆脱嵌锂量最多为 0.5mol，其实际比容量为 156mA·h/g。

3.3.3.3　钴酸锂的制备

钴酸锂的制备方法比较多，最简单的方法为固相反应[43]。固相反应是指前驱体通过混合，在高温下通过化学反应，中间体发生迁移生成目标产物的方法。一般钴酸锂的高温固相反应钴前驱体以四氧化三钴、碳酸钴等为钴盐，以碳酸锂、氢氧化锂等为锂盐。由于中间体发生迁移需要较高的活化能，因此，固相反应主要在高温下进行，长时间反应，才能获得晶体结构较好的电极材料。为了减小能耗，可以采用超细锂盐和钴氧化物混合，加入胶黏剂进行造粒，避免生成的粒子过小而易发生迁移、溶解反应。

溶胶-凝胶法合成钴酸锂具有比固相法合成更短的加热时间。该方法是将有机或无机化合物溶解在溶液中，通过调节 pH 值获得溶胶，再进一步固化形成干凝胶，然后热处理提高结晶度制备固体氧化物的方法。pH 值对反应中间物有较大的影响。加入有机小分子如草酸、酒石酸、丙烯酸、柠檬酸、聚丙烯酸、腐殖酸、聚乙烯吡咯烷酮、琥珀酸等可以获得更均匀、粒度可控的中间产物[44]。该方法在形成凝胶过程中，前驱体物质先溶解后锂、钴、氧离子在原子尺度下结合形成溶胶，再进一步发生化学反应形成凝胶。因此不仅可以保证粒子在纳米级范围内，还能在较低的合成温度下得到结晶性好的钴酸锂。

喷雾干燥法是合成球形正极材料的常用方法，它是将锂盐与钴盐混合后，加入聚合物支撑体如聚乙二醇等，再在喷雾干燥机中高温快速雾化、干燥。这样制备的前驱体材料反应时间短、结晶度较低，再通过高温合成，可以获得电化学性能较好的钴酸锂材料。

3.3.3.4 钴酸锂的改性

在充放电过程中，Li^+ 反复脱嵌容易造成材料晶体结构从三方晶系向斜方晶系转变，因此 Li^+ 的扩散内阻增大。另外，当脱锂量 $x>0.5$ 时，发生过充反应生成 CoO_2（具有催化活性），引起电解质氧化分解。且脱锂态的钴酸锂热稳定性较差，因此 $LiCoO_2$ 的改性研究方向主要是提高材料的结构稳定性和热稳定性。

（1）掺杂改性

在 $LiCoO_2$ 结构中掺入非金属元素，如 P、B、Si、F 等，可使 $LiCoO_2$ 的晶体结构部分变化，提高电极结构的可逆性，避免在循环过程中 $LiCoO_2$ 结构从层状向尖晶石的反复转变，使循环更稳定。如用 B 掺杂 $LiCoO_2$ 可降低极化，减少电解液的分解，提高循环性能[45]。

在 $LiCoO_2$ 结构中掺入金属元素，如 Mg、Mn、Al、Ni、Ti 等[46,47]，部分取代钴，一方面可以稳定材料的结构，抑制晶体结构向斜方晶系转变；另一方面钴资源稀缺，钴酸锂成本较高，如采用上述金属元素掺杂能降低正极成本。例如采用铝掺杂钴酸锂形成固溶体 $LiAl_yCo_{1-y}O_2$，由于 Al^{3+}（53.5pm）和 Co^{3+}（54.5pm）具有相似的离子半径，且铝便宜、毒性低、密度小，因此 Al^{3+} 掺杂可以稳定层状结构，改善 $LiCoO_2$ 的循环性能。

（2）表面包覆改性

表面包覆改性的目的是通过表面层包覆提高 $LiCoO_2$ 的结构稳定性，防止钴的溶解，避免非活性物质的形成。包覆的材料一般有无机氧化物、碳材料、聚合物材料等[48-51]。如 Al_2O_3 包覆 $LiCoO_2$，在 $LiCoO_2$ 的表面生成了约 10nm 的 Al_2O_3 包覆层。通过 Al_2O_3 包覆后 $LiCoO_2$ 的电化学性能得到了明显提升。碳包覆可使 $LiCoO_2$ 具有更低的电荷转移阻抗，提高了 $LiCoO_2$ 的倍率性能，但碳包覆过量也会损失正极材料的容量。聚吡咯导电高分子包覆钴酸锂可以充当保护层减少电解液中的 HF 对颗粒表面的腐蚀，从而提高循环稳定性。

3.3.4 镍酸锂正极材料

氧化镍锂（$LiNiO_2$）的实际容量可达 190～210mA·h/g，明显高于 $LiCoO_2$。在价格

和资源储量上，镍资源比钴资源更具优势，因此 $LiNiO_2$ 是替代 $LiCoO_2$ 的高比容量正极材料。尽管 $LiNiO_2$ 也属于层状结构，但合成纯相的 $LiNiO_2$ 非常不易，这是因为 Ni^{2+} 难于氧化，按照化学计量比合成无法得到纯相，其组成和结构随合成温度、化学计量比的改变而变化。一般必须要在含有 O_2 的气氛中进行反应，合成的产物往往是非整比的 $Li_xNi_{2-x}O_2$。此外，在 $LiNiO_2$ 的合成中发现，晶体结构中部分 Ni^{2+} 会占据锂氧层中 Li^+ 的位置（3a），降低了材料的结构有序性，这种现象被称为“阳离子混排”。锂氧层和镍氧层中的阳离子不能有序排列，当部分 Ni^{2+} 进入锂氧层（3a）位置时，为了维持体系的电中性平衡，镍氧层中也必然有等量的 Ni^{2+} 存在（3b），其化学式变化为 $[Li_y^+Ni_{1-y}^{2+}]_{3a}[Ni_{1-y}^{2+}Ni_y^{3+}]_{3b}O_2^{2-}$。

3.3.4.1 镍酸锂的晶体结构

$LiNiO_2$ 属于三方晶系，其中，锂氧层和镍氧层隔层分布，层间形成占氧密堆积的八面体结构，如图 3-5 所示。$LiNiO_2$ 中 Ni^{3+} 的 3d 层的轨道电子呈 $t_{2g}^6e_g^1$ 排布，t_{2g}^6 电子轨道已被 6 个电子充满。另外 e_g^1 电子轨道中的 1 个电子只能占据氧原子外层中具有 σ 对称性的 2p 轨道，它们交叠成键形成 σ 反键轨道。这使得电子的离域性较差，成键较弱。因此，$LiNiO_2$ 与 $LiCoO_2$ 具有很多不同的电化学性质[52]。

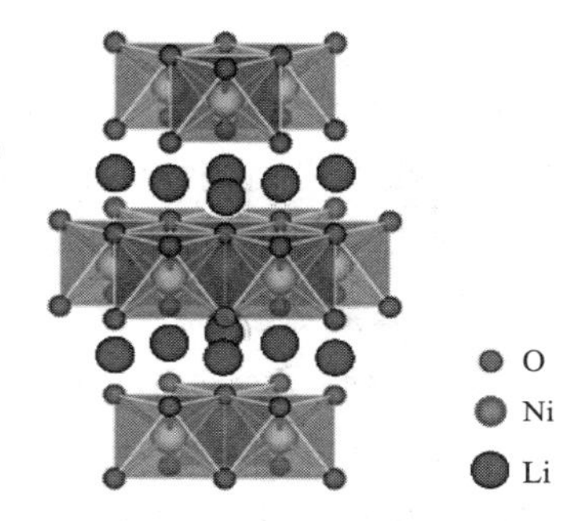

图 3-5 镍酸锂的晶体结构

3.3.4.2 镍酸锂的物理化学性质

由于镍氧层中电子的离域性较差，且阳离子混排，使得 Li^+ 在锂氧层间的扩散受阻，电池充放电过程有明显的极化。当 Li^+ 脱出后锂氧层间混排的 Ni^{2+} 易被氧化为 Ni^{3+} 或 Ni^{4+}，这些高价态的镍离子不能被可逆还原，导致 $LiNiO_2$ 首次循环存在较大的不可逆容量。此外，$LiNiO_2$ 和 $LiCoO_2$ 一样热稳定性差，在同等条件下与 $LiCoO_2$ 相比，$LiNiO_2$ 的热分解温度更低（200℃左右），放热量更大，这给电池带来很大的安全隐患。充电后期，高氧化态的镍（+4 价）具有强氧化性，可能会氧化分解电解质，腐蚀集流体，放出热量和气体。另外，热稳定性较差，也会发生释氧反应。因此，$LiNiO_2$ 正极不可逆容量高、循环稳定性差、安全性能差[53,54]。

3.3.4.3 镍酸锂的电化学性能

$LiNiO_2$ 的电化学氧化还原过程伴随着晶体结构的不断变化，当 $Li_{1-x}NiO_2$ 中 x（脱锂量）$\leqslant$0.5 时，晶体结构为初始的六方相（H_1）；$x>0.5$ 时，脱锂态 $Li_{1-x}NiO_2$ 先从 H_1 相转变为单斜相（M），然后从 M 相转变为另一种六方相（H_2），接着，H_2 相转变为第 3 种六方相（H_3）。

$LiNiO_2$ 在充放电过中发生的相变严重制约其性能和使用寿命。当 $Li_{1-x}NiO_2$ 脱出的 $x\geqslant0.75$ 时，材料的结构极不稳定，因此 $Li_{1-x}NiO_2$ 充电截止电压须控制在 4.1V 以下。当 $Li_{1-x}NiO_2$ 中脱锂量为 0.75 时，可逆容量约 200mA·h/g，超过 4.1V，将产生较大的不可逆容量；当充电至 4.8V 时，将生成组成为 $Li_{0.06}NiO_2$ 的产物，其后续循环的不可逆容量约 40～50mA·h/g。

3.3.4.4 镍酸锂的制备

$LiNiO_2$ 的制备方法与 $LiCoO_2$ 类似，主要包括固相合成法和溶胶-凝胶法。

（1）固相合成法

一般固相合成法的锂源为 Li_2O、LiOH、$LiNO_3$，镍源为 NiO、$Ni(NO_3)_2$、$Ni(OH)_2$，反应过程中反应温度、化学计量比对产物纯度及电化学性能有较大的影响。

反应温度对固相反应的影响：高温合成 $LiNiO_2$ 易发生阳离子混排，严重影响 $LiNiO_2$ 的电性能。所以合成过程中，尽量降低合成温度。同时为了稳定 Ni^{3+}，合成条件一般为氧气气氛。为了减少高温反应时锂的挥发，通常锂需过量。当合成温度>720℃时，合成的 $LiNiO_2$ 易发生从六方相向立方相结构的转变，而立方相 $LiNiO_2$ 不具有电化学活性[55]。生成 2D 结构的有序阳离子排列所需的温度在 700℃左右，所以合成温度也不能过低。

$$LiNiO_2 \longrightarrow Li_d NiO_{2-d}\,(0<d<1) + x Li_2O \uparrow$$

化学计量比对固相反应的影响：在高温下，镍离子容易占据锂位，与 $LiCoO_2$ 合成工艺相同时，很难得到化学计量比的 $LiNiO_2$，采用锂过量的方式，在氧气气氛下煅烧，有利于减少杂质 Li_2O、NiO 的生成。

（2）溶胶-凝胶法

溶胶-凝胶法合成 $LiNiO_2$ 可使镍源和锂源的混合均匀，反应温度低，且生成的颗粒为纳米级。其中采用有机酸作为载体，在热处理时发生氧化产生大量的热，可以加速镍酸锂固体的形成。研究表明，不同有机合成的 $LiNiO_2$ 材料，其电化学性能也有很大差异。

3.3.4.5 镍酸锂的改性

通常 $LiNiO_2$ 在固相反应条件下较难合成纯相的材料。另外，充电时其材料热稳定性差，在充放电过程中存在相变，严重影响电化学性能。$LiNiO_2$ 正极材料的改性主要包括以下几个方面：

（1）表面包覆改性

如表面包覆 Al_2O_3、SiO_2、ZrO_2、V_2O_5 等[56-59]，可以从不同方面提高材料的性能。表面包覆技术包括共沉淀法、溶胶-凝胶法、球磨法、化学气相沉积法等。表面包覆能抑制高电压时镍离子的溶出和电解液的分解，保持 $LiNiO_2$ 颗粒的完整性；也有观点认为表面包覆可抑制氧的逃逸和晶格中氧缺陷的产生，获得化学计量比的 $LiNiO_2$ 材料。

（2）掺杂改性

如 Mg^{2+}、Al^{3+}、Zr^{4+}、Ti^{4+} 等阳离子掺杂[60]，以及 F^-、S^{2-} 等阴离子掺杂，可以抑止循环过程中材料的相变和晶格变化。例如 Mg^{2+} 掺杂 $LiNiO_2$，在高电压下，Mg^{2+} 不发生化合价转变，能稳定层状结构、抑制相变及晶格参数变化、提高循环性能[60]。Al^{3+} 掺杂 $LiNiO_2$ 有利于层状 $LiNiO_2$ 的制备[61]。同时 Al^{3+} 也能在循环过程中抑制 $LiNiO_2$ 发生相变，提高循环性能。此外，研究还发现 Al^{3+} 掺杂 $LiNiO_2$ 能抑制脱锂 $Li_{1-x}NiO_2$ 在加热过程中的放热分解反应，提高热稳定性；减少载流子扩散阻力，增大扩散系数；提高氧化还原电位。阴离子掺杂方面，F^- 能改善材料的循环性能，少量掺杂对容量影响不大，但过量可能引起容量大大降低甚至失去活性；S^{2-} 掺杂能够抑制充放电过程的相变，明显改善循环性能。但无论是阳离子还是阴离子，过量掺杂非活性离子都将导致容量下降，某些非活性离子还可能导致电导率下降。

双元素或多元素复合掺杂能够利用掺杂离子的不同效果，获得性能更好的 Ni 基正极材料，如 Co^{3+} 和 Al^{3+} 共掺杂或者 Co^{3+} 和 Mn^{4+} 共掺杂，这是 Ni 基正极材料的发展方向[62-64]。如 Co^{3+} 和 Mn^{4+} 共掺杂合成的三元复合正极材料，通过调节 Ni^{3+}、Co^{3+}、Mn^{4+} 三元素的比例，可以获得不同需求的正极材料。Co^{3+} 和 Al^{3+} 共掺杂的高镍正极材料（$LiNi_{0.8}Co_{0.15}Al_{0.05}O_2$），$Co^{3+}$ 和 Al^{3+} 共掺杂后增强了材料的结构稳定性和安全性，进而提高了材料的循环稳定性，且高镍含量和低钴量不仅可以获得高可逆容量，还能降低材料成本，因此高镍的三元正极材料（NCM 或 NCA）是目前动力电池热门的正极材料之一。

3.3.5 层状结构锰酸锂正极材料

3.3.5.1 锰酸锂正极材料的种类

主要包括三种结构：

① 隧道结构，主要为 MnO_2 及其衍生物，主要用于一次锂电池。

② 层状结构，包括层状 Li_2MnO_3、正交 $LiMnO_2$ 及其锂化衍生物。

③ 尖晶石结构，主要有 $LiMn_2O_4$ 及其他锰酸锂化合物（$Li_2Mn_5O_9$、$Li_4Mn_5O_9$ 和 $Li_4Mn_5O_{12}$）。

3.3.5.2 层状锰酸锂

层状锰酸锂（Li_2MnO_3）与 $LiCoO_2$ 的晶体结构（α-$NaFeO_2$）类似。其中，Li^+ 占据 α-$NaFeO_2$ 中的 Na^+ 位，与氧离子立方紧密堆积形成锂氧八面体层。在隔层中，1/3 的 Li^+ 和 2/3 的 Mn^{4+} 占据 α-$NaFeO_2$ 中的 Fe^{3+} 位，形成混合的 $LiMn_2$ 层。因此，按照层状氧化物的写法，Li_2MnO_3 可以改写成 $Li[Li_{1/3}Mn_{2/3}]O_2$。其中 Li^+ 有两种空间占位。

Li_2MnO_3 化合物中具有两个 Li^+，理论上全部脱出时，理论容量高达 458mA·h/g，比上述层状 $LiCoO_2$、$LiNiO_2$ 的容量都高出很多。然而，Li_2MnO_3 中处于八面体氧环境的 Mn 是+4 价，高价态的 Mn 很难被进一步氧化，因此不易脱锂发生氧化反应。2003 年，A. D. Robertson 等[65]研究发现在高截止电压（2.0～4.8V）下以 10mA/g 的小电流进行充放电，可获得 309mA·h/g 的高充电容量，但放电容量仅为 199mA·h/g。

3.3.5.3 正交锰酸锂

正交锰酸锂（$LiMnO_2$）的晶体结构为氧离子按稍微有些扭曲的面心立方密堆结构排列，氧离子构成骨架，锂离子和锰离子位于氧八面体间隙位置。由于氧离子呈扭曲面心立方结构分布，原来平行的锂氧八面体层和锰氧八面体层不再平行，而是形成 Z 字形褶皱。正交 $LiMnO_2$ 具有电化学活性，在 3.5～4.5V 范围内理论比容量为 200mA·h/g。但脱锂后 $Li_{1-x}MnO_2$ 结构向尖晶石转变，晶体结构的反复变化导致 $LiMnO_2$ 结构不稳定，循环性能欠佳。

3.3.5.4 富锂锰基固溶体

富锂锰基正极材料为层状 Li_2MnO_3 和正交 $LiMnO_2$ 的固溶体，可用通式 $x Li[Li_{1/3}Mn_{2/3}]$

$O_2 \cdot (1-x)LiMO_2$ 来表达。其中 M 为过渡金属 Ni、Co、Mn，$0 \leqslant x \leqslant 1$，结构类似于 $LiCoO_2$。富锂锰基正极材料具有很高的放电比容量（300mA·h/g），是动力型锂离子电池突破 400W·h/kg 的关键技术。

$xLi[Li_{1/3}Mn_{2/3}]O_2 \cdot (1-x)LiMO_2$ 材料的结构是两种层状材料 Li_2MnO_3 和 $LiMO_2$ 的固溶体，分子式也可以写成 $Li[Li_{x/3}Mn_{2x/3}M_{(1-x)}]O_2$。其中氧采取六方密堆积的方式，纯锂层和过渡金属/锂混合层交替排列。这种固溶体材料的首次充电过程中有两个典型的特征：在低于 4.5V 时为 S 形充电曲线；当充电高于 4.5V 时出现 L 形的平台。研究认为，4.5V 以下的电化学过程对应于传统的层状材料 $LiMO_2$（$LiCoO_2$、$LiNiO_2$ 或 $LiMnO_2$）中过渡金属 Ni^{2+}、Ni^{3+}/Ni^{4+} 和/或 Co^{3+}/Co^{4+} 的氧化过程；高于 4.5V 时，对应于富锂材料的电化学活化过程。

3.3.6 三元复合正极材料

Li-Ni-Co-Mn-O 系三元正极材料兼顾了 $LiCoO_2$、$LiNiO_2$、$LiMnO_2$ 的成本、比容量、倍率性能等电化学性能，是结构稳定性、安全性更高的正极材料，用通式 $LiNi_{1-x-y}Co_xMn_yO_2$ 来表示，被认为是最有应用前景的新型锂离子电池的正极材料。通过 Ni、Co、Mn 三元素的比例调节，可发挥三元素的优势。一般来说，Ni 含量提高，$LiNi_xCo_yMn_{1-x-y}O_2$ 的晶胞参数 c 和 a 值分别增大，同时 c/a 值减小，晶胞体积相应增大，但过多的 Ni^{2+} 会与 Li^+ 发生位错混排现象而使材料的循环性能恶化。Co^{3+} 能有效地稳定层状结构并抑制 $3a$ 和 $3b$ 位置阳离子的混排，使锂离子的脱嵌更容易，提高材料的锂离子扩散性能，改善其充放电循环性能；但随着 Co^{3+} 的比例增大，晶胞参数中的 c 和 a 值分别减小，c/a 值反而增大，使得晶胞体积变小，导致材料的可逆比容量下降。而 Mn^{4+} 的引入主要起到降低材料成本的作用，它可以提高热稳定性，改善材料的安全性能，但 Mn^{4+} 的含量太高会引起材料相结构转变，破坏材料的层状结构。三元复合正极材料，最早由 Yukinori[66] 合成出 NCM111 体系的 $Li[Ni_{1/3}Co_{1/3}Mn_{1/3}]O_2$。此外，常见的三元正极材料还有 NCM523 体系（$LiNi_{0.5}Co_{0.2}Mn_{0.3}O_2$）、NCM622 体系（$LiNi_{0.6}Co_{0.2}Mn_{0.2}O_2$）、NCM811 体系（$LiNi_{0.8}Co_{0.1}Mn_{0.1}O_2$）等[67-70]。

常规三元复合正极材料性能对比见表 3-2。

表 3-2 常规三元复合正极材料性能对比表

三元正极材料	NCM111	NCM523	NCM622	NCM811	NCA
0.1C 放电容量(3.0～4.3V)/(mA·h/g)	166	172	181	208	208
0.1C 中值电压/V	3.80	3.80	3.80	3.81	3.81
1C 下 100 次容量保持率(3.0～4.3V)/%	98	96	92	90	90
能量密度/(W·h/kg)	180	200	230	280	280
安全性能	较好	较好	中等	稍差	稍差
成本	最高	较低	较高	较高	较高

Dahn 的研究组全面考查了 $LiNi_xMn_xCo_{1-2x}O_2$（$0\leqslant x\leqslant 0.5$）系列化合物[67-70]。通过XRD结构精修得到，晶体结构中 Ni^{2+} 和 Mn^{4+} 替换部分钴氧八面体层中的 Co^{3+}，Ni^{2+} 引入量随着 x 含量增加，逐渐出现镍离子占据锂层的阳离子混排现象，该系列正极材料的可逆比容量在110～130mA・h/g之间（电压范围3.0～4.2V）。与 $LiCoO_2$ 相比，当 x 浓度>0.05mol时，正极具有更高的热稳定性，在高温下与电解液发生的副反应更少。此外，他们对比了反应温度对合成产物的性能影响，研究表明，采用共沉淀法结合在氧气环境中的高温煅烧可以获得振实密度较高（3.7～4.1g/cm³）的正极材料，其体积能量密度达到2110W・h/L。Noh 等[71]采用共沉淀方法合成了 $Li(Ni_xCo_yMn_z)O_2$（$x=1/3$、0.5、0.6、0.7、0.8）系列材料，研究了Ni含量对其电化学性能、结构及热稳定性的影响，发现电化学性能和热稳定性与Ni含量密切相关。Ni含量升高，材料比容量和残碱量增加，容量保持率和安全性则会降低。

3.3.6.1　三元复合正极材料的结构特点

$LiNi_{1/3}Co_{1/3}Mn_{1/3}O_2$ 正极材料具有与 $LiCoO_2$ 相似的 α-$NaFeO_2$ 型层状岩盐结构，空间点群为R3m。如图3-6所示，锂离子占据 α-$NaFeO_2$ 结构Na位，过渡金属离子占据Fe位，每个过渡金属原子与6个氧原子形成紧密的八面体结构，锂离子嵌入过渡金属原子与氧形成的过渡金属层。一般来说，晶体结构中，少量的镍离子可能会占据锂层中的 $3a$ 位，导致阳离子混排情况的出现，使电化学性能变差。通常可利用XRD分析阳离子混排的程度。一般通过（003)/(104）峰的强度比和（006)/(012)、(018)/(110）峰的分裂程度来分析阳离子混排情况。当（003)/(104）峰的强度比高于1.2，且（006)/(012）和（018)/(110）峰出现明显分裂时，表明形成明显的层状结构，材料的电化学性能优良。在111体系的 $LiNi_{1/3}Co_{1/3}Mn_{1/3}O_2$ 中，$a=2.8622$Å（$1Å=10^{-10}$m），$c=14.2311$Å。在晶格中镍、钴、锰分别以+2、+3、+4价存在，同时也可能存在少量的 Ni^{3+} 和 Mn^{3+}；在充放电过程中，会发生 Co^{3+}/Co^{4+}、Ni^{2+}/Ni^{3+}、Ni^{3+}/Ni^{4+} 的电子转移，Mn^{4+} 作为非活性元素，不提供容量。

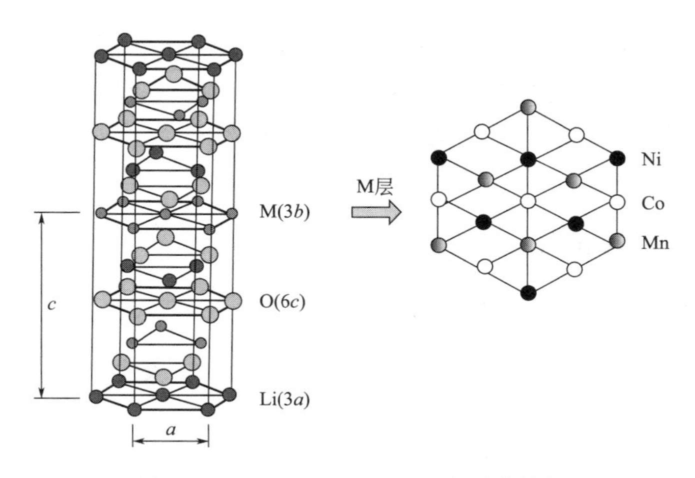

图3-6　$LiNi_{1/3}Co_{1/3}Mn_{1/3}O_2$ 的晶体结构

3.3.6.2 三元复合正极的电化学性能

以 NCM111 体系的 $LiNi_{1/3}Co_{1/3}Mn_{1/3}O_2$ 为例，三元复合正极的理论比容量为 281mA·h/g。在充电过程中，由于不同的元素电化学反应电极电势不同，三元复合正极可能存在两个平台，在 3.8V 左右对应 Ni^{2+}/Ni^{4+} 电对，在 4.5V 对应 Co^{3+}/Co^{4+} 电对。不同电压范围测试，三元材料的放电比容量不同，如分别在 2.3～4.6V、2.8～4.3V、2.8～4.4V 和 2.8～4.5V 电位范围内进行电性能测试，100 次循环后，材料的放电比容量分别为 190mA·h/g、159mA·h/g、168mA·h/g 和 177mA·h/g。在不同温度（25℃和 55℃）下充放电，三元复合正极材料的结构变化均较小，具有良好的稳定性。Shaju[72] 等用 GITT 法考查了循环过程中 $LiNi_{1/3}Mn_{1/3}Co_{1/3}O_2$ 的电极过程动力学，认为对应 3.7V 放电平台，存在可逆的结构相变或有序-无序转变，并且测定了材料中的 Li^+ 扩散系数为 $3\times10^{-10}cm^2/S$。

3.3.6.3 三元复合正极的改性

在高电位（4.6V）下，$LiNi_{1/3}Mn_{1/3}Co_{1/3}O_2$ 的电子电导率较低、循环性能和倍率性能差。此外，由于 $LiNi_{1/3}Mn_{1/3}Co_{1/3}O_2$ 在充放电过程中，正极表面形成固体电解质膜（CEI 膜），使首次放电不可逆容量较高（约 12%）。

（1）掺杂改性

在三元材料中掺杂一些非活性元素，是提高三元复合正极材料电化学性能的有效手段。主要原因是：①将电化学非活性元素引入到主体结构中，稳定了材料的晶体结构；②防止从层状结构到岩盐结构的不理想相变；③通过元素掺杂，可增大锂层间距，改善 Li^+ 的传输。大量的元素，如 Al^{3+}、Mg^{2+}、Zr^{4+}、Zn^{2+}、Ti^{4+}、Mo^{4+} 和 F^- 等都可用于三元材料的改性[73-77]。

（2）包覆改性

由于三元复合正极材料界面稳定性差，因此随着循环电压极化增大，电池容量衰减快。通过表面包覆，可增加界面的稳定性，防止过渡金属元素的溶出，减少阳离子的混排，如 ZrO_2、ZnO、Al_2O_3、SiO_2、$LiCoO_2$、$CoPO_4$、SrF_2 和 AlF_3 等化合物[78-85]包覆到三元材料表面，可以提高电化学性能。表面包覆虽然可以改善三元复合正极材料易于混排及与电解质兼容性差的问题，但包覆层厚度对三元复合正极材料的电化学性能也有不利影响。如包覆层较厚时，包覆层为非活性物质，易造成材料比容量减少，倍率性能减弱；当包覆层较薄时，又易导致包覆物质脱落，造成活性物质界面稳定性变差[86]。

3.3.7 尖晶石型锰酸锂正极材料

3.3.7.1 尖晶石型锰酸锂的晶体结构

锰酸锂（$LiMn_2O_4$）具有价格低、电位高、环境友好、安全性能高等优点，是被广泛关注的一类正极材料。

$LiMn_2O_4$ 的晶体结构为尖晶石型，如图 3-7 所示，属于面心立方结构，Fd_3m 空间群。其中，锂位于四面体的 8*a* 位，O 为立方密堆，占据八面体的 32*e* 位，Mn^{4+} 和 Mn^{3+} 按各一半的比例占据八面体的 16*d* 位。八面体的 16*c* 位全部空位，由此锂氧四面体和锰氧八面体共面连接，形成三维骨架结构，锂离子在三维方向上（8*a*-16*c*-8*a*）可逆脱嵌。

$LiMn_2O_4$ 的理论比容量为 148mA·h/g。$LiMn_2O_4$ 中锂离子不能完全脱出。当 $Li_xMn_2O_4$ 中的 x 值在 0.15～1 时锂离子脱嵌完全可逆，比容量在 120mA·h/g 左右，工作电压平台为 4.15V。在充电过程中，部分 Mn^{3+} 转变为 Mn^{4+}，结构中 4 价锰的比例由 50%上升至 75%。当 $Li_xMn_2O_4$ 发生过渡嵌锂时（$x>1$），锰从 3.5 价还原为 3.0 价，放电电压平台在 2.95V，立方相 $LiMn_2O_4$ 转变为四方相 $Li_2Mn_2O_4$，该相转变不可逆。当 $LiMn_2O_4$ 在大电流充放电时，由于电流密度不均匀，造成 $LiMn_2O_4$ 的晶胞膨胀，产生晶体结构扭曲，$LiMn_2O_4$ 晶胞中 z 轴伸长，x 轴和 y 轴收缩，这种现象称为 Jahn-Teller 效应。这种转变往往发生在粉末颗粒表面或局部，导致结构破坏、颗粒间接触不良。

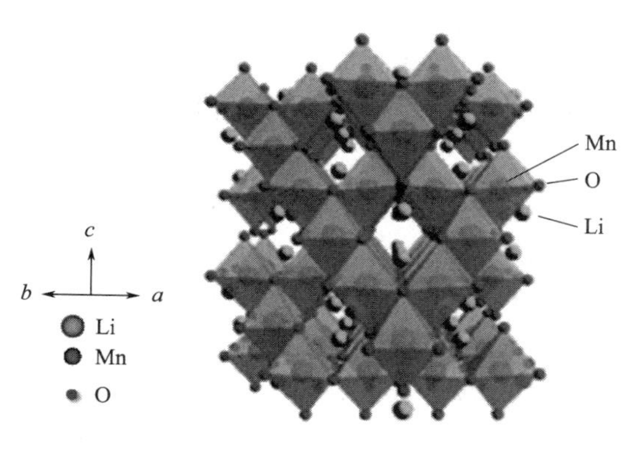

图 3-7 尖晶石型锰酸锂晶体结构

3.3.7.2 尖晶石型锰酸锂的电化学性能

$LiMn_2O_4$ 存在的主要问题是储存性能较差、容量衰减较快，其原因包括以下几方面。

① 锰的溶解。其一，高温条件下当电解液中不可避免有痕量的水存在时，会引起电解液中某些锂盐发生分解反应（$LiPF_6+H_2O \longrightarrow 2HF+POF_3+LiF$）产生氢氟酸；HF 进一步腐蚀 $LiMn_2O_4$ 发生 $4H^++2LiMn_2O_4 \longrightarrow 3MnO_2+Mn^{2+}+2Li^++2H_2O$ 的反应，此过程又产生水促进腐蚀反应。其二，尖晶石型锰酸锂中的 Mn^{3+} 在充放电过程中会发生歧化反应生成 Mn^{2+} 和 Mn^{4+}，游离的 Mn^{2+} 会迅速转化为黑色的锰沉积在电极上，阻碍 Li^+ 的扩散。

② Jahn-Teller 效应。该变化使 $LiMn_2O_4$ 由立方晶系变成四方晶系，正方度（c/a）增大，导致晶体结构不稳定，表面产生裂缝，进而使电解液接触到更多的 Mn^{3+}，加速了 Mn^{3+} 的溶解。

③ 在电解液中，高脱锂态的 $Li_xMn_2O_4$ 中锰的化合价从+3 价氧化至+4 价，Mn^{4+} 具有高氧化性，容易氧化分解电解液中的有机溶剂，且氧化能力随充电电压的升高而增大。同时电解液分解也受到尖晶石催化作用的影响，导致电极材料的表面侵蚀更严重。

3.3.7.3 尖晶石型锰酸锂的改性

$LiMn_2O_4$ 的改性研究包括表面修饰、体相掺杂、表面包覆以及成膜剂的添加。

① 表面修饰。$LiMn_2O_4$ 表面的 Mn^{3+} 具有高催化活性，发生锰的溶解，因此在电极表面包覆惰性物质可以减小锰的溶解及抑制电解液的腐蚀。如包覆 AlF_3、ZrO_2、MoO_3、WO_3 等[87-91]。

② 体相掺杂。体相掺杂可以有效抑制 Jahn-Teller 效应，提高 $LiMn_2O_4$ 的结构稳定性。主要的掺杂方法有阳离子掺杂，如 Mg^{2+}、Al^{3+}、Co^{3+}、Fe^{3+}、Cr^{3+}、Ni^{3+}、Ti^{4+} 和稀土元素掺杂，取代尖晶石结构中的三价锰离子[92-99]，抑制 Jahn-Teller 效应，降低容量的衰减，提高循环性能。此外，阴离子掺杂，如 F^-、B^{2-}、I^- 和 S^{2-}[100-102] 离子掺杂，也能提

高 $LiMn_2O_4$ 的结构稳定性。如 F^- 掺杂 $LiMn_2O_4$，由于 F^- 的电负性比 O^{2-} 大，和 Mn^{3+} 的结合能力更强，能降低锰的溶解。此外，F^- 与阳离子共掺杂还可以形成不完全固溶体，提高 $LiMn_2O_4$ 的均匀性和内部结构的稳定性，明显提高高温储存稳定性。掺杂 I^- 和 S^{2-} 后，由于 I^- 和 S^{2-} 的离子半径比 O^{2-} 大，可以克服在 3V 放电时的 Jahn-Taller 效应，明显提高循环性能。

③ 抑制锰的溶解和电解液在电极上的分解，包括无机氧化物（如 $LiBO_2$、Al_2O_3、SiO_2、ZrO_2）和复合氧化物[103-109]的包覆。

④ 正极成膜添加剂。电解液中加入成膜添加剂可以在活性物质表面发生氧化和电聚合反应，形成覆盖在电极表面的界面膜，阻止氢氟酸的腐蚀；也能减小 Mn^{3+} 对 $LiPF_6$ 的催化分解，提高电解液的稳定性。主要的添加剂包括乙酰胺、吡啶、N,N-二环己基碳化二亚胺、N,N-二甲基甲酰胺等化合物。

3.3.8 磷酸铁锂正极材料

磷酸铁锂（$LiFePO_4$）由 J. B. Goodenough[36] 教授在 1997 年首次制备，其具有安全性高、循环寿命长、原料价廉等优点，是当前商业化应用的锂离子电池正极材料之一。

3.3.8.1 磷酸铁锂的晶体结构

$LiFePO_4$ 为橄榄石结构，正交晶系（Pnmb 空间群）。如图 3-8 所示，$LiFePO_4$ 晶体结构中，P 与 O 形成磷氧四面体（PO_4），Fe 与 O 形成铁氧八面体（FeO_6），PO_4 与 FeO_6、两个 LiO_6 八面体共边，PO_4 四面体位于 FeO_6 层之间，形成三维空间结构。材料充电时发生氧化反应，锂离子从 $LiFePO_4$ 中的 FeO_6 层面间迁移出来，晶体结构中 Fe^{2+} 变成 Fe^{3+}，$LiFePO_4$ 脱锂形成 $FePO_4$。晶体结构上 $FePO_4$ 与 $LiFePO_4$ 相似，体积相近，因此完全脱锂材料的结构变化很小。该特点使得 $LiFePO_4$ 具有优良的循环性能和安全性。

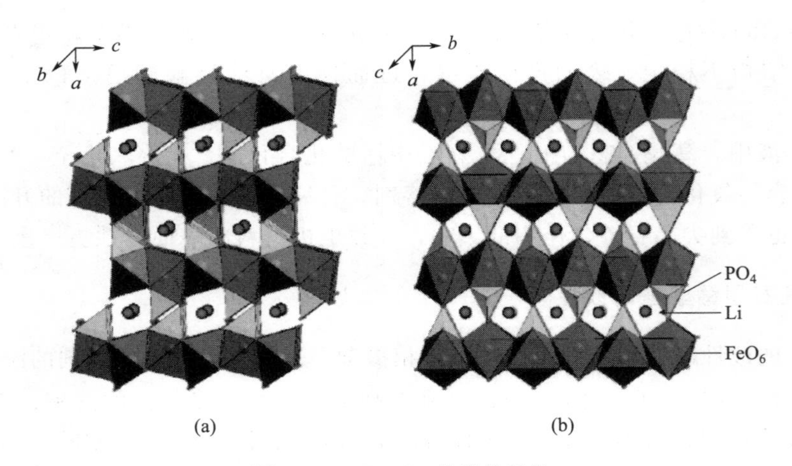

图 3-8 $LiFePO_4$ 的晶体结构

3.3.8.2 磷酸铁锂的电化学特性

$LiFePO_4$ 完全脱锂生成 $FePO_4$，其理论比容量为 170mA・h/g；电压平台在 3.5V（相

对 Li/Li^+ 的电极电势），且平台较长；充放电过程对应了 Fe^{3+}/Fe^{2+} 的相互转化；由于 P—O 键键强非常大，PO_4 四面体结构稳定，因此锂离子脱嵌不会引起结构膨胀收缩或坍塌，具有很好的热稳定性和抗过充电性能。但是，由于 PO_4 四面体位于 FeO_6 层之间，锂离子扩散运动受其本身结构的限制，导致 $LiFePO_4$ 锂离子扩散速率慢，在低温条件下放电性能较差。

3.3.8.3 磷酸铁锂的改性

限制 $LiFePO_4$ 应用的主要因素为本征电导率和锂离子电导率低，因此提高电导率是 $LiFePO_4$ 主要的研究重点。

（1）掺杂高价金属离子

掺杂高价金属离子，如 Nb^{5+}、Ti^{4+} 等[110-112]构造具有阳离子缺陷的 $LiFePO_4$，可以显著提高电导率（达 10^{-2}S/cm）。掺杂的高价金属离子半径接近 Li^+，能取代晶格中 Li 的位置，在 FeO_6 阵列中形成了 Fe^{3+}/Fe^{2+} 混合价态结构。放电时形成 P 型导体 $Li^+_{1-a-x}M^{3+}_x(Fe^{2+}_{1-a+2x}Fe^{3+}_{a-2x})[PO_4]$，充电时又形成 N 型导体 $M^{3+}_x(Fe^{2+}_{3x}Fe^{3+}_{1-3x})[PO_4]$，从而极大地提高了电导率。

（2）表面包覆电子导体或离子导体

表面包覆电子导体能提高 $LiFePO_4$ 的电子电导率[113,114]，或表面包覆快离子导体可以改善锂离子传输[115]。电子导体最常见的方法是 $LiFePO_4$ 表面碳包覆[116-118]。碳材料的加入一方面可增强材料的导电性，提高倍率性能；另一方面能充当成核剂，减小反应时 $LiFePO_4$ 的粒径；同时还能抑制 $LiFePO_4$ 中的 Fe^{2+} 被氧化。但碳作为非活性物质，包覆厚度和包覆量需要进行优化。包覆量过大，会进一步降低 $LiFePO_4$ 的比容量，但包覆量过小，不能实现均匀完整的包覆层，电子不能及时传输而得不到充分利用。

3.4 锂离子电池负极材料

3.4.1 理想的锂离子电池负极材料特点

作为锂离子电池负极材料要求具有以下性能：

① Li^+ 嵌入或脱出的氧化还原电位尽可能低，接近金属锂的电位，与正极搭配获得更高的工作电压；

② Li^+ 能够可逆地在负极基体中嵌入或脱出，且主体结构不发生明显的结构变化，保证高的比容量和循环稳定性；

③ Li^+ 嵌入或脱出过程中，氧化还原电位随锂离子变化量 x 尽可能小，能保持平稳的工作电压平台；

④ 负极材料具有较好的电子电导率和锂离子电导率，能获得较好的锂离子扩散能力和倍率性能；

⑤ 当发生 Li^+ 嵌入负极时，电解质不可避免地会与 Li^+ 发生还原反应，在负极材料表面形成固体电解质膜（SEI 膜），负极材料需要具有稳定的界面结构，以保证形成稳定的 SEI 膜；

⑥ 负极材料具有在整个电压范围的化学稳定性，不与 SEI 膜发生反应；

⑦ 价格便宜，原料丰富，对环境友好。

3.4.2 负极材料的分类

研究及发展的负极材料主要有以下几种：碳材料，主要包括石墨化碳材料、无定形碳材料；合金类，包括硅、锗、铝、锡、锑等金属；金属化合物类，包括氧化物、硫化物、氮化物等，如图 3-9 所示。另外，尖晶石型钛酸锂也是一种特殊的负极材料。

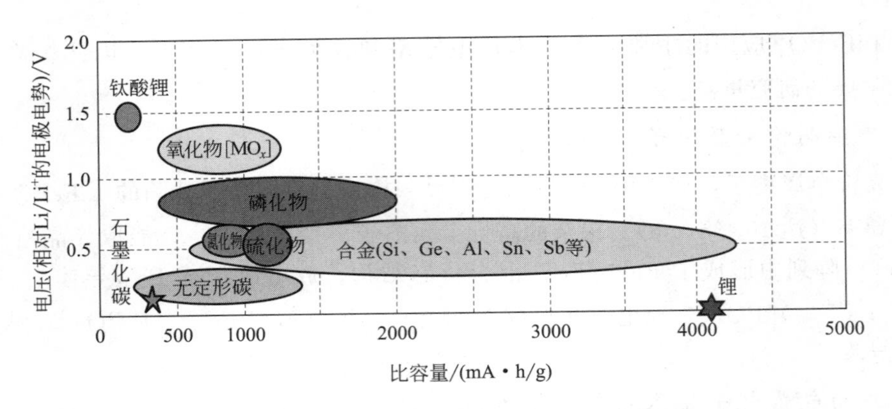

图 3-9　锂离子电池主要的负极材料工作电压和比容量

根据负极与锂反应机理，锂离子电池的负极材料主要分为三种类型，其嵌锂机理如图 3-10 所示。①嵌入型反应机制，包括均匀嵌入和非均匀嵌入两种。碳负极中无定形碳

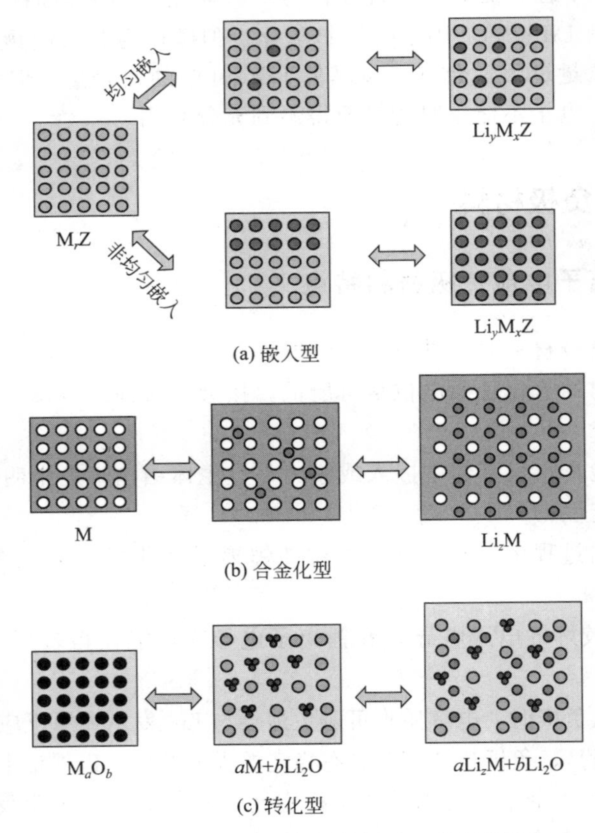

图 3-10　锂离子电池负极材料的三种嵌锂机制

属于非均匀嵌入，石墨和钛酸锂为均匀嵌入。②合金化型反应机制，包括硅、锗、铝、锡、锑等金属。它们的嵌入机理为合金化反应，伴随着体积的较大变化。③转化型反应机制，包括金属氧化物、硫化物、氮化物、磷化物等。它们的嵌锂反应首先发生转化反应生成对应金属和惰性物质（如 Li_2O），随后进行金属的合金化反应，也伴随有一定的体积膨胀。

3.4.3 石墨化碳和非石墨化碳

锂离子电池的碳负极材料分为石墨化碳和非石墨化碳。石墨为典型的二维层状材料，层状结构中，碳原子为 sp2 杂化并形成六角网状结构，层内碳原子以共价键结合，片层间通过范德瓦耳斯力结合。石墨化碳是指具有规则层状结构的碳材料，包括石墨和人造石墨。非石墨化碳，也称无定形碳，其结构特点为没有明显的层状结构，XRD 无明显的衍射峰；其主要由石墨微晶和无定形区组成，主要分为软碳和硬碳。

3.4.4 石墨化碳材料

3.4.4.1 石墨的晶体结构

石墨属于六方晶系，如图 3-11 所示，其晶体结构由碳原子组成的六角网状平面规则堆砌而成。每个碳原子以 sp2 杂化轨道与三个相邻的碳原子以共价键结合，剩下的 p 轨道上的电子形成离域 π 键。碳碳双键组成的“蜂巢”结构构成一个平面（墨平面），这些墨平面之间以范德瓦耳斯力结合。石墨晶体的参数主要有 L_a、L_c 和 d_{002}，L_a 为石墨晶体沿 a 轴方向的平均大小，L_c 为墨平面沿与其垂直的 c 轴方向进行堆积的厚度，d_{002} 为墨平面之间的距离，$d_{002}=0.3354\text{nm}$。

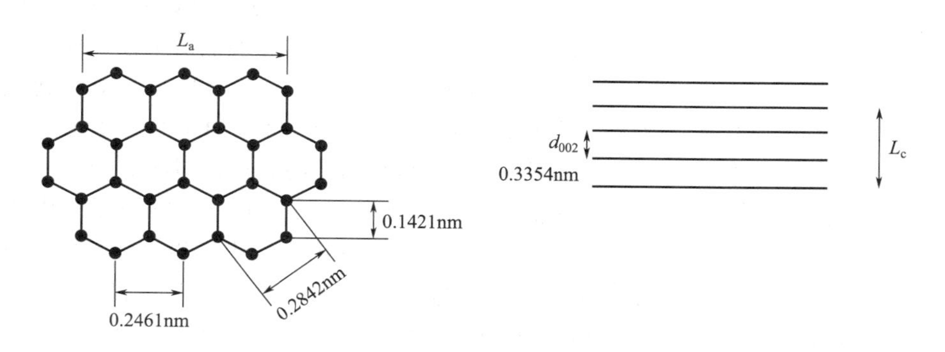

图 3-11 天然石墨的晶体结构

3.4.4.2 石墨的电化学性能

石墨的层间距为 0.3354nm，锂离子在二维平面内可发生可逆的脱嵌，且在嵌锂前后石墨的体积变化较小。石墨嵌锂过程（图 3-12）具有明显的放电平台，嵌锂过程中不断形成阶化合物，当放电到 0.21V 时，形成四阶化合物，进一步放电至 0.16V 时形成三阶化合物，在 0.08V 有一个较长的电压平台，此时由二阶化合物转变为一阶化合物，1mol 碳的最大嵌锂量为 6mol，形成 LiC_6，理论比容量为 372mA·h/g。石墨碳材料具有嵌锂电位低、体积变化小、嵌锂容量高、原料丰富等优点，是目前主流的商用负极材料。

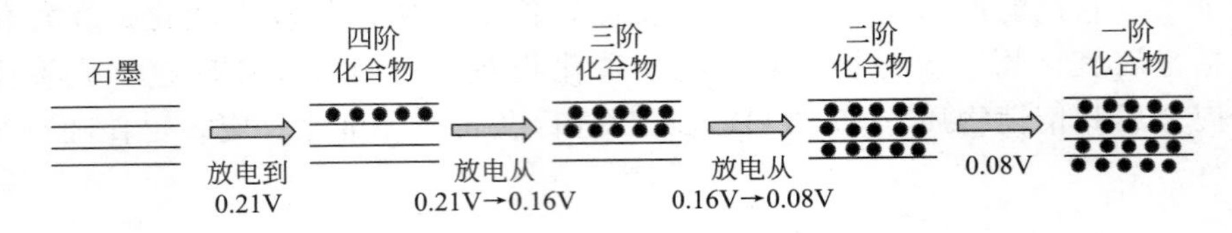

图 3-12　石墨的嵌锂过程

由于墨平面容易发生剥离，因此循环性能不是很理想，但通过改性，可以有效防止。对于普通的天然石墨而言，由于自然进化过程中石墨化过程不彻底，一般容量低于 300mA・h/g；第一次循环的充放电效率低于 80%，而且循环性能也不理想。天然石墨作为负极材料在低温（例如−20℃）下的电化学行为也不理想，主要原因是锂离子在石墨中的扩散较慢。此外，石墨易发生剥离，这是因为共插入的溶剂分子或它的分解产物所产生的应力超过石墨墨片分子间的范德瓦耳斯力导致层间被撑开。石墨剥离现象的发生主要取决于溶剂分子插入石墨墨片分子间的容易程度以及是否存在稳定的 SEI 膜，而溶剂分子插入石墨墨片分子间的容易程度与石墨本身的结构如结晶度和缺陷的含量以及溶剂分子的结构有关。

3.4.4.3　固态电解质膜的形成

在液态锂离子电池充放电过程中，首次充放电反应往往表现出较大的不可逆容量，这与首次循环电解液与电极材料的反应密不可分。在首次充电过程中，锂离子嵌入负极在较低的电压下，电解液在电极与电解液的固/液相界面上会发生还原反应，形成一层覆盖于电极材料表面的固体电解质膜（solid electrolyte interphase），简称 SEI 膜。SEI 膜具有电子绝缘、离子导电的特征。SEI 膜的生成消耗 Li^+，造成首次循环不可逆容量增大。

石墨化碳材料在锂插入时也伴随着 SEI 膜的形成。石墨的首次效率一般处于 93%～94%，其首次效率与 SEI 膜的形成有很大关系。SEI 膜的结构和性能对电池性能有非常大的影响，有效而稳定的 SEI 膜可使电池保持良好的循环稳定性及安全性。当电池化成时，一部分锂离子固化在电池表面，造成一部分容量损失；另一部分锂离子由于极化存在无法从电池内部脱嵌，造成首次库伦效率下降。SEI 膜尽管是锂离子的导体，但 SEI 形成仍会阻碍锂离子在本体材料中的扩散，影响电池的倍率性能。此外，某些电极材料表面形成的 SEI 膜不稳定，在电池循环过程中可能会脱落，产生的碎片会在电解液中发生电泳现象，进一步增加电池内阻。当 SEI 膜不能稳定形成时，一方面可能会继续消耗电解液再次形成 SEI 膜，另一方面某些溶剂在嵌锂过程中会破坏碳材料的边缘结构，导致材料性能下降。SEI 膜还会使电极活性物质的表面钝化，导致电池的高/低温性能下降。在电池使用的过程中，SEI 膜的转化会导致电池内部温度升高，使电池存在安全隐患。

3.4.4.4　人造石墨

人造石墨是指某些易石墨化碳前驱体，如针状焦、石油焦、沥青等，在高温、惰性气氛下煅烧，去除有机质和非碳元素，再经过粉碎、分级、高温石墨化的碳材料。人造石墨的前驱体分为气态、液态和固态有机物三大类，如图 3-13 所示。其中煤系针状焦和石油焦是应用最广泛的人造石墨原料。针状焦一般用于制造高比容量的负极材料，石油焦用于制备普通比容量的负极材料。在理化性质方面，天然石墨和人造石墨都具有高电子导电性和导热性。

但由于结晶程度不同，对于相同纯度和粒度的石墨来说，天然鳞片石墨具有更好的导热性和导电性。而作为负极材料，天然石墨由于边缘缺陷，形貌不均一，也需要经过一系列的加工处理才能使用。

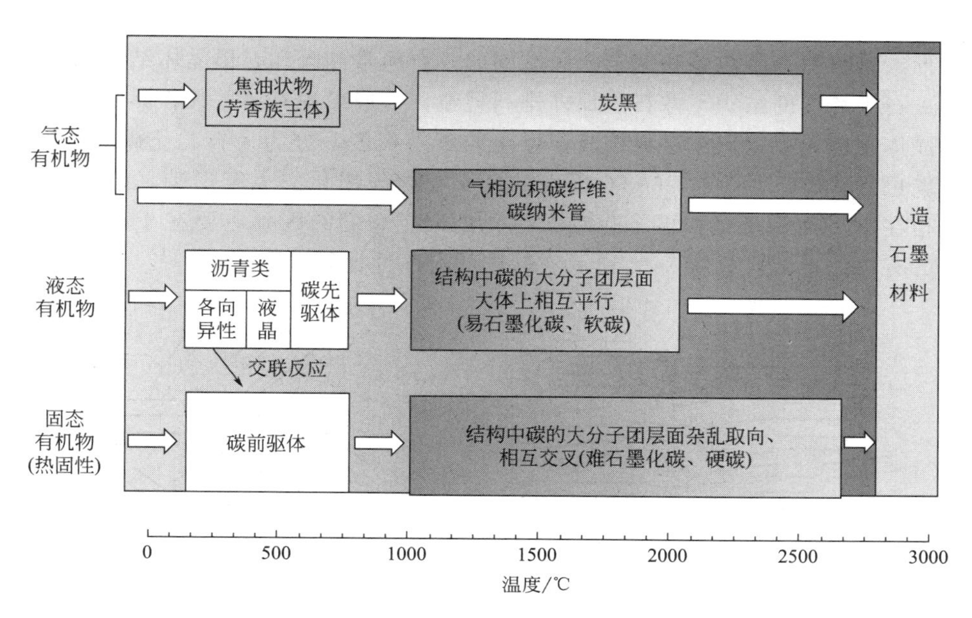

图 3-13 从气态、液态、固态转变为人造石墨的过程

目前人造石墨中应用广泛的有中间相碳微球（MCMB）、石墨化碳纤维。其中 MCMB 是目前应用最广泛的人造石墨材料。MCMB 一般成球状结构，具有表面光滑、堆积密度大、比表面积小的优点，其比容量可以达 300mA·h/g。其光滑的表面和低比表面积避免了电解液在表面生成较多的 SEI 膜，引起不可逆容量增加，因此该负极的首次库伦效率可提高。晶体结构上，MCMB 具有层状分子平行结构，有利于 Li^{+} 在球形平面内的脱嵌，因此也作为高倍率性能的碳负极材料。MCMB 一般以焦油沥青为原料，在 400～500℃加热成熔融状态，并沉淀出微球，再在 700～1000℃热处理获得沥青中间体。此时 MCMB 在晶体结构上仍为乱层无序状，需在 2000℃以上进一步石墨化。高温处理下，MCMB 的石墨微晶尺寸变大，取向规则化，最终得到石墨化程度较高的碳材料。MCMB 作为负极具有振实密度大、放电电压稳定、倍率性能好等优点，是当前动力型锂离子电池负极材料的主要碳材料。

3.4.4.5 石墨化碳的改性

石墨化碳材料边缘缺陷较多，如果不经过表面处理，电解液对石墨的结构破坏较大。研究表明，碳酸丙烯酯（PC）分子不适合用于石墨负极，因此石墨的应用需经过表面处理。石墨化碳材料的改性主要包括表面处理，一般表面改性方法包括表面整形、表面卤化[119]、表面氧化[120]、表面包覆（碳包覆、聚合物包覆等）[121-126]。如采用沥青、羧甲基纤维素等热解碳包覆天然石墨[127]，形成核壳结构，避免边缘的缺陷暴露，引发石墨的片层剥落。在表面包覆方向，也可用过金属包覆掺杂天然石墨，如采用 Ni^{3+}、Ag^{+}、Cu^{2+}、Fe^{3+}、Ti^{4+} 等金属包覆掺杂提高石墨结构的稳定性，改善石墨的循环性能[128-133]。

3.4.5 无定形碳材料

3.4.5.1 软碳和硬碳

无定形碳材料由石墨微晶和无定形区域构成，石墨微晶区和石墨晶体结构相同，但一般结晶度低。石墨片层的结构不像石墨那样排列规整，一般短程有序、长程无序，宏观上不呈现明显的晶体结构。无定形碳材料按其石墨化的难易程度，分为易石墨化碳和难石墨化碳。易石墨化碳也称软碳，是指在2500℃以上的高温下能石墨化的无定形碳。难石墨化碳也称硬碳，是指在2500℃以上的高温下也难石墨化的碳。它们的区别主要在于组成它们的石墨微晶片层的有序性不同，如图3-14所示。软碳的有序性比硬碳更高。

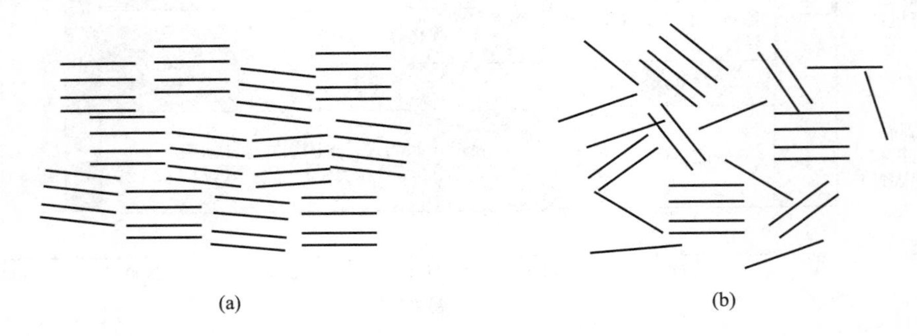

图3-14 软碳和硬碳的晶体结构

软碳与电解液的相容性好，但由于碳结构的无序性，首次充放电的库伦效率低，无明显的充放电平台，因此软碳一般不直接用作负极材料，而是作为人造石墨的原料，或者作为包覆改性材料天然石墨、合金等负极材料的原料。

硬碳的晶体结构虽然短程有序，但由于无序性更大、缺陷更多，具有更高的不可逆容量。硬碳的无定形区域具有多孔结构，可以储锂，因此硬碳一般具有较高的嵌锂容量，可达500～1100mA·h/g，但首次库伦效率低。Liu等[134]提出了一种“纸牌屋”的结构模型来解释硬碳具有较高嵌锂容量的原因。硬碳一般采用有机碳源，在高温惰性气氛下炭化，结构中含有许多单层石墨烯片，这些片层无规则排列形成许多纳米微孔，像“纸牌屋”一样，孔径大小尺寸均不相同，有些孔径仅有1.5nm左右，而Li^+可以吸附在这些石墨烯片的表面或孔洞中，因此硬碳的比表面积与嵌锂容量密切相关。这种储锂机理为微孔储锂机制。

由于Li^+在硬碳中存在微孔储锂机制，因此硬碳的电化学充放电曲线也没有明显的电压平台，且嵌脱电压曲线存在明显的电压滞后现象。这是因为碳材料中的孔结构不相同，在脱嵌锂过程中脱嵌的难易程度不同。此外某些微孔结构在首次充电过程中能大量存储锂离子，但在后续循环过程中，某些锂离子可能会形成死锂无法脱出，导致硬碳具有较低的首次库伦效率。如酚醛树脂在700℃下热解5h形成的硬碳，其首次库伦效率仅为30%。但在后续的循环中，容量逐渐稳定，不易发生进一步衰减。

3.4.5.2 硬碳负极的制备

沥青基前驱体是制备硬碳负极的常用原料，但沥青在碳化过程中易发生石墨化，因此需对沥青进行前处理，利用交联剂改变沥青的微观结构，阻碍沥青热解过程中石墨微晶的长大[135-137]。另一种方法是利用氧化剂对沥青进行氧化处理，氧原子的存在可以阻碍沥青的热解过程形成有序的碳结构，从而得到无序化程度高的硬碳材料。

生物质碳源具有丰富的杂原子和独特的微观结构，也被认为是一种绿色环保的碳源。生物质碳源包括动植物的含碳有机物[138-141]，如植物的叶、皮、根、茎等，动物的壳、毛发等。Lv 等[142]以花生壳为碳源，通过炭化和活化造孔制备了多孔结构的硬碳材料，这种碳材料具有三维的孔道结构，非常有利于锂离子的脱嵌。生物质碳源虽然具有上述优点，但它们的分子结构复杂多样，所制备的碳材料需要进行活化优化来获得更高的电化学性能，且由于原料的复杂性，不利于后期规模化生产。

有机高分子聚合物由小分子有机物聚合合成，与生物质聚合物和沥青前驱体相比，分子结构更加规则、可控，是一种理想的硬碳前驱体材料[143]。目前常见的有机聚合物包括酚醛树脂、环氧树脂、糠醛树脂、聚对苯二甲酸乙二醇酯、木质纤维素等[144]。一般在 700～1100℃、惰性气氛下即可获得硬碳材料，这些碳材料的比表面积、孔径分布、石墨化程度对电化学影响较大。

3.4.6 钛酸锂负极材料

钛酸锂（$Li_4Ti_5O_{12}$）是一种嵌锂型负极材料，相比于石墨碳材料，具有高的电压平台，因此不易生成锂枝晶。此外 $Li_4Ti_5O_{12}$ 晶体结构稳定，脱嵌过程中不存在体积变化，具有长循环稳定性。上述高安全性、长寿命的特性，使其在负极材料中具有明显的特征和优势。

3.4.6.1 钛酸锂的晶体结构

$Li_4Ti_5O_{12}$ 为尖晶石型晶体结构，如图 3-15 所示，属于面心立方，空间群为 Fd3m，O^{2-} 构成 FCC 点阵，位于 32*e* 位，部分锂离子位于四面体 8*a* 位，其余锂离子与钛离子（Li^+ ：Ti^{4+} =1∶5）共同占据八面体 16*d* 位。其结构式也可表示为 $[Li]_{8a}[Li_{1/3}Ti_{5/3}]_{16d}[O_4]_{32e}$，晶格常数 a =0.8364nm，Li^+ 可在三维空间扩散脱嵌。

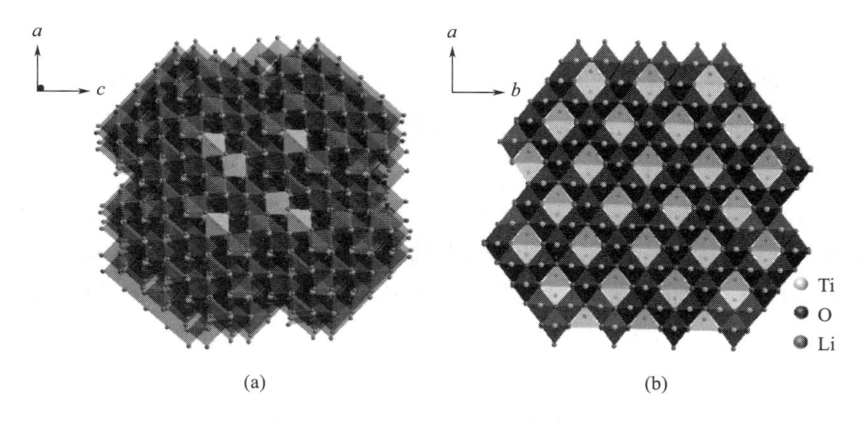

图 3-15 $Li_4Ti_5O_{12}$ 的晶体结构

3.4.6.2 钛酸锂的电化学性能

由于晶体结构的限制，Li^+ 仅能嵌入到 $Li_4Ti_5O_{12}$ 中空缺的 16*c* 位置，原来占据 8*a* 位置的

部分 Li^+ 也将迁回 16*c* 的位置。当 16*c* 位置全部被占满后，钛酸锂转变为 $[Li_2][Li_{1/3}Ti_{5/3}][O_4]$，形成 NaCl 岩盐相结构，理论比容量为 175mA・h/g。

Li^+ 在 $Li_4Ti_5O_{12}$ 晶格中的脱嵌过程是一个两相变化的过程，但充放电过程中晶胞参数变化比较小，仅为 0.3%，因此结构稳定性好，使 $Li_4Ti_5O_{12}$ 具有长循环稳定性和使用寿命。此外，脱嵌锂的电压平台约为 1.55V，在此电压下，电解液不易发生还原，在 $Li_4Ti_5O_{12}$ 表面不易形成 SEI 膜，因此能提高电池的安全性。但是高的工作电压意味着与正极搭配后电池的输出电压降低，因此 $Li_4Ti_5O_{12}$ 电池的能量密度较低。

3.4.6.3 钛酸锂的改性

$Li_4Ti_5O_{12}$ 结构中，Ti^{4+} 的 3d 电子层中没有电子，因此纯相 $Li_4Ti_5O_{12}$ 的本征电导率低、倍率性能较差。目前改善 $Li_4Ti_5O_{12}$ 电导率的方法主要有：形貌优化、离子掺杂、表面包覆等。

(1) 形貌优化

合成纳米尺寸的 $Li_4Ti_5O_{12}$，一方面能提高材料的比表面积，获得活性更高的表面结构，增加单相和固溶态脱嵌锂离子的数量；另一方面可缩短锂离子在固相结构中的迁移距离，有利于 $Li_4Ti_5O_{12}$ 倍率性能的提升。

(2) 离子掺杂

$Li_4Ti_5O_{12}$ 由于其 Ti^{4+} 的 3d 轨道缺失电子导致其电导率低。电导率提升可以通过提高 Ti^{4+} 中 3d 轨道的电子数量来实现，比如掺杂异价离子。如在 Li 位上掺杂 Mg^{2+}、Zn^{2+}、Ca^{2+}、Sn^{2+}、Ga^{3+}、Al^{3+}、La^{3+} 和 Y^{3+} 等离子[145-151]，可以增加 Ti^{3+} 的含量；Li、Ti 和 O 位上掺杂异价离子，提高 Ti^{3+} 的比例。此外，通过等价离子掺杂也能改善 $Li_4Ti_5O_{12}$ 的倍率性能。如在 Li 位上掺杂 K^+、Na^+、Ag^+ 等[152-154]，在 Ti 位上掺杂 Ru^{4+}、Zr^{4+} 等[147,155]，通过晶体结构的微小变化获得更高的电化学性能。

(3) 表面包覆

$Li_4Ti_5O_{12}$ 表面包覆一层导电材料也是提高其电子导电性的常用方法，如包覆金属单质（金、银、铜等）、有机聚合物（聚吡咯、聚苯胺等）、无机化合物和碳材料等[156-161]。与金属单质复合，采用高能球磨、电化学沉积、水热合成等方法可以获得纳米尺寸包覆的 $Li_4Ti_5O_{12}$/金属复合材料；包覆后 $Li_4Ti_5O_{12}$ 的电子导电性能明显提高，显著改善了倍率性能，但金属包覆的成本较高。在 $Li_4Ti_5O_{12}$ 表面包覆一层导电层（如 TiN、TiO_x 等）无机物，也可以提高材料的导电性，但是这种方法形成的材料表面在电化学过程中可能参与电化学反应形成新相，影响电化学性能。有机聚合物包覆 $Li_4Ti_5O_{12}$ 也可以提高其导电性，但电导率提高的效果不如金属表面改性好。碳材料包覆 $Li_4Ti_5O_{12}$ 可以结合碳材料优良的导电性、延展性，提高 $Li_4Ti_5O_{12}$ 的电化学性能。碳材料包覆可以采用各种一维、二维、三维碳材料与 $Li_4Ti_5O_{12}$ 直接复合，也可通过碳前驱体，与 $Li_4Ti_5O_{12}$ 前驱体原位复合，再进行高温反应获得复合效果更好的复合材料。如用钛源（TiO_2）和锂源（Li_2CO_3）与葡萄糖混合，通过水热、高温煅烧的方法可以获得碳包覆 $Li_4Ti_5O_{12}$ 的复合材料。这种原位复合可以利用碳有效阻隔粒子的生长，获得纳米尺寸的 $Li_4Ti_5O_{12}$ 复合材料。

3.4.7 硅基合金负极材料

3.4.7.1 硅基合金负极电化学性能

硅具有较高的理论比容量（4200mA·h/g，$Li_{4.4}Si$）和理论电荷密度（9786mA·h/cm^3），如表3-3所示，并且其对锂的电压比碳高，非常适合锂离子的存储。此外硅是地球上的第二大元素，原料丰富，对环境友好，作为半导体材料的重要原料，其制备方法及理化特性已经被大量研究。

表3-3 一些常见负极材料的比较

材料	Li	C	$Li_4Ti_5O_{12}$	Si	Sn	Mg
密度/(g/cm^3)	0.53	2.25	3.5	2.33	7.29	1.3
锂化相	Li	LiC_6	$Li_7Ti_5O_{12}$	$Li_{4.4}Si$	$Li_{4.4}Sn$	3Mg
理论比容量/(mA·h/g)	3862	372	175	4200	994	3350
理论电荷密度/(mA·h/cm^3)	2077	837	613	9786	7249	4355
体积变化/%	100	12	1	320	263	100

硅的晶体结构属于金刚石立方晶体结构。在室温状态下，晶体硅在首次嵌锂的过程中发生合金化反应，晶体结构从结晶态向无定形态转变，在之后的循环过程中保持无定形态结构的转变。

嵌入过程：
$$Si(结晶态)+xLi^+ \longrightarrow Li_xSi(无定形)(首次循环)$$
$$Si(无定形)+xLi \longrightarrow Li_xSi(无定形)(后续循环)$$
$$Li_xSi(无定形) \longrightarrow Li_{15}Si_4(结晶态)$$
脱出过程：
$$Li_{15}Si_4(结晶态) \longrightarrow Li+Si(无定形)$$

硅具有较高的理论比容量，但是目前硅基负极材料并未商业化应用，这主要是因为以下几个原因。

① 材料粉化严重。这是因为硅在充放电过程中，合金化过程伴随着较大的体积膨胀/收缩（约300%），反复循环导致硅颗粒内部的应力过大，颗粒破裂而粉化，从集流体上脱落，最终容量衰减，这个现象在大尺寸的硅和硅薄膜上表现尤为明显。

② 硅电极形态改变。由于硅电极上产生的体积变化，导致极片上存在裂纹，活性物质从极片上脱落。这种剧烈的电极形态变化也进一步导致容量的衰减。

③ SEI膜的影响。由于硅在充放电过程中的体积变化，其难以形成稳定的SEI膜。在嵌锂过程中，硅体积膨胀在表面形成了SEI膜，但伴随着脱锂的过程，硅颗粒体积收缩，使SEI膜破裂，部分硅表面又重新暴露在了电解液中，后续循环又形成新的SEI膜。随循环的进行，SEI膜不断生长、形成、破裂，造成形成的SEI膜越来越厚，最终导致材料失去活性。

3.4.7.2 硅基合金负极的改性

针对以上硅基负极存在的问题，已有的相关研究工作主要体现在以下几个方面。

（1）纳米硅负极的研究

与微米级硅相比，硅材料纳米化能在较大程度上缓解体积膨胀造成的内应力，减少粉化的产生。此外，纳米化可以增加硅与集流体的电接触，抑制电极结构因发生较大体积变化引起的破坏。硅导电性差，纳米化后还可以改善锂离子在本体材料中的迁移和扩散，提高硅的电化学活性。研究表明，通过引入孔道，制备纳米的中空硅球、多孔硅球、一维硅纳米管、硅纳米线等，为体积变化预留空间，也能在一定程度上抑制硅粉化，大大提高硅负极的电化学性能。

（2）硅基复合材料的研究

硅负极表面不稳定的 SEI 膜对材料循环性能影响重大，因此对硅进行表面改性，促进形成稳定的相界面是硅基负极材料的研究方向。由于硅存在较大的体积膨胀，一般选择具有延展性的基体，抑制体积变化。碳材料具有优异的导电性和延展性，是硅基复合材料改性的常见材料。碳材料与硅的复合改性需要选择合适的碳源，优化碳的比例，设计复合材料的结构。常见的碳源包括有机物前驱体合成碳包覆硅的复合结构；一维、二维碳材料，如碳纳米管、石墨烯与硅复合形成网状结构的硅/碳复合结构，或者将硅嵌入碳基体中形成硅含量较少、碳为主体的硅/碳复合结构。

（3）硅基负极黏结剂

锂离子电池负极常用的黏结剂包括水系黏结剂羧甲基纤维素（CMC）和有机系黏结剂聚偏二氟乙烯（PVDF）两类。CMC 属于刚性分子链结构，柔韧性较差。PVDF 柔韧性较好，但也不能抑制硅颗粒嵌锂过程的体积变化。开发新型的黏结剂，采用高弹性、自修复等特征的高分子材料，与硅形成交联网络结构，改善硅基负极的体积变化，也能提高硅基负极的电化学稳定性。

3.4.8 金属氧化物负极材料

20 世纪 80 年代末期，人们发现一些金属氧化物可以与锂离子发生可逆脱嵌反应。于是大量的金属氧化物被用于负极材料进行研究，其中研究最为广泛的金属氧化物有锡基氧化物（SnO、SnO_2）、钴基氧化物（Co_2O_3、Co_3O_4）、镍氧化物（NiO）、锰氧化物（MnO_2、MnO）、钛氧化物（TiO_2）等。这些金属氧化物的容量在 300～1200mA·h/g 之间，一般具有比合金更高的氧化还原电位，循环稳定性欠佳，锂离子扩散系数小，其商业化应用存在首效低、体积膨胀、电压平台不稳定等问题。1994 年，Fuji 公司注册了以非晶态锡基复合氧化物为负极活性材料的专利，并开始锡基负极材料的商业化，但至今为止并未规模化生产。

上述的金属氧化物脱嵌锂机制可分为两种类型。

一种是转化型，对应的电化学反应式如下：

$$M_xO_y + 2y\mathrm{Li}^+ + 2ye^- \rightleftharpoons xM + y\mathrm{Li_2O}\ (M=\text{过渡金属元素})$$

另一种为嵌入型机制，对应的电化学反应式如下：

$$M_xO_y + n\mathrm{Li}^+ + ne^- \rightleftharpoons \mathrm{Li}_nM_xO_y$$

大多数过渡金属氧化物，如锡氧化物、钴氧化物、镍氧化物、锰氧化物等属于第一种电化学机制。首次嵌锂过程中，首先发生转化反应生成 Li_2O 和对应的金属。此后转化为该金属的锂化反应。第二步反应和合金化反应类似，也发生较大的体积膨胀，并嵌入第一步转化反应的 Li_2O 基体中。后续脱离反应则主要发生纳米金属离子的氧化反应。Li_2O 为惰性物质，形成后不可逆。与石墨负极材料相比，该类过渡金属氧化物负极材料的优点在于氧化还原反应的电压平台高，不易生成 SEI 膜，能避免电解液的副反应发生；且采用前驱体化学合成过渡金属氧化物，能在制备过程中控制材料的形貌、晶体结构和结晶度。缺点在于此类转化型材料首次嵌锂伴随着 Li_2O 的生成，消耗了大量的锂离子，因此首次库伦效率较低；后续的充放电过程不断发生合金化/脱合金反应，材料不断发生相转变，循环稳定性下降。

第二类为嵌入/脱出机制的过渡金属氧化物，充放电过程中锂离子在过渡金属氧化物晶体结构中发生可逆的嵌入或脱出，晶体结构保持稳定而不发生崩塌，因此循环稳定性较好（这类材料包括钛氧化物、五氧化二钒）。但这类氧化物材料的比容量较低。

改善过渡金属氧化物负极材料电化学性能的方向主要为提高锂离子的扩散系数，抑制材料的体积膨胀和收缩。一方面，通常通过化学法合成具有特殊形貌结构的过渡金属氧化物，如纳米棒、纳米片、纳米立方体等，利用较大的比表面积增加材料的活性位点，缩短锂离子的扩散距离[162,163]。此外纳米结构也能在一定程度上抑制体积变化，减少材料的应力，提高材料的循环稳定性。另一方面，将过渡金属氧化物与碳材料、金属、导电高分子等材料复合[164,165]，利用这类材料的导电性和延展性，强化电子传输和离子导电，抑制材料体积膨胀和收缩，保持界面稳定，也是提高过渡金属氧化物电化学性能的手段。总体而言，过渡金属氧化物面临的问题和硅负极材料有诸多相似的地方，解决硅负极材料的手段也可以应用在过渡金属氧化物上。但从商业化应用角度来考虑，过渡金属氧化物负极材料高的工作电压平台造成电池输出电压不高，且循环稳定性和首次库伦效率都不能满足目前商业化应用的要求，因此其进一步规模化应用的前景不大。

3.5　电解质

3.5.1　电解质的作用与分类

锂离子电池的电解质主要分为非水液态电解质、凝胶态聚合物电解质、固态电解质三类，固态电解质包括无机固态电解质和聚合物电解质两种。其具体类型如图 3-16 所示。

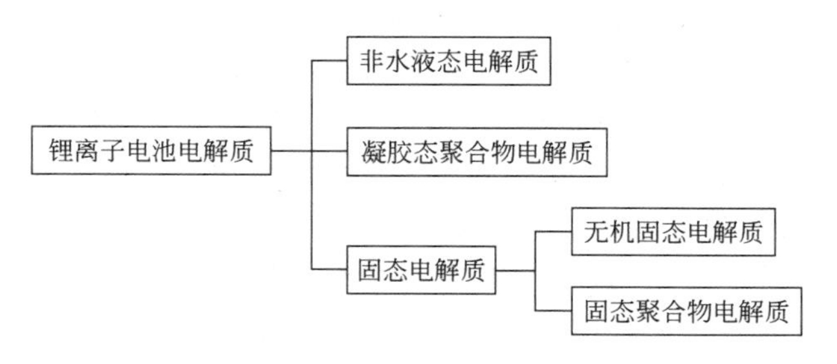

图 3-16　锂离子电池电解质分类

锂离子电池对电解质的要求主要有以下几个方面：

① 锂离子电导率高，一般室温电导率大于 10^{-3} S/cm；

② 热稳定性要好，在较宽的温度范围内电解质不发生分解反应；

③ 电化学窗口宽，在正极材料电压上限和负极材料电压下限之间能稳定工作；

④ 化学稳定性高，即与其他电池材料，如隔膜、集流体等不发生反应；

⑤ 在较宽的温度范围内为液体；

⑥ 对离子具有较好的溶剂化作用；

⑦ 无毒、蒸气压低，使用安全；

⑧ 促进电极的可逆反应；

⑨ 成本低。

3.5.2 非水液态电解质

非水液态电解质主要由溶质、溶剂和添加剂三部分构成。溶质为电解质锂盐，是电解质中锂离子的提供者。溶质的浓度、分子结构等对电解质的电导率有重要影响。溶剂为溶质溶解的液体，它的物化性质，如闪点、挥发性、毒性、化学稳定性对锂离子迁移数及电解液电导率也有重要影响。电解质添加剂是指在电解质中添加的少量某些物质，用于改善电池的某些性能，如阻燃添加剂、成膜添加剂等。添加剂的应用对改善电池的性能效果显著，是电解质的关键技术。

3.5.2.1 非水液态电解质溶剂

目前应用于锂离子电池的非水液态电解质溶剂主要分为两类：醚类和酯类。醚类有机溶剂主要包括环状醚和链状醚两类。酯类有机溶剂主要包括丙烯碳酸酯和乙烯碳酸酯等，然后在它们的基础上又加入不同的添加剂如醚、线性碳酸酯等。

（1）醚类有机溶剂

环状醚类有机溶剂具有黏度小、介电常数低的特点，主要包括四氢呋喃（THF）、2-甲基四氢呋喃（2-MeTHF）、1,3-二氧环戊烷（DOL）和碳酸丁烯酯（BC）等。其中，DOL与PC组成的混合溶剂被用于一次锂电池中，但它的电化学稳定性不好，易发生开环聚合反应，因此在锂离子电池中应用受到限制。THF具有很低的黏度（0.46Pa·s）和强的阳离子络合配位能力（DN=20），低的沸点（66℃）、相对介电常数（7.4）及抗还原性，易吸湿，电化学活性较高。2-MeTHF闪点低（−11℃）、沸点低（79℃），易被氧化生成过氧化物，且具有吸湿性，黏度（0.24Pa·s）较小，有比碳酸酯类溶剂如EC、PC更强的锂离子溶剂化能力。研究表明，2-MeTHF能在锂金属表面形成薄且稳定的膜，有效抑制锂枝晶的生成，因此作为添加剂在$LiPF_6$/EC-DMC二元电解液体系中提高锂金属的循环效率。

链状醚主要包括1,2-二甲氧基乙烷（DME）、二甲氧甲烷（DMM）、1,2-二甲氧丙烷（DMP）等。随着碳链结构的增长，溶剂的耐氧化性能增加，但溶剂的黏度也增加，高黏度对锂离子迁移不利。常用的链状醚溶剂为DME，它具有较强的对阳离子螯合能力，如$LiPF_6$溶解在DME中易生成稳定的$LiPF_6$-DME螯合物，从而提高了$LiPF_6$的溶解能力。在有机电解液中添加DME作为添加剂，均可通过形成螯合物提高锂离子电导率。但与环状醚类溶剂不同的是，DME具有较强的化学反应活性，在锂金属表面难形成稳定的SEI膜。

（2）酯类有机溶剂

酯类有机溶剂主要包括羧酸一元酯和碳酸二元酯，二者均包括环状和链状两种结构的酯类。

环状羧酸酯中最主要的有机溶剂是γ-丁内酯，它的介电常数为42C/(V·m)、黏度为1.7mPa·s，溶液电导率比PC低，曾在一次锂电池中得到应用，在锂离子电池中应用较少。链状羧酸酯主要有甲酯（PA）、乙酸甲酯（MA）、甲酸甲酯（MF）、丙酸甲酯（MP）等，它们的黏度一般较低，介电常数也较低，熔点较低，可以改善锂离子电池的低温性能。但是由于它们的极性强，较易与Li发生还原反应生成$RCOO_2Li$，不利于SEI膜形成，因此锂离子电池的循环效率较差。

碳酸酯溶剂具有较好的电化学稳定性、较高的闪点和较低的熔点，在锂离子电池中应用较为广泛，是目前商业化的主要溶剂。碳酸酯溶剂包括环状碳酸酯和链状碳酸酯，如丙烯碳酸酯（PC）、乙烯碳酸酯（EC）、碳酸二甲酯（DMC）、碳酸甲乙酯（EMC）、碳酸二乙酯（DEC）等。环状碳酸酯PC和EC具有较高的介电常数，但它们的黏度也比其他碳酸酯类高。相反，链状碳酸酯DEC、DMC的黏度比环状碳酸酯低，但介电常数也较低。锂离子电解质需要具有高的介电常数以提高锂离子电导率，低的黏度以获得更高的锂离子迁移速率，因此，上述溶剂不能单独作为电解质溶剂，而是需要配合形成高介电常数、低黏度的电解质溶剂。

3.5.2.2 非水液态电解质溶质

非水液态电解液溶质一般为电解质锂盐，它们的热稳定性、解离常数、阴离子类型、缔合能力对电解质离子电导率、迁移率都有重要影响。

常用的锂盐主要包括无机锂盐和有机锂盐两类。无机锂盐包括高氯酸锂（$LiClO_4$）、四氟硼酸锂（$LiBF_4$）、六氟砷酸锂（$LiAsF_6$）和六氟磷酸锂（$LiPF_6$）等。其中$LiPF_6$是最常见的无机锂盐，它具有高的化学稳定性、合适的溶解度，能与Al箔形成稳定的钝化层，其综合性能能满足锂离子电池使用。但$LiPF_6$的热稳定性差，高温下易发生分解，生成的气态PF_5进一步与溶剂分子中氧原子上的孤电子对作用使溶剂发生分解反应，分解反应产生的二氧化碳等气体会使电池内压增加，带来安全隐患。目前，一些新型有机锂盐也具备比$LiPF_6$更优异的性能，有望取代$LiPF_6$应用在锂离子电池中。如硼基类锂盐——双草酸硼酸锂（LiBOB）具有较高的溶解性、高温性能、成膜性，可以在60～70℃正常使用。烷基锂盐［$LiC(SO_2CF_3)_3$］对集流体也不腐蚀，且电导率较高，在低温－30℃下不发生凝固。亚胺锂盐［$LiN(SO_2CF_3)_2$］具有高的热分解温度、低的电阻，正极的成膜性好。含磷有机锂盐［$LiPF_3(C_2F_5)_3$］具有较好的抗氧化性及稳定的电化学窗口和较好的电导率，并且不易水解，闪点更高，在痕量水环境中稳定等，能提高锂离子电池的安全性能。

3.5.2.3 非水液态电解质添加剂

锂离子电池的电解质添加根据电池应用需要类型不同，下面主要介绍两种添加剂。成膜添加剂：成膜添加剂的作用是形成更为优良的SEI膜，一般引入SO_2、CO_2、CO等小分子以及卤化锂等，或者引入氟代、氯代和溴代碳酸酯中的卤素原子，通过它们在较高的电位下优先还原形成钝化膜覆盖在电极表面，从而避免溶剂分子的共插入。

导电添加剂：其目的是增加锂盐的溶解和解离，提高锂离子电导率，如阳离子作用型的胺类化合物、芳香杂环化合物，阴离子作用型的受体化合物、中性配体化合物（氮杂醚类和烷基硼类）等。

3.5.3 凝胶态聚合物电解质

凝胶态聚合物电解质具有比非水液态电解质更高的安全性，且其离子电导率高，它是由不含流动态的电解液以及聚合物基体、增塑剂和锂盐形成的凝胶聚合物网络。锂离子的输运发生在溶胀的凝胶相或液相中。凝胶态聚合物电解质主要由增塑剂、锂盐和聚合物基体组成。

(1) 增塑剂

增塑剂通常是用来增强高分子柔韧性和加工成型性的高分子材料助剂。在聚合物电解质中添加增塑剂可以增加无定形相成分及锂离子电导率。另外，增塑剂可以促进离解离子对，增加载流子数量，有利于锂离子的传输。增塑剂包括小分子有机物、有机溶剂和离子液体三大类。表 3-4 列举了常见的小分子有机物增塑剂的物化性质。

表 3-4 部分有机溶剂增塑剂的特性

溶剂	分子量	熔点/℃	沸点/℃	相对介电常数	黏度(25℃)/mPa·s
EC	88.06	36.4	251	89.78	1.93
PC	102.09	−48.8	245	66.14	2.53
DMC	90.08	2.4	90	3.12	0.585
DEC	118.1	−43	126	2.82	0.748

有机溶剂类的增塑剂具有高沸点、低黏度和高介电常数的特点，这样可以提高锂盐的解离度和离子电导率。和电解质溶剂一样，增塑剂一般也不采用单一溶剂，而是通过配比获得低黏度和高介电常数的多溶剂混合物。

(2) 锂盐

凝胶态聚合物电解质锂盐通常需要具有离子电导率高、解离能力高、化学稳定性好、使用温度范围宽等特点。与非水液态电解质不同的是，适合凝胶态聚合物电解质的锂盐还需具有聚合物的离子电导率和界面相容性，因此一般也采用混合锂盐的方式或开发新型锂盐来满足上述要求。

(3) 聚合物基体

聚合物基体是凝胶聚合物电解质的核心组成部分，其主要是作为凝胶聚合物电解质中的支撑骨架。聚合物基体需要有一定的成膜性、吸液性以及高的离子导电性。目前研究中的聚合物基体包括聚氧化乙烯（polyethylene oxide，PEO）、聚甲基丙烯酸甲酯（polymethyl methacrylate，PMMA）、聚偏氟乙烯（polyvinylidene fluoride，PVDF）、聚偏氟乙烯-六氟丙烯共聚物（PVDF-HFP）、聚丙烯腈（polyacrylonitrile，PAN）及聚氯乙烯（polyvinyl chloride，PVC）等。它们的物理参数见表 3-5。

表 3-5 常见的聚合物基体分子式和物理性质

聚合物基体	聚合物单元	玻璃转变温度/℃	熔点/℃
PEO	$\leftarrow CH_2CH_2O \rightarrow_n$	−64	65
PVC	$\leftarrow CH_2CHCl \rightarrow_n$	80	223
PAN	$\leftarrow CH_2CH(CN) \rightarrow_n$	125	317
PMMA	$\leftarrow CH_2C(CH_3)(COOCH_3) \rightarrow_n$	105	无定形态
PVDF	$\leftarrow CH_2CF_2 \rightarrow_n$	−40	171

3.5.4 全固态聚合物电解质

全固态电解质又称超离子导体，是一类具有锂离子传导的晶态、半晶态或非晶态材料。

聚合物电解质是研究较早的全固态电解质，其不仅具有隔膜的电子绝缘性，也具有传输锂离子的传输特性。20 世纪 70 年代，Wright 等[166]首先发现 PEO 与碱金属盐的络合体系具有离子导电性，证明了聚合物电解质可能取代液态电解质。随后 Armand 等[167]提出将采用全固态的电解质取代传统的有机液体电解液加隔膜，实现固态物质中锂离子传导。这个概念可以从根本上改善锂离子电池的安全性能，也能在一定程度上解决锂枝晶的问题，从而提高电池的能量密度。

为满足锂离子电池实际应用的需求，理想的全固态聚合物电解质需满足以下要求：

① 较高的离子电导率，室温条件下达到 10^{-3}S/cm；

② 较高的离子迁移数，以减小充放电过程中的浓差极化，提高电池的倍率性能；

③ 较高的机械强度；

④ 热力学和电化学稳定性好，高于 4V（相对 Li/Li^+ 的电极电势）的电化学窗口；

⑤ 价格合理，生产工艺简单，适合大规模生产。

PEO 是研究最早且最为广泛的聚合物电解质，分子结构具有—CH_2CH_2O—重复单元，其玻璃化转变温度约 62℃。PEO 分子结构的有序性使其在室温下的结晶度高达 70%～85%，高结晶度降低了其室温电导率。PEO 的离子导电机理为链段上的氧官能团有孤对电子，可以与锂离子形成配位结构[168]，在电场作用下，随着高弹区中分子链段的热运动，迁移离子与氧基团不断发生配位-解离，从而实现了锂离子的迁移。而链段的热运动主要发生在 PEO 的非结晶区，聚合物电解质中自由载流子数目和聚合物链段的运动性决定了离子电导率。

由于室温下 PEO 具有易结晶的特征，Li^+ 在非晶区的传输大大受阻，离子电导率低（10^{-7}S/cm），难以满足正常的锂离子电池充放电要求。

因此 PEO 基聚合物电解质的改性方法是通过降低结晶度和高分子玻璃化转变温度来抑制 PEO 结晶。相关的改性方法主要包括：

① 通过共聚、交联及共混等手段降低聚合物的结晶度和玻璃转化温度（T_g），提高链段的运动性[169]。如共聚改性降低聚合物的结晶度，增强聚合物的链段运动能力，提高体系的锂离子电导率。如形成氧化乙烯-氧亚甲基的共聚物，氧亚甲基连接到 PEO 主链上，可以破坏 PEO 的结晶性，使电解质提高 3 个数量级；采用聚苯乙烯、聚氧乙烯嵌段与 PEO 嵌段聚合形成三嵌段共聚物结构，打破 PEO 原有的规则排列，同时提高了 PEO 的力学强度。交联可为物理交联和化学交联。在分子水平上，通过物理交联点的作用，使得聚合物呈螺旋状相互缠绕的网格结构，能提高 PEO 基聚合物的力学性能。或者将高分子、引发剂及交联剂等配制成溶液，在一定的温度、辐射等条件下，由共价键等化学键将高分子主链间交联，形成三维立体网状结构。这种化学交联改性稳定性更好，且不随外界因素改变，电解质电导率可提高 1～2 个数量级。共混也是降低 PEO 结晶度的方法，利用聚合物间的氢键和范德瓦耳斯力等弱相互作用力，促使 PEO 与其他聚合物，如聚醋酸乙烯酯、聚醚、聚乙烯基吡咯烷酮等相溶，以 PEO 为主成分，可使体系的结晶度大大降低，提高离子电导率。与共聚、交联相比，聚合物共混技术更方便、高效、易于实现，规模化生产应用更有前景。

② 添加无机纳米粒子，打破聚合物分子的链段，也可降低 PEO 的结晶度，提高离子电导率。已经被研究的无机纳米粒子包括 TiO_2、ZrO_2、Al_2O_3、CuO、SiO_2、ZnO、CeO_2 等。同时，无机氧化物引入也能增强 PEO 的力学性能，通过调控无机颗粒的尺寸和含量能将电解质的电导率提高 1～2 个数量级。近年来，也有研究将其他无机快离子导体与 PEO 聚合物复合，在降低聚合物结晶程度的同时，利用两种锂离子传输机理，进一步提高其离子电

导率。如无机氧化物 $Li_7La_3Zr_2O_{12}$、$Li_xLa_{2/3-x/3}TiO_3$、$Li_{1+x}Al_xGe_{2-x}(PO_4)_3$ 等，无机硫化物 $Li_{10}SnP_2S_{12}$、$Li_{10}GeP_2S_{12}$ 等[170-176]。混合的聚合物电解质在室温下可达到 10^{-3}～10^{-4}S/cm 的离子电导率。

③ 全固态聚合物电解质的应用受制于较低的室温电导率，目前可以通过引入增塑剂形成凝胶聚合物电解质提高离子电导率，但与全固态聚合物电解质相比力学性能有所下降。引入增塑剂后，锂离子的迁移不仅依靠聚合物的链段运动，更主要是在凝胶相中迁移，因此离子电导率能提高到 10^{-3}S/cm。在增塑剂类型中，离子液体具有较高的离子电导率，与 PEO 复合制备凝胶态聚合物电解质能大大提高 PEO 聚合物的离子电导率。离子液体为完全离子化的液体，一般由较大的阴离子和较小的阳离子组成，具有高的热稳定性和化学稳定性，但离子液体合成难度较大，成本较高[177-179]。

④ 聚合基体中锂盐的结构和用量对锂离子电导率也有较大影响。引入锂盐一般可降低聚合物的结晶度和玻璃化转变温度，提高锂离子的迁移速率。通常采用的锂盐分为无机锂盐和有机锂盐两类。如 Andreev 等[180]研究了有机锂盐 $LiN(CF_3SO_2)_2$、$LiCF_3SO_3$ 和无机锂盐 $LiBF_4$、$LiBF_6$、$LiPF_6$ 分别与 PEO 基交联聚合物复合后，聚合物体系的 T_g 和离子电导率，结果表明，由于 $LiN(CF_3SO_2)_2$ 具有较大的阴离子半径，阴阳离子容易解离，因此与 PEO 复合后离子电导率最高。

3.5.5 无机固态电解质

除了 PEO 聚合物固态电解质外，某些无机固态化合物也具有锂离子传导特性。1978 年，$Li_{14}Zn(GeO_4)_4$ 被制备出并应用到锂离子电池中，在 300℃下具有 0.113S/cm 的电导率，这种材料被称为锂离子超导体（LISICON）。1999 年，Kanno 提出用 S 替代 LISICON 中的 O 获得了 thio-LISICON，这种物质类似于三元硫化物体系。此后，研究发现硫化物固溶体具有非常高的室温电导率，可达 10^{-3}S/cm 数量级。目前无机固态电解质主要分为氧化物固态和硫化物固态电解质[181]。氧化物固态电解质分为晶态电解质和玻璃态（非晶态）电解质。硫化物固态电解质又分为硫化物晶态电解质、硫化物玻璃态电解质、硫化物玻璃陶瓷固态电解质。

(1) 氧化物固态电解质

氧化物晶态电解质从晶体结构出发主要包括石榴石型、钙钛矿型、NASICON 型固态电解质等。玻璃态电解质包括反钙钛矿型和 LiPON 固态电解质。

石榴石型（Garnet）固态电解质的化学通式为 $A_3B_2(MO_4)_3$，A、B、M 分别为八配位、六配位、四配位离子。2003 年，结构式为 $Li_5La_3M_2O_{12}$（M＝Ta、Nb 等）的 Garnet 被报道出来[182]。晶体结构中，Li 离子分别占据四面体和八面体位置。四面体和八面体共面，锂离子在四面体结构中时会与相邻的八面体中的锂离子产生强的排斥力，在这种力作用下，八面体中的锂离子会跃迁，进入相邻的四面体或八面体中，实现锂离子的快速迁移。Garnet 型固态电解质具有较低的电子传导性和较高的电化学稳定窗口（0～4.5～9V），但室温离子电导率低（10^{-6}S/cm）。研究表明，用低价离子取代 La 位，如 Ba^{2+}、Sr^{2+} 和 K^+ 取代 La^{3+}，或低价离子取代 M 位，如 In^{3+}、Zr^{4+}、Y^{3+}、Gd^{3+} 取代 Nb^{5+}，均可获得更高的锂离子电导率[183,184]。目前一般通过离子掺杂提高 Garnet 型电解质的离子电导率及倍率性能。然而，Garnet 型电解质在空气气氛下不稳定，烧结过程中锂流失导致相结构变化，优化烧结工艺、添加助烧剂能获得纯相的、结晶度更好的Garnet型电解质。

钙钛矿型固态电解质结构的化学式为ABO_3，其中A位为载流子，一般为Ca^{2+}、Sr^{2+}、Ba^{2+}和La^{3+}等，B位为Ti^{4+}、Nb^{5+}、Ta^{5+}、Al^{3+}、Zr^{4+}等。Li^+电导率与结构中的锂含量和A位的空位浓度密切相关[185]。若A位为La^{3+}，形成化合物$La_{2/3\square 1/3}TiO_3$（□表示空位），其中2/3的A位被La^{3+}占据时，结构中残留了1/3空位，缺陷化学反应式为

$$La_2O_3+3A_A^X \longrightarrow 2La_A^{\cdot}+V''_A+3AO$$

在$La_{2/3\square 1/3}TiO_3$的A位和B位可以容纳其他不同种类的离子，并根据插入离子与形成环境的不同形成锂空位。当锂空位浓度在0.44～0.45范围时，钙钛矿结构$Li_{3x}La_{2/3-x}TiO_3$电解质的离子电导率可达到10^{-6}S/cm数量级[186]。钙钛矿型固态电解质的离子电导率较低，主要原因在于锂离子在晶界处迁移缓慢[187]。高温合成存在锂量流失，因此合成过程需要预补锂，如加盖母粉减少锂的损失，但这种方法可控性差，难以预计锂离子的浓度。目前对钙钛矿型聚合物电解质的改性是通过掺杂或优化烧结方法提高晶界电导率。

1976年，J. Goodenough等[188]首次报道了在$NaZr_2(PO_4)_3$中掺杂Si合成出的$Na_3Zr_2Si_2PO_{12}$，其具有较高的电导率，且稳定性较好，这类导体称为钠快离子导体（NASICON）。NASICON的结构通式为$LiA_2(PO_4)_3$，其中A为Ti^{4+}、Ge^{4+}、Zr^{4+}、Sn^{4+}等四价阳离子。使用三价离子Al^{3+}、Cr^{3+}、Ga^{3+}等进行取代掺杂，在NASICON结构中，磷氧四面体和锆氧八面体共点连接形成骨架结构；在骨架结构中存在两种Li^+扩散的空位M1和M2，其中M1被6个氧原子包围并位于反转中心，M2为不规则8配位且围绕着三次轴线对称分布。这些位置仅被载流子部分占有。Li^+在M1和M2位点间迁移。常见的NASICON锂离子导体材料有$LiZr_2(PO_4)_3$、$LiTi_2(PO_4)_3$、$LiSn_2(PO_4)_3$。它们的锂离子电导率较低，通常通过掺杂提高电导率。如少量Al^{3+}、Cr^{3+}、In^{3+}、Fe^{3+}等掺杂$LiTi_2(PO_4)_3$得到锂离子电解质$Li_{1+x}M_xTi_{2-x}(PO_4)_3$[189,190]，通过改变晶胞参数，如使晶体结构从三斜相转变为菱方相，可使锂离子电导率提高1个数量级以上。

反钙钛矿结构固态电解质具有低成本、环境友好、高的室温离子电导率（2.5×10^{-2}S/cm）、优良的电化学窗口和热稳定性以及与金属Li稳定等特性。反钙钛矿结构锂离子导体可表示为$Li_{3-2x}M_xHalO$，其中M为Mg^{2+}、Ca^{2+}、Sr^{2+}或Ba^{2+}等高价阳离子，Hal为元素Cl或I[191]。$Li_{3-2x}M_xHalO$的高温相为反钙钛矿结构立方相，不同组分的相变温度也不同。非立方相（低温相）中，由于静态的OH^-和OH_2阻塞了Li的位置，导致Li^+可占据的位置减少，锂离子电导被抑制。立方相中，OH^-和OH_2可以“自由”转动，Li^+的可占据位点增多，电导率提高。

非晶型固体电解质可以根据所使用元素的不同，分为氧化物玻璃和硫化物玻璃两大类。由于玻璃态属于不规则网络结构，锂离子在结构中的传导具有各向同性，因此玻璃态电解质的室温电导率高于结晶态电解质，可达10^{-3}S/cm。由玻璃态氧化物结合而成的主要成分是SiO_2、B_2O_3、P_2O_5，通过适量添加网络改性氧化物如Li_2O或某些锂盐，可进一步提高Li^+的浓度。在Li_2O、P_2O_5玻璃态电解质中引入氮元素，可形成LiPON玻璃，其具有高的离子导电性和热稳定性。

（2）硫化物固态电解质

硫化物玻璃态电解质是目前测定的室温锂离子电导率最高的一类玻璃态电解质，可达

10^{-3}S/cm[192,193]。用硫原子取代氧化物中的氧原子，由于S具有更大的离子半径，因此极化率更高，锂离子在结构中的迁移更容易。另外，非桥硫与锂离子之间的结合力较弱，能减少对锂离子的束缚力，增大可移动载流子的数目。如硫化物玻璃固态电解质 $Li_2S—SiS_2$ 和 $Li_2S—P_2S_5$ 一直是产业界关注的重点，通过制备无定形态硫化物电解质，其离子电导率在 10^{-6} 数量级，进一步将无定形态硫化物电解质低温热处理再结晶后形成玻璃-陶瓷固态电解质，离子电导率可进一步提高，达到 10^{-4}～10^{-2}S/cm[194-196]。硫化物电解质的电导率虽然较高，但它们的空气稳定性差、吸湿性强，易发生水解，因此生产的环境要求较高。

无机固体电解质是发展全固态电池的核心技术。由无机固体电解质制备的全固态锂电池具有更高的安全性、更高的能量密度，是下一代高能量、高安全锂电池的发展目标，然而当前仍面临诸多的问题，如固态电解质室温电导率低、固-固界面离子传导性差、倍率性能和循环稳定性差等。因此，对固态电解质优化、改性提高室温锂离子电导率和离子转移能力及固-固界面的稳定性，开发更高电化学稳定窗口和界面稳定性的固态电解质是当前及未来研究人员的一致目标。

3.6 锂离子电池展望

在过去数十年间，可充电电池技术不断取得进步，而能量密度是其主要性能指标之一。当前，锂离子电池的能量密度已经超越铅酸蓄电池、氢-镍电池等，成为一种极具竞争力的商业化电池。但是锂离子电池的性能仍然需要大幅度提高来延长移动电子设备的工作时间、电动汽车的续航里程等。全球锂离子电池产业经过数十年的发展，基本形成了中日韩为首的三大阵营。从未来的发展趋势看，欧美国家也开始重视动力电池的研发，欧美国家的汽车企业已蓄势待发，必然会对目前的动力电池市场带来重大影响。为了应对国际环境和市场变化，我国也非常重视动力汽车行业的发展，先后出台了多项政策规范和引导动力电池的发展。2017年3月，工信部、发改委、科技部和财政部四部委联合印发了《促进汽车动力电池产业发展行动方案》，为整合我国汽车动力电池行业，提升并加快其发展水平提出了未来几年的发展方向及明确的目标。目标明确提出：2020年实现新型锂离子动力电池单体比能量超过300W·h/kg，系统比能量力争达到260W·h/kg，成本降至1元/(W·h)以下，使用环境达－30～55℃，具备3C充电能力。到2025年，新体系动力电池技术取得突破性进展，单体比能量达500W·h/kg。产业规模也提出了目标：2020年实现动力电池行业总产能超过1000×10^8W·h，形成产销规模在400×10^8W·h以上、具有国际竞争力的龙头企业。从锂离子电池当前及未来的发展水平来看，以 $LiFePO_4$ 为正极、石墨为负极的电池体系，单体电池的能量密度在170W·h/kg左右；以 $LiCoO_2$ 为正极、石墨为负极的材料体系，极限能量密度为200～250W·h/kg。通过提高正极材料的容量，采用富锂锰基正极材料替换 $LiCoO_2$，将可能使单体电池的能量密度达到300W·h/kg。同时，开发高比容量的负极取代石墨，如硅基负极材料，以高电压型富锂锰基为正极材料，该体系的能量密度可能达到400W·h/kg。未来2030～2080年，单体电池的能量密度发展目标是500W·h/kg，前面所讲的锂离子电池正负极材料都将不再适合。要实现这个目标，下一代锂离子电池技术将会是锂金属搭配高镍三元正极材料的锂金属电池和锂金属搭配硫正极的锂硫电池体系。

当前，开发高能量密度的电极材料是锂离子电池的发展方向之一。在当前的正极材料中，富锂锰基正极材料的放电比容量可达250mA·h/g以上，是目前已商业化正极材料实际容量的两倍左右，有望成为未来的高能量密度正极材料；同时这种材料以较便宜的锰元素为主，贵重金属含量少，与常用的 $LiCoO_2$ 和 NCM 三元系正极材料相比，不仅成本低，而且安全性好。因此，富锂锰基正极材料被视为下一代锂动力电池的理想之选，是锂电池突破400W·h/kg 的技术关键。但由于开发时间较短，目前富锂锰基存在一系列问题：①首次放电效率很低；②循环寿命很差；③倍率性能偏低；④严重的电压下降。研究者们正在通过不断努力改善上述的问题。如采用羧甲基纤维素钠作为富锂锰基材料的黏合剂，可明显抑制富锂锰基材料电压下降的发生[197]。采用 NH_3 在 400℃对电极材料进行处理，使 Co 和 Mn 的含量减小；由于材料结构的重排，降低了 Co—O、Mn—O 键的配位数，且在材料的表面形成了类尖晶石结构[198]。通过透射电镜三维成像技术证实了富锂锰基材料电压衰减是其在电化学循环过程中逐渐失氧造成的，并且研究还发现电解液与电极材料反应会加剧材料失氧导致更严重的电压衰减[199]。因此抑制富锂锰基正极材料的电压衰减需要提高材料中晶格氧离子在高电压充电时的稳定性。开发输出电压更高的正极材料也是提高材料能量密度的重要途径之一。此外，高电压的另一显著优势是在电池组装成组时，只需要使用比较少的单体电池串联就能达到额定的输出电压，可以简化电池组的控制单元。在负极材料的发展中，硅基负极材料近十年来在技术上取得了较大的进步。随着近年来电动汽车的兴起，要求电池具有更长的续航能力，进一步提高电池的能量密度、倍率特性、循环寿命、安全性以及降低生产成本是下一代电池研究的重点。因此，硅负极因具有明显的优势成为替代石墨负极的理想负极材料之一。目前，硅负极材料正在向着实用化的方向努力。硅/碳复合负极材料目前有采用核桃结构的，如将硅、碳前驱体、石墨混合制备致密的复合结构；或者是核壳结构，先以球形石墨或者人造石墨为基底，在石墨表面复合或者包覆一层 Si 纳米颗粒，然后再在其外表包覆一层无定形碳、碳纳米管或石墨烯；或者将纳米硅均匀分散在三维导电碳网络中，这样的结构 Si 负极的体积膨胀由石墨和包覆层共同承担，从而避免或减少了硅负极材料在嵌脱锂过程因巨大的体积变化和应力而发生粉化。同时，也能约束和缓冲活性中心的体积膨胀；阻止纳米活性粒子的团聚；阻止电解液向中心渗透，形成稳定的界面和 SEI 膜，从而达到较高的比容量和较好的循环性能。

在当前的锂离子电池体系下，依靠高镍三元正极、硅碳负极和电解液的组合将在 3～5 年内达到性能极限（能量密度上限 350W·h/kg），但仍无法彻底满足动力电池对安全性、能量密度与成本的要求。而固态电池在安全性与能量密度方面具备更大的潜力，近年来受到了学术界与产业界的广泛关注。全固态锂电池基于固态材料不可燃、无腐蚀、不挥发、不存在漏液问题，有望克服锂枝晶的现象。固态电解质无需隔膜与电解液，可以节约近 40%的体积和 25%的质量，如果配套新的正负极材料（锂金属负极）可以使得电化学窗口达到 5V 以上，有望将能量密度提高至 500W·h/kg。此外，固态电池还具有循环寿命长、工作温度范围宽、可快速充电以及可以制备柔性电池等优点。但是，固态电解质具有高的电阻，在功率密度方面还存在一些待解决的问题，需要从固态电解质、正负极材料上着手。鉴于安全和能量密度上的优势，固态电池将成为未来锂电池发展的必经之路，预计会在未来 5 年内开始批量应用。

习　题

1. 简述锂离子电池容量、比容量、能量、比能量、功率、比功率的定义。
2. 比较锂离子电池、氢-镍电池、铅酸蓄电池这几种二次电池的能量密度、工作电压、工作温度范围、循环寿命。

3. 简述锂离子电池的工作原理。

4. 锂离子电池按电解质不同分为几类？请描述它们的区别。

5. 聚合物锂离子电池有什么独特的优势？

6. 理想的锂离子电池正极材料需要满足哪些要求？分析和理解其原因。

7. 对于不同结构的正极材料来说，阳离子掺杂和阴离子掺杂是如何影响材料的电化学性能的？

8. 如何提高三元复合正极材料的循环稳定性？

9. 简述姜泰勒效应。

10. 简述尖晶石锰酸锂容量衰减的原因。

11. 橄榄石型磷酸铁锂正极材料的电化学特点有哪些？

12. 区别石墨化碳负极材料和无定形碳负极材料的储锂机理。

13. 锂离子电池合金类负极首次库伦效率低、循环寿命差的原因是什么？

14. 简述钛酸锂负极材料的晶体结构及电化学性能特点。

15. 简述锂离子电池中常用的有机溶剂、锂盐及其特点。

16. 提高聚合物电解质电导率的方法有哪些？

17. 全固态锂离子电池有什么优势？目前其发展面临哪些问题？

18. 目前锂离子电池的能量密度可达到多少？进一步提高能量密度可以通过哪些途径实现？

第4章

锂金属电池及锂金属负极保护

4.1 锂金属电池概述

从1800年Volta发明了第一个电池以来，已经有多种电池体系被人们商业化，包括铅酸蓄电池、镉-镍电池、氢-镍电池以及锂离子电池。锂离子电池无疑是其中最具代表性的。现今阶段，锂离子电池广泛地应用在各类便携设备中，并在各类新能源车型中被不断大力推广。随着各类移动设备或新能源车的快速升级，化学储能电源在当今社会中不断凸显出明显的市场地位。但是，锂离子电池即使经过了数十年的发展，其能量密度（约250W·h/kg）依然难以满足人们的需要，同时不断接近插层化学储能材料的理论能量密度极限（约400W·h/kg），寻找能量密度＞500W·h/kg电极材料的任务仍在快速推进。

高活性锂金属材料因具有低的氧化还原电势（－3.04V，相对于标准氢电极）及高的理论比容量（3860mA·h/g），是最有希望满足人们要求的可行材料之一。以金属锂为负极的一次或者二次锂金属电池明显具有比锂离子电池更高的能量密度。例如，使用锂金属负极的Li‖LMO（过渡金属氧化物正极）电池能够直接达到约440W·h/kg的能量密度。Li‖S、Li‖O_2电池的能量密度更是能够直接达到约2600W·h/kg和约3505W·h/kg（图4-1）。

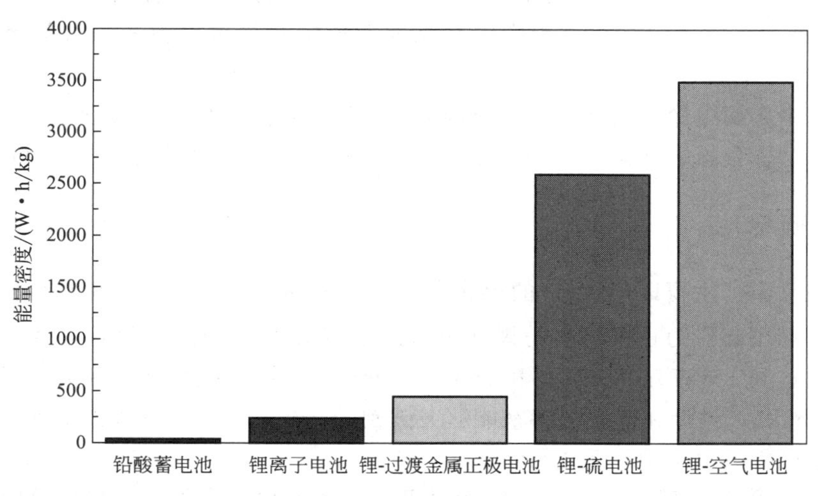

图4-1 不同锂金属电池体系的能量密度

锂金属电池的高能量密度是其明显优势。

Li 金属是替代锂离子电池中的嵌锂或转化化合物的理想负极材料，它也广泛地用于 Li‖S 电池和锂-空气（Li‖O_2）电池以及嵌锂或转化化合物的其他可充电锂金属电池中的负极。尽管在这些电池中使用 Li 金属负极都不同程度上受到不可控的 Li 枝晶生长和低库仑效率（CE）的限制，但是当用于不同类型的 Li 金属电池时，Li 金属负极的稳定性大不相同。例如，Li 金属负极在密封电池中，使用锂嵌入化合物（如 $LiCoO_2$、$LiFePO_4$ 等）比在周围空气开放的电池（如锂-空气电池）中更稳定。另外，Li 金属负极在不同电解液中的稳定性也大不相同。因此，了解不同类型锂金属电池中锂金属负极的稳定性和保护是非常重要的。

4.2 锂金属电池分类

锂金属电池根据其匹配的正极不同，可以分为以下几类。

4.2.1 嵌锂正极锂金属电池

嵌锂正极材料主要有以下几类：钴酸锂（$LiCoO_2$）、锰酸锂（$LiMn_2O_4$）、镍钴锰酸锂（$LiNi_xMn_yCo_zO_2$ 或称 NMC）、镍钴铝酸锂（$LiNiCoAlO_2$ 或称 NCA）和磷酸铁锂（$LiFePO_4$）等。

在以 Li 金属为负极和以嵌锂化合物作为正极的电池中，常规锂离子电池中使用的大多数电解质都可以使用。在这种情况下，使用 Li 金属负极的主要挑战是 Li 枝晶生长以及由 Li 与电解质之间的化学和电化学反应形成的钝化层（或 SEI 膜）的最终生长。这些副反应不仅导致 Li 金属负极的 CE 很低，而且还导致电解质的快速消耗。电解液枯竭是 Li 金属和锂离子电池突然失效的主要原因之一。

20 世纪 70 年代，埃克森公司开发了容量高达 45W·h 的 Li‖TiS_2 电池。初始电池使用 1,3-二氧环戊烷（DOL）作为电解质溶剂，使 Li 金属负极循环超过了 100 次。最初，高氯酸锂（$LiClO_4$）被用作电解质盐，但它不稳定。之后，高氯酸阴离子被四甲基硼阴离子［$(CH_3)_4B^-$］取代。使用 2.5mol/L $LiClO_4$/DOL 的电解质的二硫化钛（Li‖TiS_2）电池在 $10mA/cm^2$ 电流密度下允许深度循环接近 1000 次，具有最小的容量损失（每次循环少于 0.05%）。然而，Li 金属的沉积过程中锂枝晶的形成极易导致电池短路，甚至发生火灾或爆炸。

嵌锂正极锂金属电池当前面临的主要问题还是锂负极库仑效率低及锂枝晶生长，如何通过电解液化学、锂负极表面修饰等手段克服上述问题是今后一段时期内的主要任务。

4.2.2 锂-硫电池

单质硫在常温下主要以环状 S_8 的形式存在，在地球中储量丰富，具有价格低廉、环境友好等特点。利用硫作为正极材料的锂-硫电池，其硫电极材料理论比容量和电池理论比能量较高，分别达到了 1675mA·h/g 和 2600W·h/kg。目前的锂-硫电池实际能量密度已达到了 390W·h/kg，预计在不久的将来能够突破到 600W·h/kg，被认为是现在最具研究价值和应用前景的锂二次电池体系之一。

典型的锂-硫电池一般采用单质硫作为正极，金属锂片作为负极，它的反应机理不同于锂离子电池的离子脱嵌机理，而是电化学机理。锂-硫电池以硫为正极反应物质，以锂为负极，放电时负极反应为锂失去电子变为锂离子，正极反应为硫与锂离子及电子反应生成硫化物，正极和负极反应的电势差即为锂-硫电池所提供的放电电压。在外加电压作用下，锂-硫电池的正极和负极反应逆向进行，即为充电过程。锂-硫电池的放电曲线具有三个阶段：在第一放电阶段，S_8 被还原为 Li_2S_8；在第二放电阶段（2.4～2.1V），S_8^{2-} 被还原成聚硫离子 S_n^{2-}（n=6、4），而聚硫离子易溶于有机电解液，主要发生液相反应，因此电极反应速率较快；在第三放电阶段形成长放电平台，电位为2.1V，固相产物 Li_2S_2 和 Li_2S 开始产生及相互转化，主要为固相反应，因此电极动力学过程较慢。硫电极的还原反应相当复杂，随着放电程度（12.5%、25%、50%、100%）的不同，反应的生成物依次为 Li_2S_8、Li_2S_6、Li_2S_4、Li_2S_2 和 Li_2S。

虽然锂-硫电池具有超高比容量的优势，但是其依然存在多种制约因素。

① 单质硫是电子和离子绝缘体，室温电导率低（5×10^{-30}S/cm），由于没有离子态的硫存在，其作为正极材料时活化困难。

② 在电极反应过程中产生的高聚态多硫化锂 Li_2S_n（$4\leqslant n<8$）易溶于电解液中，在浓度梯度的作用下迁移到锂金属表面，高聚态多硫化锂被金属锂还原成低聚态多硫化锂。随着以上反应的进行，低聚态多硫化锂将在负极聚集，最终低聚态的多硫化锂在两电极之间形成浓度差，又迁移到正极被氧化成高聚态多硫化锂。这种现象被称为“飞梭”效应，降低了硫活性物质的利用率。同时不溶性的 Li_2S 和 Li_2S_2 沉积在锂负极表面，更进一步恶化了锂硫电池的性能。

③ 反应产物 Li_2S 为电子绝缘体，同时锂离子在固态硫化锂中的扩散较慢，Li_2S 沉积在正极表面将进一步降低其电化学反应动力学速度。

④ 硫与锂反应之后体积将发生极大的改变（膨胀大约79%），这将导致正极材料粉化，使电池提前失效。

以上问题严重制约锂-硫电池的发展，这也是锂-硫电池研究需要重点解决的几个关键问题。

4.2.3 锂-空气电池

锂-空气电池是一种以金属锂为负极、空气中的氧气为正极活性物质的高比能量新型储能设备，属于一种半开放系统。在电池的放电过程中，放电产物过氧化锂（Li_2O_2）存储在正极孔道内，充电时放电产物分解。具体的反应方程式如下：

$$2Li+O_2 \rightleftharpoons Li_2O_2 \quad (2.965V,相对于锂标准电极) \tag{4-1}$$

由于正极参与反应的活性物质实际上是氧气，因此，目前研究的锂-空气电池实际上是锂-氧气（Li-O_2）电池，只有在空气条件下测试的电池才被称为锂-空气电池。锂-空气电池根据电解液种类差异，可以分为：①有机电解液体系锂-空气电池；②有机-水混合电解液体系锂-空气电池；③全固态电解质锂-空气电池。其中，以 Li_2O_2 为放电产物的有机电解液体系锂-空气电池获得了最为广泛的研究。

尽管锂-空气电池具有很多优点，特别是其极高的能量密度被认为是替代化石燃料的最佳选择，但目前锂-空气电池仍面临一些问题尚待解决，如金属锂负极稳定性差、电池自放电严重、循环寿命低、倍率性能差以及充电电压极化过高等。使用高效氧气还原反应

(ORR) 及氧气析出反应 (OER) 催化活性的双功能型正极催化剂材料加速电池放电和充电反应时正极电化学反应的动力学是锂-空气电池的关键。目前锂-空气电池还不能与锂离子电池相媲美，但是由于其超高比容量的特点明显值得进一步研究。

4.3 锂金属作为负极的优点及缺点

高活性锂金属材料因具有低的氧化还原电势（−3.04V，相对于标准氢电极）以及高的理论比容量（3860mA・h/g 或 2061mA・h/cm^3），是最有希望满足现代移动设备或新能源电动车要求的可行材料之一。

然而锂金属电池在反复的沉积/剥离过程中会出现不可控的锂枝晶生长，最终刺穿隔膜导致电池短路使电池报废。充放电过程中“死”锂的形成以及高活性锂金属与电解质持续发生反应使电池具有低的库仑效率。

4.4 锂金属电池的应用难点

在过去的 40 年里，人们对可充电的锂金属电池进行了大量研究，但遗憾的是，直到其替代产物——石墨负极实现商业化之后，锂金属电池依然未能解决其最棘手的安全问题。

锂金属电池的发展存在几个主要障碍：

① 在重复充电/放电过程中不可控的锂枝晶生长。

② 由于锂金属与电解液不断反应以及“死”锂的形成，充放电过程中的库仑效率 (CE) 低。

③ 锂金属电池在沉积/剥离过程中有极大的体积改变。

这几个障碍导致了锂金属负极的几个关键性问题：

① 反复充放电过程中锂枝晶刺穿隔膜引起的内部短路，使电池内部快速释放大量的热造成火灾或爆炸。

② 锂金属和电解液之间持续反应，使锂金属与电解液持续消耗并产生大量“死”锂（与集流体失去电气连接的部分非活性锂），最终造成电解液枯竭或者内部阻抗不断增大使电池快速失效。

③ 极大的体积改变使 SEI 膜（固态电解质界面层）破裂，暴露出新鲜的锂金属表面，破裂处的锂金属表面具有更低的 Li^+ 扩散能垒，这也会使锂金属在 SEI 膜破裂处优先沉积，产生锂枝晶。

Li 枝晶生长会引发电池故障，有时甚至导致火灾或爆炸。自 20 世纪 90 年代初以来，Li 离子电池的出现对可充电 Li 金属电池开发方面产生了较大的冲击。石墨负极为多层结构，锂离子能够嵌入石墨材料内部，因此能够在很大程度上抑制锂枝晶的生长和明显降低锂离子脱/嵌过程的体积改变。锂金属电池低的库仑效率通常由过量的锂来补偿。例如，过量 300%的 Li 是 Li 金属电池早期开发中的常见解决方案，但这并未从根源上解决问题，不是长久之计。

金属锂本身的高反应活性、不均匀沉积和无限体积膨胀是锂金属电池商业化的三大挑战。

4.5 锂金属负极保护的途径

对锂金属负极的研究可以追溯到 1970 年，但是直到其替代商品——石墨负极被量产之后人们依然未能解决锂金属电极材料的稳定性和安全性问题，因此锂金属负极的研究被搁置。直到近年来新能源电动车的兴起，促使了人们对高容量电极材料的迫切渴望，才使得对锂金属电极材料的研究再次进入爆发时期。

锂的沉积形态和库仑效率（CE）有着密不可分的联系，两者都对 Li 金属电池的安全性能和循环性能至关重要。几乎所有导致枝晶生长的因素都会降低电池的库仑效率，反之亦然。这是因为锂枝晶的生长将导致更大表面积的锂金属暴露在电解液中，而这些新形成的热力学不稳定的锂金属表面将快速和电解液中的分子、离子、杂质等发生反应，反应产物不能有效钝化锂金属表面以阻止进一步的反应，电解液和 Li 的持续消耗导致库仑效率不断降低。为了得到更高的库仑效率，必须尽量降低副反应的发生。副反应发生的倾向与 Li 金属表面和电解液的化学及电化学活性呈正相关关系，同时，副反应的发生倾向与锂金属的表面积也具有正相关关系。因此，我们可以通过使用化学活性低的电解液或者减小锂金属和电解液的接触面积或快速钝化锂金属表面来提高电池的库仑效率。锂沉积/剥离的库仑效率与锂的形态之间具有密切关系。

为深入了解锂金属电池的失效机理和提高电池的循环性能，人们从多个方向进行了尝试，包括电解液改性、锂金属界面改性、固体电解质、负极结构设计等。

4.5.1 电解液改进

电解液作为电池的主要组成部分之一，在锂金属电池中起到传输锂离子以及生成稳定的 SEI 膜的作用。电解液对电池的阻抗和循环稳定性具有决定性影响。电解液的溶剂、锂盐种类、锂盐浓度、功能添加剂及杂质等都将明显影响锂金属电池的循环库仑效率。

4.5.1.1 溶剂

分子轨道（MO）理论能够对分子或者离子的还原性或者氧化性进行大概的计算（图 4-2）。拥有相对更高能量的最高占据分子轨道（HOMO）能级的分子将更加易于失去电子，更易于被氧化；拥有相对更低能量的最低未占据分子轨道（LUMO）能级的分子将更加易于得到电子，更易于被还原。该理论能够对分子或者离子的氧化性进行粗略的评估。根据 MO 理论，醚类溶剂相比于碳酸酯溶剂具有更强的抗还原稳定性，但是其抗氧化性更弱。当溶剂分子和一个阳离子结合后，其抗氧化稳定性和抗还原稳定性将出现很大的改变。

酯类是一种备受关注的电解液溶剂，因为其具有高的抗氧化性，且低温条件下酯类溶剂电解质具有高的电导率。当使用甲酸甲酯（methyl formate，MF）时，除了阳离子（Li^+）通过酯羰基氧溶解外，阴离子也将通过氢键与甲酸甲酯中的甲酰质子结合，进一步减少离子间的缔合作用。

Li 与 MF 或乙酸甲酯（methyl acetate，MA）接触时有气体缓慢产生，同时在 Li 的表面出现白色固体，然而甲酸正丁酯（BF）在同样条件下为惰性。添加 $LiAsF_6$ 能够提高 Li 在高温时的稳定性，比较产生气体量后发现，Li 浸入 $LiAsF_6$-酯类（MF、MA 或 EA）电解液（74℃）的稳定性顺序为：MF＞MA＞EA（乙酸乙酯）。一般来说，Li 的反应活性随烷

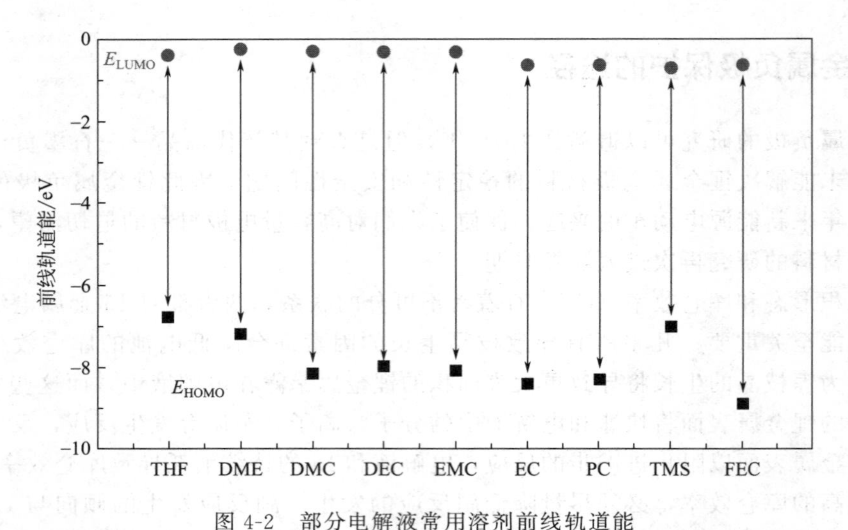

图 4-2 部分电解液常用溶剂前线轨道能

THF—四氢呋喃；DME—二甲醚；DMC—碳酸二甲酯；DEC—碳酸二乙酯；EMC—碳酸甲乙酯；
EC—碳酸乙烯酯；PC—碳酸丙烯酯；TMS—四甲基硅烷；FEC—氟代碳酸乙烯酯

基链长度的增加而增强（甲基到丁基），相应的产物从甲酸盐到乙酸盐再到丙酸盐变化。但是，1.5mol/L $LiAsF_6$-MA 相比 1.5mol/L $LiAsF_6$-MF 电解液有更高的循环库仑效率（CE），碳酸乙烯酯（EC）作为共溶剂时也是如此。造成此类问题的原因尚不清楚。MA 电解液相比于 PC 电解液对 Li 具有更严重的腐蚀作用。MA 电解液腐蚀 Li 电极的原因可能是反应产物高的溶解度造成 Li 金属持续暴露在电解液中进行反应。含有碳酸酯（DMC、DEC 或者 EC）的 MF 或者 MA 的电解液拥有更高的 CE。

值得注意的是，MF 可以在微量 H_2O 中水解（在酸性和碱性溶液中都可能发生）形成甲酸，然后能够再脱水形成 H_2O 与 CO。H_2O 形成后可以继续和额外的 MF 反应。在早期的研究中，$LiAsF_6$ 中的 $LiAsF_5OH$ 被认为对 MA 类电解质的水解反应具有催化效应，当使用高纯度的 $LiAsF_6$ 时能够明显降低这类反应的发生。水解反应也能发生在 $LiBF_4$-MF 电解液中，但是结果表明 LiF 的出现与 $LiBF_4$ 能够抑制甲酸的进一步脱水。因此，同时含有 $LiAsF_6$ 和 $LiBF_4$ 的 MF 溶剂电解液相比没有后一种盐的电解液具有更高的稳定性。

环酯，如丁内酯（GBL），拥有高的燃点和低的蒸气压，这将降低电解质的可燃性。使用 1mol/L LiX-GBL 电解液（配合 $LiAsF_6$、$LiClO_4$、$LiBF_4$ 或 $LiCF_3SO_3$）结果产生相对低的循环 CE 并且形成的 SEI 膜也不能有效钝化 Li 金属表面以阻止进一步与电解液的反应。在 GBL 与 $LiAsF_6$、$LiPF_6$、$LiClO_4$ 等组合的电解液中，在 Li 箔上形成的 SEI 膜也只有少量或几乎没有任何有机成分。这可能是因从 GBL 分解产生的有机盐的高溶解度不能在锂金属表面形成稳定钝化膜造成的。

类似酯类，烷基碳酸酯与 Li 不是非常稳定，环状碳酸酯（EC、PC）也更容易被还原成 Li_2CO_3 和乙烯、丙烯或羧基而不是产生自由基负离子以进一步反应生成有机盐或者聚合物。因此，EC 的主要还原产物是 $(CH_2OCO_2Li)_2$、CH_3CH_2OLi 和其他锂盐，如 $(CH_2CH_2OCO_2Li)_2$、$LiO(CH_2)_2CO_2(CH_2)_2OCO_2Li$、$Li(CH_2)_2OCO_2Li$ 和 Li_2CO_3。PC 将会经历同样的反应过程。PC 和 EC 都可能与原生层中微量水产生的 OH^- 发生反应。Li 箔浸入 1mol/L $LiBF_4$-PC 电解液中 3 天，和 GBL 电解质一样，其电极阻抗最初降低然后随着时间的推移稳步上升，同时 SEI 膜的组分主要是 LiF 和一小部分有机盐，但是这类电解液的电极阻抗比 GBL 电解液的电极阻抗大了一个数量级。1mol/L $LiClO_4$-PC 会持续地和沉积 Li 发生反应，表明此类 SEI 膜不能有效钝化 Li 电极。研究 1mol/L $LiPF_6$-碳酸酯（PC、EC、DMC 和 EMC）组成的电解液中 Li 的沉积形态和 CE 发现，碳酸酯（PC 和 EC）电解液中 Li 的沉积形态一般为厚的集束扭结针状。而对于无环碳酸酯（DMC 和 EMC）来说，它们存在更多纤维状枝晶且只是部分覆盖了 Cu 基体。PC 电解液中 SEI 膜表面层主要是 LiF，EC 电解液中 SEI 膜表面层主要是 Li_2CO_3。在无环碳酸酯中形成了更多对 Li 表面钝化效果较差的有机化合物/盐。

使用纯 DEC 溶剂的电解液，由于没有出现钝化层，Li 金属将会完全溶解，直到最后变成一种褐色溶液。Li 在 1mol/L $LiClO_4$-DEC 电解液中（Ag 电极）电镀时褐色溶液逐渐褪色。DEC 与锂金属的反应产物主要是烷基碳酸锂和酚基锂盐，没有检测到 Li_2CO_3 存在。这表明烷基碳酸酯经历了自由基反应而没有发生能够产生完全分解产物（Li_2CO_3）的二次电子转移反应，这和倾向于形成 Li_2CO_3 的环状碳酸酯不同。其差的钝化表现和褪色的原因是 DEC 的还原产物 CH_3CH_2OLi 和 $CH_3CH_2OCO_2Li$ 等溶解在 DEC 溶剂中。

醚相比酯类具有更加稳定的抗还原性，因此，在使用醚作为电解液溶剂的时候常常有高的 CE。早期的研究主要集中在乙醚（Et_2O）、THF 以及 2-MeTHF 等方面。Li 箔浸入 1mol/L $LiBF_4$-THF 电解液中 3 天，与 GBL 和 PC 的电解质相比，电极电阻随时间的变化有显著的差异。在大约 36h 的时候，电阻仍然相对较低，然后迅速增长到与 PC 电解液相当的值，最后 SEI 膜由 LiF 和相对大量的有机化合物组成。研究表明，HF 最初与原生薄膜的反应形成了 LiF，而 THF 则通过原生的表层渗透到 Li 并与之反应生成有机产物。由于 2-MeTHF 电解液的开环反应明显要慢得多，与 $LiAsF_6$-THF 电解质以及具有 Et_2O 的电解质相比，$LiAsF_6$-2-MeTHF 电解质具有明显更高的 Li 循环 CE。

DME（乙二醇二甲醚）具有线型醚类中最低的还原电位。Min Sik Park 研究了多种有机溶剂对锂金属对称电池的稳定性，分析了电解液溶剂、黏度、阴离子大小对锂金属稳定性的影响。研究发现，锂金属电解液应该具有以下特征：溶剂应具有较低的还原电位；盐阴离子应具有较大的体积；得到的电解质应具有较低的黏度。在使用 DME 作为锂金属电解液溶剂与 1mol/L LiTFSI 锂盐配制的电解液中，Li‖Li 对称电池能够在 $3mA/cm^2$ 的电流密度以及 $12mA \cdot h/cm^2$ 的大沉积容量下稳定循环超过 100 次（800h）[200]。

DX（1,4-二噁烷）具有环醚中最低的还原电位，意味着 DX 溶剂能够较好地与锂金属兼容在 1mol/L LiFSI-DX/DME 电解液中。同时，使用 DX-DME 混合溶剂的电解液氧化电位（约 4.78V）明显比纯 DME 溶剂的电解液氧化电位（$<4V$）更高。采用 1mol/L LiFSI-DX/DME 能够在较低的电解液浓度下达到高电压的目的。这主要是因为抗氧化能力较强的 DX 出现在溶液中，迫使相对更多的锂盐阴离子（相对更少的溶剂分子）被氧化，产生富含 LiF 的致密均匀且电导率更高的钝化层[201]。

1,3-二噁烷（DOL）由于 α 位的 H 原子易于被氧化，将其所有位点处的 H 原子用甲基基团取代之后形成了 2,2,4,4,5,5-六甲基-1,3-二噁烷（HMD），其具有更稳定的抵抗过氧化物或者单个氧原子袭击的能力；结合硼酸辅助形成 SEI 膜时，其在 Li-O_2 电池中具有超过普通溶剂（DME、DOL）四倍的性能表现[202]。

实际上，醚类电解液虽然具有对锂金属更好的兼容性，但是其抗氧化性能通常限制了其在高压锂金属电池中的应用。因此在高压（$>4V$）范围内，醚类电解液较少应用。

4.5.1.2 锂盐

锂盐在锂金属电解液中除了提供锂离子之外，其阴离子还需大量参与成膜。锂盐对电极钝化膜的质量起到至关重要的作用。当Li金属箔片浸入1mol/L LiX-GBL（LiX为$LiAsF_6$、$LiPF_6$、$LiClO_4$或者$LiBF_4$等盐）电解液中3天后，发现$LiAsF_6$和$LiClO_4$电解液只与Li金属原始层发生有限的反应，其SEI层外部主要由LiOH和Li_2CO_3以及少量的LiF（或者LiCl）组成，其内部层主要包含Li_2O成分。对于$LiBF_4$电解液，其SEI外部层由大量的LiF与LiOH和少量的Li_2CO_3组成，内部层由大量的LiF和少量的Li_2O组成，表明BF_4^-参与了大量的反应。$LiPF_6$电解液的SEI膜相比其他电解液的SEI膜更加薄且完整，但是此电解液的SEI膜阻抗也同样较高（浸入电解液后便发生快速反应）。$LiPF_6$电解液的SEI膜外部层主要由LiF和有机成分以及少量的LiOH和Li_2CO_3组成，其内部层由LiF和Li_2O组成。H_2O也会强烈影响$LiPF_6$基电解液中HF的产生和Li的沉积形态。Ding等[203]发现在1mol/L LiX-PC电解液中的循环CE值如下：

$LiAsF_6$（95%）、LiBOB（约93%）、LiDFOB（约86%）、$LiPF_6$（约77%）、$LiCF_3SO_3$（约73%）、$LiClO_4$（约72%）、LiTFSI（约72%）、$LiBF_4$（约72%）、LiI（约69%）。

使用单一锂盐，特别是对稀盐电解液，其性能经常难以达到人们的预期。通过将两种或者几种锂盐同时应用，能够提高锂金属电池的库仑效率。例如，在综合分析LiTFSI、LiFSI、LiBOB、LiDFOB等四种锂盐两两组合溶解在EC/EMC（质量比4：6）中形成电解液时，通过理论计算与实验数据分析，发现四种复合锂盐电解液的稳定性具有如下趋势：LiTFSI-LiBOB＞LiTFSI-LiDFOB＞LiFSI-LiDFOB＞LiFSI-LiBOB。LiTFSI-LiBOB复合锂盐有助于在锂金属表面产生稳定致密的SEI膜[204]。在醚（DME）类电解液中使用LiTFSI-LiDFOB同样能够提高全电池性能。LiTFSI-LiFSI-DME电解液具有比两种单盐电解液更稳定的性能，由高浓度（7mol/L）下不同单盐及双盐电解液中锂枝晶的冷冻TEM分析发现，在$LiPF_6$-碳酸酯类电解液中锂枝晶呈细小且杂乱的丝带状，该沉积形貌具有大的表面积不利于锂金属电池的高效循环，在高浓度的LiFSI（4.6mol/L）电解液中锂枝晶则具有纳米片状和丝带状的混合结构，而在超高浓度的（7mol/L）LiTFSI-LiFSI混合锂盐电解液中锂的沉积形貌则明显呈现出均匀的纳米片状结构。优质的沉积形貌是其具有高CE（98.2%）的原因之一。

不同锂盐的适当复合使用能够发挥出令人惊奇的效果。LiDFOB是一种优质的成膜锂盐，但是其在4.3V以上将产生大量气体，这可能是因为其具有较低和较高的LUMO与HOMO值（图4-3）。使用0.6mol/L LiDFOB-0.6mol/L $LiBF_4$-FEC/DEC的电解液能够使无负极锂金属电池在4.5V下稳定循环100次后容量保持率超过80%，其锂金属沉积形貌为无枝晶的结节状沉积形貌。

使用某些新型锂盐也能有效提高锂金属电池的性能。氟丙二酸（二氟）硼酸锂（LiFMDFB）具有优异的成膜性能，其能级较高的HOMO和能级较低的LUMO使其能够在正负极表面优先成膜[205]。（氟磺酰基）（九氟丁烷磺酰基）酰亚胺锂（LiFNFSI）是一种导电性好、热稳定性高的锂盐，在高浓度（3mol/L）醚类（DOL：DME＝1：1）电解液条件下，锂金属电池具有97%的库仑效率，最终沉积锂形态为结节状，优于同浓度下LiTFSI电解液中锂粗糙的沉积形态[206]。

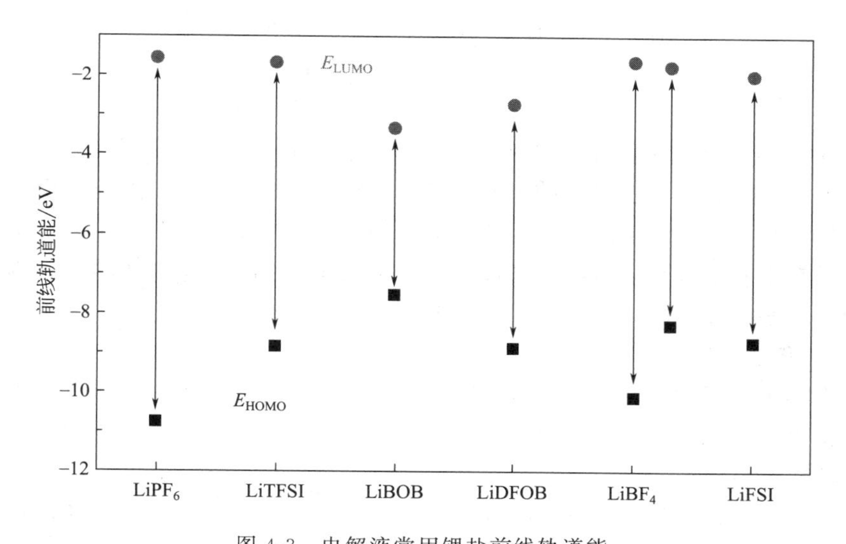

图 4-3 电解液常用锂盐前线轨道能

$LiPF_6$—六氟磷酸锂；LiTFSI—双三氟甲烷磺酰亚胺锂；LiBOB—二草酸硼酸锂；LiDFOB—二氟草酸硼酸锂；$LiBF_4$—四氟硼酸锂；LiFSI—双氟磺酰亚胺锂

4.5.1.3 电解液添加剂

人们曾有意或者无意间在电解质中添加了多种多样的添加剂，它们一般都是电解液中最活跃的反应物，即使在含量很低的情况下也将严重影响生成的 SEI 膜的质量。

H_2O 是最常见的电解质污染物，因此，曾有大量的工作致力于研究其对 Li 沉积形态与 Li 的循环性能影响。少量的 H_2O 能够提高 Li 的循环 CE，但是过量的 H_2O 将降低其循环 CE。当 H_2O 出现在碳酸酯类电解液中时，由于其参与形成 Li_2CO_3，它将对溶剂及阴离子的还原反应产生抑制作用。

$$2ROCO_2Li + H_2O \longrightarrow 2ROH + CO_2 + Li_2CO_3 \tag{4-2}$$

醇类会溶解在电解液中，溶解的 CO_2 将和 Li_2O 或者 LiOH 反应生成 Li_2CO_3，或者与锂醇盐反应生成烷基碳酸锂。Li_2CO_3 难溶于非质子溶剂而成为 SEI 层的成分。在醚类电解液中 H_2O 不会与醇盐反应，但是它将通过能够促进 H_2O 扩散的表面组分最终达到 Li 的表面与 Li 反应生成 LiOH 和 Li_2O，并伴随有 H_2 的产生。

$$2H_2O + 2Li \longrightarrow 2LiOH + H_2 \tag{4-3}$$

$$2LiOH + 2Li \longrightarrow 2Li_2O + H_2 \tag{4-4}$$

因此，对于 PC 类电解液，少量的 H_2O 能够提高 Li 的循环 CE。但是对于醚类电解液将造成其循环 CE 的降低。

PF_6^- 和 BF_4^- 等阴离子的水解过程如下：

$$MF_n^- + H_2O \longrightarrow 2HF + MOF_{n-2} \quad (M=P\text{ 或 }B) \tag{4-5}$$

F^- 能与 Li^+ 形成 LiF，但是 HF 主要是与电解液中或者 SEI 膜中的几种组分发生如下反应：

$$LiOH + HF \longrightarrow LiF + H_2O \tag{4-6}$$

$$Li_2O + 2HF \longrightarrow 2LiF + H_2O \tag{4-7}$$

$$2Li + 2HF \longrightarrow 2LiF + H_2 \tag{4-8}$$

$$ROCO_2Li + HF \longrightarrow LiF + ROCO_2H \quad (4\text{-}9)$$

$$Li_2CO_3 + HF \longrightarrow LiF + LiHCO_3 \quad (4\text{-}10)$$

$$LiHCO_3 + HF \longrightarrow LiF + H_2CO_3 \quad (4\text{-}11)$$

$ROCO_2H$ 和 H_2CO_3 易溶于电解液中。$LiPF_6$ 电解液（特别是只含有少量 H_2O 时）通常形成包含大量 LiF 和少量有机物的致密 SEI。需要强调的是，由于溶剂的反应产物持续和 HF 反应生成可溶物（最终可能会对正极产生影响），溶剂的反应并不一定能在很大程度上被抑制（如果产生有效钝化层可能达到此类效果）。锂沉积时，锂金属将在富含 LiF 的 SEI 层下均匀形核并成长为均匀、整齐、紧凑排列的 Li 纳米棒［被主要含有 LiF（可能包含 LiO_2）的 SEI 膜覆盖］。

将 HF 直接用作添加剂（对于 1mol/L $LiClO_4$-PC 电解液）能够促使电解液在锂金属表面形成薄的富含 LiF 的 SEI，使沉积 Li（在 Ni 电极沉积）具有光滑、均匀的沉积形态，但其循环 CE 低（$<90\%$）。

可溶性 O_2 的添加将提高 Li 的循环效率，在非质子电解质中，O_2 被还原可能产生处于亚稳态的超氧离子或者过氧化物，具体如下：

$$O_2 + Li \longrightarrow LiO_2 \quad (4\text{-}12)$$

$$O_2 + 2Li \longrightarrow Li_2O_2 \quad (4\text{-}13)$$

根据近年来对 Li-空气电池的研究，LiO_2 能够与碳酸酯反应生成 Li_2CO_3 和烷基碳酸锂盐，但是其在醚类中较为稳定且具有一定的溶解度。

低电压下溶解 N_2 与 Li 反应的研究在溶解有 N_2 的 2-MeTHF 电解液中进行。反应产生少量的 Li_3N 表明 N_2 相对于其他溶剂组分可能更加稳定。同时，在溶解了 N_2 的 1mol/L $LiAsF_6$-THF 电解液中循环 CE 只有少量提高。有人把 Li 暴露在干燥的空气中（干燥室）发现其表面层主要组成为 Li_2CO_3 和 Li_3N，且其循环 CE 与储存在 Ar 气体中的 Li 相近。将 Li 直接暴露在 N_2 气中也将产生 Li_3N 层，使用 1mol/L $LiPF_6$-EC/DMC（1/1）电解液具有稳定的循环表现，表明 Li_3N 层较稳定，但对于此类电解液其循环 CE 较低（$<90\%$）。

SO_2 作为添加剂能够提高 Li 在电解液中的循环 CE，但是此类添加物不能有效钝化 Li 电极表面，且其毒性限制了应用。CO_2 作为添加物受到了广泛的研究，CO_2 会与电极表面物质反应生成 Li_2CO_3，其作为表面层的主要成分能够较大地提高 Li 的循环 CE。但是经过理论计算以及实验表明，富含 LiF 的 SEI 膜稳定性或锂离子导电性均优于富含 Li_2CO_3 的 SEI 膜。这项发现给后期设计锂金属电池电解液以及调控 SEI 膜的成分提供了有效指导。

另外还有大量添加剂也被用于锂金属电池中，如 FEC、DFEC、VC、$LiNO_3$、LiDFOB、LiBOB、$LiAsF_6$ 等。双氟代碳酸乙烯酯（DFEC）相对 FEC 具有更高的 F 含量，能够在同样用量的条件下产生更高 F 含量的均匀致密 SEI 膜。LiI 能够在 LiTFSI-DOL/DME 电解液中催化 DOL 在锂金属表面聚合，同时 LiI 出现在锂金属表面 SEI 膜中能够有效降低锂离子扩散能垒，促进锂离子的转移，有助于产生均匀的锂沉积形态。在 LiTFSI-LiBOB-EC/EMC 电解液中，微量（0.05mol/L）$LiPF_6$ 的添加能够极大地提高锂金属电池的性能。$LiPF_6$ 除了能够有效抑制 Al 集流体腐蚀之外，还能够分解产生强的路易斯酸 PF_5；PF_5 能够催化 EC 在锂金属表面开环聚合，从而生成一种富含聚碳酸酯类的 SEI 膜，使其具有较高的韧性，降低“死”锂的形成。使用更大 $LiPF_6$ 含量生成的 SEI 膜中具有更多的无机物（Li_2O 和碳酸锂），使 SEI 膜易于破裂。硫酰氯（SO_2Cl_2）作为锂金属电解液添加剂能够产生富含 LiCl 的致密 SEI 膜，此类 SEI 膜能够加快锂离子的扩散而抑制锂枝晶的生长，这与 LiF、LiI 具有较低的 Li^+ 扩散能垒类似。$MgCl_2$ 作为电解液添加剂能够在锂金属表面分解产生富含 LiCl 和 Mg 的 SEI 膜，无机 LiCl 与金属 Mg 在界面共存，可以有效减少表面副反应，降低界面电阻，促进 Li 离子扩散，使锂沉积均匀。

多种添加剂联合使用在适当情况下也能够有效提高锂金属电池的性能，如在 $LiPF_6$-PC 基电解液中加入 VC、FEC 与 $LiAsF_6$。在添加了 VC、FEC 或者 $LiAsF_6$ 之后其沉积形貌都明显得到改善，呈现出均匀的簇状。当 $LiAsF_6$ 与 VC 或者 FEC 联合应用时具有最均匀的沉积形貌。VC 与 FEC 具有相似的聚合成膜方式，但是 FEC 聚合时能够释放出 HF，HF 将进一步与锂金属反应。$LiAsF_6$ 有助于在锂金属表面形成含有 Li_3As 的合金层，此类型合金层有利于引诱锂形核并形成稳定的 SEI 膜，同时 $LiAsF_6$ 分解有利于提高 SEI 膜中的 LiF 含量。SEI 膜中高的 LiF 含量有利于降低锂离子扩散能垒，同时提高 SEI 膜的稳定性。最终 $LiAsF_6$ 与 VC 或者 FEC 联合应用产生了高度致密、均匀、无枝晶以及自成簇的锂金属沉积层。另外，在 0.6mol/L LiTFSI-0.4mol/L LiBOB-EC/EMC 电解液中同时添加 VC、FEC、$LiPF_6$ 作联合添加剂之后，Li‖Cu 电池的 CE 从 91.9% 提高到 98.1%[207]，明显高于单一添加剂方案。通过操控添加剂的使用实现了锂金属在碳酸酯类电解液中高库仑效率的目的，产生了粗大结节状的无枝晶锂金属沉积形貌。

另外，许武、张继光[208]等采用低浓度的 Cs^+ 在锂枝晶处形成静电屏蔽层，使锂离子沉积在了其他非枝晶区域，从而使锂沉积变得光滑。此类非消耗添加剂能够在电池持久运行中不失效，类似的还有二甲基乙酰胺、己二腈、丁二腈等。己二腈是能够作为一种双功能添加剂的物种，在 Li‖NCM 电池中，促进在锂金属表面产生更高 LiF 含量的 SEI，从而使沉积锂金属具有光滑粗大的无枝晶形貌［LSV（线性扫描伏安法）分析表明己二腈并不参与负极的反应］；同时己二腈在正极活性材料表面与 Ni^{4+} 强烈配位，极大降低了富 Ni 正极副反应的发生。

金属阳离子也经常被用作添加剂（Mg^{2+}、Ca^{2+}、Zn^{2+}、Fe^{2+}、In^{3+}、Bi^{3+}、Al^{3+}、Ga^{3+}、Sn^{4+}），这些离子被认为与活性单价阳离子 Na^+ 一样，主要是与 Li 在电极表面形成金属间合金相。从 Li-Na 相图分析中可以发现，直至 92℃ 两种固体组合物才形成固溶体。Li-Cs 相图分析发现两种物质在固态或者液态或者在 Cs 的熔点（28℃）都完全不会互溶。卤化锂（LiF、LiCl、LiBr、LiI）曾被用作添加物。LiF 和 LiBr 在非质子电解质中只有很低的溶解度，但是 LiI 的溶解度较大，I 阴离子能够被 Li 表面吸附。这些卤盐阴离子不能再被还原，因此其附着在 Li 电极表面能够有效阻止或者抑制 Li 与其他电解质组分发生反应。具有类似特性的盐（MgI_2、AlI_3 和 SnI_2）亦被用作添加剂研究。LiF 被大量添加到 LiTFSI-PC 电解液中能够明显延长 Li‖Li 对称电池的稳定循环时间。

4.5.1.4 高浓度电解液

近年来，提高电解质浓度被证明是一种非常有效的抑制 Li 枝晶形成和提供高循环 CE 的方法。随着电解质浓度的增加，电解液只有很少的游离溶剂分子。因此随着电解质浓度的不断提高，SEI 膜的组分更能反映阴离子的还原性能。但是，过高的电解质浓度将使电解液中没有足够的溶剂与 Li 阳离子配位。因此，阳离子会被阴离子与溶剂分子结合，使电解质呈现出网状结构。被结合的溶剂分子更容易被还原，配位阴离子亦是如此。

早期的工作致力于调整盐浓度来提高 Li 离子电池中石墨电极的稳定性。最近该方法在 Li 金属电池中的应用也取得了较理想的效果，因为石墨的还原电位非常接近 Li 金属电极。石墨电极中电解质浓度的相关特性与 Li 金属电极相似，因此，在研究了石墨电极的基础上能够非常容易理解 Li 金属电极电解液浓度的相关特性。早在 1985 年人们就尝试了通过提高电解液浓度来减少 PC 嵌入层状结构的 Li 金属夹层。在 LiTFSI-碳酸酯电解液中采用高浓度措施来消除大量游离的溶剂分子（即未与 Li 阳离子配位）对电解液性能的影响。LiTFSI-EC 混合物的相态特性表明两种结晶溶剂混合物——LiTFSI-$(EC)_3$ 与 LiTFSI-$(EC)_1$ 形成。Raman 光谱分析表明，在高浓度电解液中溶剂与锂盐阴阳离子配位数更高，更饱和配位的溶剂分子具有更高的抗氧化性能和热稳定性，同时稀的 LiTFSI-EC 电解液在高电压下将严重腐蚀 Al 集流体，但高浓度的电解液不会出现此类现象。通过使用 EC-DEC 混合溶剂代替纯 EC 溶剂能够明显提高此电解液的离子导电性[209]。

Yamada 等[210]在通过改变不同种类电解液的浓度来提高不同工作状况下石墨电极的稳定性上做了大量研究。他们发现超高浓度的醚类电解质能够使 Li^+ 以极快的速度嵌入石墨电极，甚至超过了目前使用的商业电解质。这项发现使 Li 离子电池快速充电技术远远超出了现有技术。高浓度二甲基亚砜（DMSO）电解液中 Li 离子嵌入石墨时的电化学行为，与高浓度 DMC 电解液类似。这些液体的拉曼光谱分析表明液体中 DMSO 分子与 Li^+ 配位的数量（N_{DMSO}）从传统稀盐电解质的 4.2 降低到了高盐浓度二元电解质的约 2。研究亚砜、醚和砜的稀溶液（1mol/L）发现其在石墨电极上将会出现溶剂共嵌和严重的电解液分解，然而使用超高浓度电解液（>3mol/L）能够使 Li 嵌入石墨电极具有高度可逆性。超高浓度电解液具有一种独特的配位结构，同时在石墨电极上生成一种基于阴离子的无机 SEI 薄膜，这是没有 EC 的可逆石墨负电极的起源[211]。

随着在无 EC 的前提下通过提高电解质盐浓度来提高石墨电极的循环稳定性的技术取得成功，近年来在 Li 金属电池上也开始采用此类方法来提高 Li 金属电极的循环稳定性。锂盐浓度严重影响到电解液的离子电导率、黏度以及对应电池的稳定性。目前商业化的电解液中通常以 1mol/L $LiPF_6$ 为电解液的主盐，但是对于锂金属电池来说，发展高浓度电解液也是一个很有希望的方向。在 7mol/L LiTFSI-DOL/DME（1∶1）电解液中具有明显高的锂离子迁移数（0.73），在将其应用在 Li-S 电池中时能够具有优异的稳定性。因为只有极少的溶剂在锂盐中才几乎不能再溶解多硫化物，于是多硫化物的穿梭效应被明显抑制了。同时由于高的锂离子迁移数，此高浓度电解液中具有比低浓度的同类型电解液明显均匀的锂沉积形貌。

人们在对醚类电解液的探索中发现，当溶剂分子与锂离子形成高配位的离子鞘后能够有效降低分子结构的 HOMO 值，提高电解液的抗氧化性能。因此，对于醚类电解液，提高浓度能够有效增加抗氧化能力，使其能够结合高电压正极材料使用。高浓度电解液具有明显高的倍率性能，4mol/L LiFSI-DME 电解液的 Li‖Li 对称电池能够在 $10mA/cm^2$ 的电流密度下稳定循环超过 6000 次，该电解液的 Li‖Cu 电池可在保持 99.1%的超高库仑效率下稳定循环 1000 次。该电解液的 LSV 测试表明其氧化电位超过 4.5V，明显高于同类型的稀盐电解液（<4V）。在磷酸铁锂无负极（$LiFePO_4$‖Cu）电池中，该电解液循环 100 次的平均库仑效率为 99.8%，循环 50 次后容量保持率为 60%，性能远高于六氟磷酸锂基酯类电解液。进一步应用到三元正极锂金属电池中时，该电解液在 4.5V 电压下亦可稳定循环。对电池正极表面的 CEI 膜进行 XPS 分析表明，高浓度 LiFSI 电解液能够在正极表面形成富含 F（28%～35%）的薄（5nm）而致密的 CEI 膜，此 CEI 膜能够有效保护正极材料不被电解液腐蚀。同时在对比 DME 与 DMC 两种溶剂下的高浓度 LiFSI 电解液时发现，DME 类电解液长循环明显优于 DMC。当 2mol/L LiTFSI-2mol/L LiDFOB-DME 的高浓度电解液被应

用到 Li‖NCM333 电池中时，此高浓度双盐电解液亦能提供超过 500 次的稳定循环，但是此电解液的 Li‖Cu 电池 CE（94%）明显低于 4mol/L LiFSI-DME 电解液（99%）。适当提高电解液浓度能够在一定程度上抑制锂枝晶生长，因为高浓度电解液中更多的锂离子能够提供更大的临界电流密度。

对于 LiTFSI 和 LiFSI 两种锂盐来说，此类稀盐电解液在 4V 以上电压时将对正极铝集流体造成严重的腐蚀，但是在高浓度电解液中 Al 集流体的腐蚀得到抑制。一般认为是高浓度电解液中溶剂分子完全与锂盐阴阳离子饱和配对，使得电解液与铝集流体的腐蚀产物不能再继续溶解，迫使其在铝集流体表面累积并最终停止其后续腐蚀反应。

除醚类溶剂之外，在其他一些溶剂中采用高浓度的策略也可能会收获意想不到的结果。高浓度电解液中含有大量锂盐阴离子，当阴离子的量足够多的时候电解液与锂金属反应将主要为阴离子被还原，这更有利于产生稳定致密的 SEI 膜，因此高浓度电解液实际能够通过生成更加稳定的 SEI 膜来提高锂金属的稳定性。同时由于高浓度电解液中有机溶剂的含量更少，其安全性能也能得到一定的提高。例如，4mol/L LiFSI-DMC 电解液与稀盐电解液相比具有明显更差的可燃性。磷酸三乙酯（TEP）具有不易燃且抗氧化性能强的优点，但是其与锂金属负极兼容性差，通常只把它用作锂离子电池的阻燃添加剂。在 LiFSI-TEP（摩尔比 1∶2）高浓度电解液中，锂盐阴离子的含量提高使得该电解液不仅具有优质 SEI 膜的形成能力，在 Li‖Cu 电池中具有超过 99%的 CE（库仑效率），还具有优异的阻燃能力。3mol/L LiTFSI-DMSO（二亚甲砜）能够在没有 EC（碳酸亚乙烯酯）的条件下应用于石墨负极，同时 DMSO 的高氧化窗口得到了保留，使其能够被应用于高电压的正极材料体系。使用乙腈（AN）作溶剂的高浓度 LiTFSI（4.2mol/L）在石墨负极电池中具有明显高的倍率性能，高浓度策略的采用克服了 AN 分子与锂金属兼容性差的缺点，同时 AN 分子强抗氧化性的特点得到了保留，最终电解液的氧化还原窗口得到明显扩大。环丁砜（TMS）具有较强的抗氧化性能，但是 TMS 与锂金属的兼容性较差。高浓度 LiFSI-TMS 电解液在 Li‖Cu 电池中 CE 高达 98.8%，同时具有超过 4.9V 的电化学稳定窗口。氟代碳酸乙烯酯（FEC）是一种常用的电解液添加剂，其具有高的体积氟含量，在用作电解液添加剂时能够生成高氟含量的 SEI 膜。当直接使用 FEC 作高浓度 LiFSI（7mol/L）电解液的溶剂时，此电解液具有超过 5V 的氧化电位，同时此电解液在锂金属表面形成高氟含量的稳定 SEI 膜，这归功于 FSI^- 与 FEC 两种电解液成分的高氟含量。提高六氟磷酸锂基电解液的浓度也能有效提高锂金属电池的 CE。

4.5.1.5 高浓度电解液稀释剂

虽然高浓度电解液具有多种优势，但是也会带来多种负面影响。高浓度电解液通常具有更高的黏度，降低电解液对电极材料的润湿性，使得电池容量较低。过高的黏度也可能降低电解液的离子电导率，使电池的倍率性能变差，同时低电导率的电解液可能会使锂枝晶大肆生长。

为了保持高浓度电解液的优势，同时降低其黏度，提高离子电导率，人们找到了一类只与溶剂互溶但不溶解锂盐的溶剂——稀释剂。稀释剂的引入不仅明显降低了电解液的黏度，同时稀释剂的其他性能在电解液中也得到了保留。如 1,1,2,2-四氟乙基-2,2,3,3-四氟丙基醚（TTE）、四氟 1-(2,2,2-三氟乙氧基）乙烷（D2）、甲氧基全氟丁烷（M3）赋予了电解液 －85～70℃ 超大温度区间的稳定循环性能，二（2,2,2-三氟乙基）碳酸酯

(TFEC)、六氟异丙基甲基醚（HFME）等极大地降低了电解液的可燃性。环己烷和正己烷用作电解液稀释剂能够有效降低锂金属形核过电位，改善锂金属的沉积形貌。同时，部分稀释剂同样能够有助于形成稳定的 SEI 膜，如三（三氟乙氧基）甲烷（TFEO）在 LiFSI-DME 类电解液中有助于在锂金属表面形成均匀稳定的 SEI 膜，有别于前期的两种 SEI 模型（层状和马赛克模型）。

4.5.1.6 氟代溶剂

因为 F 原子的强吸电子效应，氟代溶剂通常具有较高的抗氧化性能，是一种用于高压电解液的备选材料。同时，氟代溶剂能够为 SEI 膜提供 F 源，有利于产生高 LiF 含量的 SEI 膜。

使用三氟乙基甲基碳酸酯（F-EMC)、1,1,2,2-四氟乙基-2,2,3,3-四氟丙基醚（F-EPE）等氟化溶剂作为电解液溶剂，$LiPF_6$ 用作锂盐的电解液具有超过 5V 的氧化电位。FEC 是一种对锂金属较温和的溶剂，当使用 FEC 作 7mol/L LiFSI 电解液的溶剂时能够使锂金属电池具有超过 5V 的高压性能，有助于在锂金属表面生成高 LiF 含量的 SEI 膜，99.64%的超高 CE 证明其能够与锂金属保持高度稳定。0.8mol/L LiTFSI-0.2mol/L LiDFOB+0.05mol/L $LiPF_6$-FEC/EMC 电解液的应用使锂沉积具有粗大致密的形貌，将该电解液进一步应用在 $Li/Li[Ni_{0.59}Co_{0.2}Mn_{0.2}Al_{0.01}]O_2$ 电池中，循环 500 次之后电池容量保持 75%。氟代溶剂除了具有高压性质外，其在锂金属电池中的性能同样突出。

$LiPF_6$ 在使用 FEC/FEMC/HFE 全氟代溶剂电解液的 Li‖Cu 电池中具有超过 99%的 CE。当使用全氟代溶剂电解液时，锂金属表面的 SEI 膜中具有超高的 LiF 含量（约 90%）。LiF 在 SEI 膜中不仅是良好的电子绝缘体，而且其 Li^+ 扩散能垒较低，有助于锂离子扩散通过 SEI 膜，同时具有较大的表面能，赋予 SEI 膜较高的力学性能。高浓度 LiFSI 锂盐电解质在锂金属电池中具有优异的性能，这主要是因为其 FSI^- 阴离子分解形成了稳定的 SEI 膜。N,N-二甲基氨基磺酰氟（$FSO_2NC_2H_6$，FSA）是一种灵感源于 FSI^- 的溶剂，其具有 FSI^- 类似的结构，在使用 FSA 作 LiFSI 的溶剂时能够在稀盐电解液中达到优异的性能；Li‖Cu 电池的 CE 快速达到了 99%，产生致密、平整的富含 LiF 的 SEI 膜。该策略避开了高浓度电解液黏度高、润湿性差、造价高的缺点。

4.5.1.7 离子液体（ILs）

许多含有四烷基铵（N^+_{RRRR}、PY^+_{1R}、PI^+_{1R}）和四磷酸铵（P^+_{RRRR}）的离子液体（ILs）具有非常高的电化学稳定窗口。如 N_{1116} TFSI IL（含有三甲基己基铵阴离子），其在 Pt、Al、玻碳等电极上能够在超过 5V（0～5V，相对于锂标准电极）电位的情况下循环。但是，当使用 Ni、Cu 或者乙炔黑作为电极时，在此电压下将发生明显的氧化/还原反应，因此电解液的化学稳定性具有明显的电极材料选择性。IL 的还原稳定性是由有机阳离子的类别决定的。1-烷基-3-甲基咪唑离子液体（IM^+_{102}）中阳离子具有很差的抗还原稳定性，这是因为其中阳离子环上的 C-2 质子具有很高的活性。

一般四烷基铵离子溶液的循环伏安曲线中在 Li 沉积电压前面有一个还原峰，这表明此类离子液体不太适合作为锂金属电池的电解液。但是当 Li 盐（$LiBF_4$、$LiPF_6$、LiTFSI）溶解在离子液体（FSI^- 或者 $TFSI^-$）中时，负极稳定性明显提高，Li 沉积/剥离的循环稳定性也被显著提高。无论使用 Li 盐的量多少，不同 Li 盐均具有类似的稳定效果。温度对其电化学稳定性的影响常被忽视，很少有研究探索这个问题。一些研究资料表明，随着温度升高，电解液的还原稳定电位范围不断缩小，最终导致 Li 沉积与电解液分解同时发生。同时离子液体组分在 80℃左右将发生明显的分解。

Howlett 等[212]发现 Cu 电极在 0.5mol/L LiTFSI-IL 与 PY_{14} TFSI IL 的电解液中电流密度高达 1.5mA/cm^{2}时具有>99%的循环 CE，但是实验使用的是过量的初始沉积 Li 进行测量，因此实际值可能会更低。在更高的电流密度下形成了扭结的针状的 Li 枝晶。

对含有离子液体（四烷基或者四烷基膦阳离子与 $TFSI^-$ 或者 FSI^- 阴离子）与 Li 盐（LiTFSI、LiFSI、$LiAsF_6$、$LiPF_6$、$LiBF_4$）混合的电解液曾有大量报道。由于这些电解质中没有溶剂，这些阴离子在 SEI 膜的形成过程中扮演主要角色。例如，当 Li 金属浸泡在 LiFSI-IL 与 PY_{13}FSI 电解质中时，钝化层包含 LiF、Li_2O、LiOH、和 FSI^- 的分解产物。$TFSI^-$ 阴离子类离子液体在锂金属表面的分解产物具有相似的混合成分。

4.5.2 选用固体电解质

锂离子电池的商用隔膜往往很薄（<30μm），一般是由聚乙烯（PE）、聚丙烯制成的微孔聚烯烃膜，或者是 PE/聚丙烯的层压制品。当使用 Li 负极测试电池时，也经常使用这种隔膜。但是，有人提出通过加入固体隔膜/电解质来抑制枝晶的形成，特别是一个具有合适的离子导电性和高剪切模量（大约是 Li 的两倍）的固体隔膜/电解质（9GPa）。同时，目前液态电解质虽然被广泛应用，但是其易燃、差的电化学稳定性带来极大的安全隐患，而使用固体电解质能够解决这些问题。固体电解质主要分为无机陶瓷电解质、固体聚合物电解质。

4.5.2.1 固态无机电解质

固态无机电解质（SSEs）由无机化合物组成，其主要包括硫化物、氧化物、氮化物以及磷酸盐。固态无机电解质不可燃，一般来说具有更加优异的化学稳定性。因此，SSEs 具有均匀的 Li^+ 迁移数和高的机械强度（这通常远远超过了 Li 本身），被认为是保护 Li 金属电极不受枝晶穿刺的理想材料。为了有效地阻止锂枝晶的生长，已经开发出了薄膜和块状固态锂电池电解质。迄今为止，使用最广泛的无机薄膜离子导体是由 Bates 和 Dudney 在 1990 年开发的锂磷氧氮离子膜（LiPON）。使用 LiPON 作为离子导体薄膜的固态电池的典型结构是 Li|LiPON|$LiCoO_2$。玻璃态 LiPON 电解质的性质决定了这类电池的长循环周期和储存寿命，其具有较宽的电化学稳定窗口（0～5.5V，相对于锂标准电极），并且其薄膜具有较高的电导率。使用此类电解质能够有效降低电池的自放电，同时具有超长的循环寿命（超过 40000 次）。

早期开发的锂磷氧氮离子膜（LiPON）在 25℃下具有 2×10^{-6}S/cm 的电导率，并能够实现较长时间的循环稳定性。LiPON 的剪切模量约为 77GPa，是锂的 7.3 倍，远超过电解质抑制 Li 枝晶刺穿机械强度的基本要求，因此 LiPON 能够完全依靠其力学性能来抑制锂枝晶的生长。但也因为固态电解质一般具有较高的机械强度，与电极材料接触性差，通常与电极材料的界面阻抗较大。

一些无机陶瓷材料具有较高的离子电导率，如 $Li_{10}GeP_2S_{12}$（12mS/cm）、$Li_{9.54}Si_{1.74}P_{1.44}S_{11.7}Cl_{0.3}$（25mS/cm）等材料的离子电导率甚至超过液态电解质（但是硫化物的电化学窗口较窄）。上述 SSEs 材料的离子电导率比传统的固态电解质要高得多，比如氧化钙钛矿、$La_{0.5}Li_{1.5}TiO_3$、硫代 LiSICON 以及 $Li_{3.25}Ge_{0.25}P_{0.75}S_4$ 等的离子电导率在 10^{-3} S/cm 数量级。$Li_{10}GeP_2S_{12}$ 的劣势在于，像大多数磺基固态电解质材料一样对水分非常敏感且与 Li 金属接触时非常不稳定，通常在接触界面处形成 Li_3P、Li_2S 以及 Li-Ge 合金等，因此不能直接应用在锂金属电池中，而且其装配需要在非常低的湿度环境下进行。在其与锂金属表面间引入一个新的界面层（如 Cu_3N、LiPON 或非水电解质）能够有效解决上述问题。

许多不同形态的玻璃陶瓷（约 50～200μm 厚）的 Li^+ 导体也被应用到 Li 金属电池中，并且也能够有效抑制 Li 枝晶的生长，如 LiSICON 类的 $Li_{1+x}Al_xTi_{2-x}(PO_4)_3$（LATP）类玻璃态电解质。由 Ohara Glass 和其他公司生产的玻璃态 LATP 被世界各地的许多研究团体广泛用作保护 Li 金属，已被应用于锂-空气电池和锂-硫电池以及其他能量储存和转换系统。玻璃态 LATP 能稳定地存在于弱酸和碱性电解质中。玻璃态 LATP 的缺点之一是在与锂金属接触时其不够稳定。通过引入一个界面层（固体层，如 Cu_3N、LiPON 或非水电解质）可以解决 LATP 与锂金属接触不稳定的问题。

虽然固体无机电解质有很多优点，包括抑制枝晶，与 Li 负极接触稳定，减少电池的循环容量损失（即长循环寿命），高安全性和可靠性，以及电池设计简单，没有泄漏，更好的抗冲击/振动性能和复杂环境的适应性能，卓越的电化学、机械和热稳定性等，但是很少能够同时具备这些优点。

除了电解质本身良好的离子导电性外，其他几个条件需要针对高能量密度微型储能装置的实际应用进行优化。这些额外的条件包括尽量减少固体电解质粒子和电极之间的接触电阻以及在电池中 SSEs 的使用量，并改善电解质和电极材料的相容性。大多数现存的 SSEs 不能同时满足这些条件，分析如下：

① 电解质/电极稳定性。大多数高导电的 SSEs 都有有限的电化学稳定窗口，也就是说，它们要么是不稳定的，要么易被正极氧化，要么易被负极还原。在 $La_{0.56}Li_{0.33}TiO_3$ 的例子中，在嵌入 Li^+ 的过程中，Ti^{4+} 被还原，这涉及了 $La_{0.56}Li_{0.33}TiO_3$ 的还原。另外，基于硫化物的电解质（如 $70Li_2S \cdot 29P_2S_5 \cdot P_2S_3$）和 $Li_{1.5}Al_{0.5}Ge_{1.5}(PO_4)_3$ 在 Li 负极上不稳定。

② 电解质和电极之间巨大的界面阻抗。不像使用液体或聚合物电解质的情况，固态电解质和电极之间没有密切接触。例如，与含硫的固态电解质相比，$LiCoO_2$ 正极粒子具有明显不同的粒子大小和物理/化学性质，因此离子和电子很难在电极和电解质之间传递。此外，在电极充电/放电过程中，由于机械不稳定性（即延展/收缩），其界面阻抗将会随着循环次数的增加而升高。

固态电解质的另一个挑战是与高温处理相关的困难，需要去除孔隙度，从而产生非常薄的、刚性的、无缺陷的电解质薄片。一般来说，制备的固体无机离子导体可以具有高离子导电性或高电化学稳定性，但不能两者兼顾。因此，固体无机电解质通常被涂上一层离子导电固体，如聚合物电解质、Li_3N、$LiBH_4$/LiI 来防止固体无机电解质和 Li 之间的直接接触，或者选择 Li-In 合金代替负极。此外，虽然现在已经出现了高离子电导率的固态电解质材料，但是由于其与电极间巨大的界面阻抗，其全电池依然保持较差的倍率性能。

由于在 Li 沉积/剥离过程中具有较大的体积变化，当 Li 被电镀到与刚性固体电解质接触的集流体上时，沉积的 Li 可能会对集流体或电解质造成破坏。在高电流密度（$>1mA/cm^2$）的沉积过程中，Li 沉积会使锂枝晶在微孔内或者沿着固体电解质的晶界生长。这将导致裂纹扩展，从而促进了锂枝晶穿过固体电解质生长并最终使电池短路。因此，固体电解质中的内部缺陷将会降低这些电解质抑制锂枝晶的能力。即使这样的原始缺陷可以消除，循环过程中因 Li 生长和体积变化产生的机械应力也可能生成新的缺陷并使之生长。因此，在商业应用无机固态电解质之前，还需要进行大量的研究。

4.5.2.2　固体聚合物电解质

早期固体聚合物电解质（SPEs）和 Li 金属负极的研究主要集中在 Li 盐与 PEO 的复合物。这类电解质的导电性相对较低，而且它们的结晶倾向通常要求电池加入液体电解质来进行增塑，或者在较高的温度下工作（75～90℃）。通常硬质聚醚电解质具有低的 Li/SPE 界面阻抗，其不会随着时间和温度的改变而变化。由于 PEO 的结晶（T_m 约 65℃），其界面层上的离子阻抗随着温度下降（＜65℃）而大幅上升。这可以防止在环境温度下长时间储存时自放电和其他寄生反应的发生，但是在温度升高后的几次初始循环之后，这一界面层将会被快速破坏，使电池即使在长时间的储存期后依然具有良好的性能。Li/SPE 电池的组装过程被认为是决定长时间下界面稳定性的关键。

分析含有 LiBETI 锂盐的 SPEs，发现其界面的阻抗在一定程度上依赖于盐的浓度（在开路情况下）。这表明盐可能在电极钝化中起着关键作用（直接与 Li 金属反应或者影响了 PEO 与 Li 的反应）。对暴露在含有 LiTFSI 或者 $LiBF_4$ 的网状聚醚聚合物（NPs）中的 Li 表面分析发现，含有 LiTFSI 的锂-聚合物电解质的界面阻抗降低后逐渐稳定，但是含有 $LiBF_4$ 的电解质，其界面阻抗持续增加并最终变得很大。XPS 分析表明在 LiTFSI 电解质中形成的 SEI 层相对较薄，在溶液界面处存在 $TFSI^-$ 组分（由于吸附或分解的阴离子），而含有 $LiBF_4$ 的电解质形成的 SEI 层更厚，并含有更多的 LiF。这些结果类似于使用液体醚电解质所获得的结果，在醚类电解质中，醚类溶剂的高稳定性导致了由阴离子反应主导的 SEI 成分。

人们通过使用交联聚合物来提高离子导电性和抑制聚合物电解质中的 Li 枝晶生长，同时无机粒子填充剂与 ILs 被用作添加剂。部分没有填充物的 SPEs 电解质能够使锂金属电池具有超过 95％的 CE，同时此类电池能够在高温（90℃）下稳定循环数百次。ILs 添加到 SPEs 中能够使其工作温度降低到 30～40℃，同时能够抑制 Li 枝晶的产生和 SPE 的失效。含有无机填充料和 ILs 的电解液能在没有枝晶形成的情况下使 Li 沉积/剥离多次重复循环。

为了进一步提高固相聚合物的剪切模量，抑制枝晶形成，人们研究了嵌段共聚物中聚苯乙烯（PS）组分形成的刚性结构，溶解锂盐的 PEO 组分将形成离子输运渗透通道。研究 PS-PEO（AB）嵌段共聚物发现，PS-PEO-PS（ABA）嵌段共聚物的 PEO 段被嫁接到一个 PS 主干上形成了一个网络结构。这种聚合物被称为 SEO（styrene-ethoxy）SPEs。因为导电相只是材料的一小部分，SEO 电解质的导电性比类似的 LiX-PEO 电解质低。此外，PEO 片段在低温下会结晶，因此使用 SEO SPEs 电解质的电池需要在较高温度（≥80℃）和较低 Li 沉积速率的条件下工作。Li|SEO|$LiFePO_4$ 全电池在低倍率（正极）放电下具有＞99％的效率。尽管此 SPEs 确实在一定程度上抑制了锂枝晶的生长，但是它们不会阻止枝晶最终渗透到电解质中，最终仍将导致电池短路失效。

聚合物电解质可塑性的特点使其与电极接触得更好，具有比固态无机电解质更低的界面电阻。原位形成的聚合物电解质与电极具有最佳的接触。DOL 在路易斯酸的催化下能够缓慢聚合，这使得原位成型聚合物电解质得以实现。但是，固态聚合物电解质的离子电导率一般低于液态电解质 2～5 个数量级。其塑性模量也较低，难以完全抵挡锂枝晶刺穿。单粒子导体的引入能够有效提高聚合物电解质的离子电导率，聚苯乙烯等嵌段共聚物的加入能够提高聚合物电解质的剪切模量。同时，在整体上表现出固体特性，而在界面处表现出液体特性的纳米片状嵌段共聚物聚合物电解质具有优异的界面接触效果。

无机陶瓷电解质材料与有机聚合物材料相结合可以制备出兼具高电导率、机械强度以及高韧性的聚合物电解质。聚合物电解质中加入无机陶瓷纳米纤维（$Li_{0.33}La_{0.557}TiO_3$、$Li_{6.4}La_3Zr_2Al_{0.2}O_{12}$）提供离子通道可使电解质具有较高的离子电导率。此类混合固体电解质能够有效阻止锂枝晶的生长，且具有较高的离子电导率（$>0.1mS/cm$）。在凝胶聚合物电解质中加入 SiO_2 纤维也能够有效增强聚合物电解质的力学性能与离子导电性。

4.5.3 锂金属界面改性

锂金属电池的 SEI 膜对于锂金属电池的循环性能至关重要。人造 SEI 膜是通过人工在锂金属表面覆盖一层具有高离子导电性、高力学性能的薄膜使其能够有效抑制锂枝晶的生长。SEI 膜材料高的离子导电性与大的表面能能够有利于抑制锂枝晶的生长。人工 SEI 膜可以通过化学预处理或者物理预处理两类方法实现。

4.5.3.1 化学预处理实现人造 SEI 膜

化学预处理法生成的 SEI 膜具有类似于原位成型 SEI 膜的性质。例如，通过化学方法诱发 FEC 形成的人工 SEI 膜具有高的稳定性，能够有效抑制锂金属与电解液间的寄生反应，在 $Li-O_2$ 电池中具有高稳定性。通过一些强的路易斯酸（AlI_3）与锂金属或者电解液相互反应产生人工 SEI 膜，I^- 能够在锂金属表面催化 DOL 的聚合，产生 Li-Al 合金层和 LiI 无机盐层，此人工 SEI 膜能够在随后的不含 AlI_3 电解液中有效抑制锂枝晶的生长。

通过精确调控化学预处理方法，可以生产更加稳定的人工 SEI 膜。例如，通过锂金属表面薄的氢氧化锂自然层和各种氯硅烷衍生物之间的反应，能够生成具有较低初始阻抗的稳定 SEI 膜。四乙氧基硅烷生成的硅酸盐层在提高循环寿命方面效果优异，其 Li‖Li 电池循环 100 次之后阻抗没有明显改变。室温下将锂金属暴露在氮气中能够在锂金属表面生成 Li_3N（Li_3N 保护膜致密度高，具有高稳定性），经过 N_2 处理过的锂金属具有更加紧密均匀的沉积层。由多磷酸与锂金属直接反应产生的 Li_3PO_4 具有高的离子导电性和高的剪切模量，Li_3PO_4 人造 SEI 膜能够有效抑制锂枝晶的生长，在 Li‖$LiFePO_4$ 电池中循环 200 次后锂金属具有均匀平整的沉积层，而采用原始锂金属的电池具有粗糙、疏松的锂沉积层。Cu_3N 与丁苯橡胶联合应用制备 SEI 膜时，Cu_3N 与锂金属表面接触立刻生成 Li_3N，此类无机物与有机物联用制备的 SEI 膜具有高的电导率和好的韧性，能够在锂金属沉积/剥离过程中有效保持 SEI 膜结构稳定。

4.5.3.2 物理预处理实现人造 SEI 膜

物理预处理法相对于化学处理更加简便，采用物理方法将沉积层沉积到锂金属表面即可。在人造 SEI 膜中，常用的物理沉积方法较多，如旋涂、原子层沉积、刮涂、闪蒸、磁控溅射等。沉积层的材料会对沉积层的均匀度以及枝晶抑制的效果产生巨大影响。原子层沉积（ALD）已成为均匀、适形和超薄薄膜低温制备的首选工艺。研究表明，用离子导电氧化物和硫化物在锂电极表面进行 ALD 可以延长锂电极的使用寿命。Al_2O_3 是一种锂金属保护层的常用材料，采用旋涂法制备的 Al_2O_3 锂金属保护层能够有效抑制锂枝晶的生长且防止裂纹产生。采用原子层沉积 Al_2O_3 能够产生 14nm 的超薄保护层防止锂金属与电解液的副反应发生。Al_2O_3 沉积层即使仅有 2nm 的厚度也能在 $1mA/cm^2$ 的电流密度下有效抑制锂枝晶的生长。聚偏二氟乙烯-六氟丙烯（PVDF-HFP）与 Al_2O_3 联合应用制备的 SEI 膜能够有效保护锂金属电极，延长 Li-O_2 电池的循环寿命。Li_3PO_4、LiF 等锂盐也被用作沉积层材料，通过磁控溅射在锂金属表面形成 LiF 沉积层能够明显减缓锂金属的腐蚀速度。不定形态的 Li_3PO_4 沉积层具有优良的电子绝缘性能（1.4×10^{-10} S/cm），作为 SEI 膜沉积层材料能够有效防止锂枝晶的生长。

另外，一些有机聚合物因具有好的延展性，更易于适应锂金属负极在充放电过程中体积的改变，也被用作制备 SEI 膜的材料。含有—NH^{3+} 官能团的带正电的多烯丙基氯化氢（PAH）聚合物，能够通过聚合物电解质的层-层自组装来实现柔韧的人造 SEI 膜，PDAD/PEDOT：PSS、PPy/PE-DOT：PSS 以及 DAD/Nafion 等材料在 pH 敏感的 PAH 材料作用下覆盖在铜箔表面可形成多层结构的人造 SEI 膜。上述 SEI 膜的应用使 Li‖Cu 电池的库仑效率从 60%提高到了 95%，极大地改善了锂金属电池的库仑效率。Nafion 是一种带正电的聚合物黏结材料，其带正电的性质能够为锂离子提供快速转移通道，并且在 Li-S 电池中具有明显抑制多硫化物穿梭效应的性能。Nafion 膜在锂金属表面也具有明显抑制锂枝晶生长的作用，采用 Nafion 修饰过的 Li‖Li 对称电池在 $10mA/cm^2$ 的电流密度下能够稳定循环超过 2000h（未经修饰的低于 400h），Li‖$LiCoO_2$ 电池能够稳定循环 300 次（未经修饰的只有 200 次）[213]。在锂金属负极上建立具有高纵横比垂直纳米通道的聚酰亚胺层，能够通过纳米级约束使锂离子均匀分布在负极上，实现均匀成核和生长。

4.5.4 隔膜改性

除了在锂金属表面覆盖涂层之外，在隔膜表面覆盖涂层也能取得明显的效果。氮、硫共掺杂石墨烯纳米片（N,S-G）包覆聚合物电解质隔膜能够保持金属表面离子通量的均匀性，促使锂金属均匀稳定地沉积。此外，通过静电吸引作用，N,S-G 涂层隔膜与金属锂的界面相互作用增强，释放了金属锂的表面张力，能够有效抑制锂枝晶的产生。在 $LiNi_{0.8}Co_{0.15}Al_{0.05}O_2$ 锂金属电池中，N,S-G 包覆隔膜使锂金属电池明显具有了更高的循环稳定性。MOFs 材料因丰富的孔隙度、纳米腔尺寸和高的表面积被认为是抑制多硫化物迁移的有效方法。在隔膜上涂覆 MOFs 材料能够有效提高 Li-S 电池的稳定性，MOFs 颗粒的化学稳定性和聚集（堆积）形态对其内部空腔尺寸及 Li-S 电池性能有着明显的影响。UiO-66-NH_2@SiO_2 涂覆隔膜使其具有了选择透过性，能够有效阻止多硫化物的穿梭效应、抑制电池的自放电行为以及提高其热稳定性和润湿性，同时对离子导电性也有较大的提高。[NH_2-MIL-125(Ti)] MOF 材料中的氨基取代基能够有效提高锂离子迁移数使锂金属均匀沉积，使用该 MOF 材料涂覆商业 PP 隔膜的 Li‖Cu 电池具有超过 98.5%的库仑效率，Li‖Li 对称电池能够稳定循环超过 1200h（$1mA/cm^2$、$1mA\cdot h/cm^2$）。聚多巴胺涂覆聚乙烯（PE）隔膜能够有效提高其吸液率，产生均匀的锂离子流，从而抑制锂枝晶的生长，同时多巴胺包覆能够有效改善 PE 隔膜热收缩的固有问题。通过浸润方法将具有三维多孔结构的水性纳米分子筛（ZSM-5）涂覆到 PE 隔膜上，能够有效提高 PE 隔膜的离子导电性。由于 ZSM-5 的特殊孔隙结构和通道环境以及 ZSM-5 与电解质的相互作用，使锂离子迁移数从 0.28 提高到了 0.44，离子电导率从 0.30mS/cm 提高到 0.54mS/cm。

功能化纳米碳（FNC）半包覆隔膜能够有效抑制锂枝晶穿透隔膜。在（FNC）修饰后的电池中，锂枝晶从FNC和锂金属表面同时相向生长（不会在FNC半包覆隔膜背面生长），当两枝晶相遇时生长方向发生变化；在此类生长环境中锂枝晶最终不能刺穿隔膜，形成的致密Li层有效地减缓了树枝状晶的SEI形成，反过来又大大降低了锂金属电池中电解质的消耗。在隔膜一侧复合超薄铜膜作为额外的导电剂，能够促进锂金属的电化学剥离/沉积，减少“死”锂的积累，并能够通过调节锂枝晶的生长方向来产生更加致密的锂沉积形貌。Al_2O_3、ZrO_2、SrF_2 也被用作隔膜涂覆材料。SrF_2 微球隔膜能够明显提高 Li‖Cu 电池的库仑效率，在 $LiPF_6$ 酯类电解液中 Li‖Li 电池的循环时间从200h提高到了340h。基于DFT的第一性原理计算表明，锂离子更倾向于吸附在 SrF_2 表面，这将产生更均匀的离子流，降低枝晶的生长倾向。此外，SrF_2 微球与SEI共同组成了一个坚固的原位形成的复合膜，使锂金属界面的力学性能得到了增强。

通过 MCl_x/THF（M＝As、In、Zn或Bi）溶液浸泡处理后原位形成富含 $Li_{13}In_3$、LiZn、Li_3Bi 或者 Li_3As 等合金化合物以及LiCl的锂金属表面层，该合金表面层具有高的锂离子扩散系数，能够有效降低界面阻抗。此外，合金层中绝缘LiCl组分赋予了薄膜优异的电子绝缘性能，抑制了锂离子在薄膜表面的还原，产生了锂在保护合金表层下沉积的驱动力，$Li_{13}In_3$ 合金表面层的 Li‖Li 对称电池在 $2mA/cm^2$ 的电流密度下稳定循环超过了1400h，未经处理的 Li‖Li 对称电池循环仅维持200h。

石墨烯或氧化石墨烯（GO）被多次用作锂金属表面改性材料。磷酸官能团的氧化石墨烯（P-rGO）具有比氮掺杂的氧化石墨烯（N-rGO）更好的结合锂的优点，能够为锂沉积提供形核位点，促进形核。当P-rGO薄膜直接辊压到锂金属表面时，锂金属沉积具有最低的形核电位（对比N-rGO、裸露铜箔、氧化石墨烯），意味着在P-rGO表面锂金属更易于形核，能够有效促进沉积锂均匀致密地生长。通过增加石墨烯片来增加负极集流体的表面积，可以显著降低负极的电流密度，从而显著延长了枝晶萌生时间，降低了枝晶生长速率。利用离子导电聚合物和氧化石墨烯（GO）在商用多孔聚合物膜上制备出可控超薄膜，该膜成功地阻止了锂枝晶的生长，提高了锂负极的稳定性。

Kimwipe纸是由原生木纤维构成的三维纤维结构，含有丰富的极性官能团（能吸附锂离子），具有良好的润湿性（使锂离子具有更加分散均匀的粒子流），因此能够避免锂离子在枝晶部位聚集而减缓锂枝晶的生长。采用纳米纤维制备的纤维素膜具有比传统PP隔膜更好的润湿性和热稳定性，对锂金属亲和度更高，在锂金属电池中具有更高的稳定性，使 Li‖Li 对称电池具有更长的稳定循环时间。芳纶纳米纤维与聚环氧乙烷（PEO）层层组装的膜，其孔隙比枝晶的生长面积小，因此能消除枝晶穿透薄膜的“薄弱环节”。该芳纶纳米纤维膜抑制了不利于离子运输的聚（环氧乙烷）结晶，形成一种具有高模量、离子导电性、柔韧性、离子通量率和热稳定性的复合材料。通过热压形成的一种无孔、弹性的橡胶材料隔膜，在大电流密度下不仅能比传统的聚烯烃隔膜更有效地阻挡枝晶生长，而且还能通过弹性变形和共形界面运动来适应金属锂的大体积变化。在高电流密度和高充放电容量的情况下，此隔膜相比传统的多孔PP隔膜具有优势。

4.5.5 负极微观结构设计

由于锂枝晶的不均匀电沉积、枝晶生长和循环过程中体积变化严重，锂金属负极的安全隐患和使用寿命有限，阻碍了锂负极的商业应用。为进一步解决锂金属沉积过程中锂枝晶的不可控生长和“死”锂的形成问题，对锂金属的负极进行了结构设计。

4.5.5.1 大比表面积负极微观结构设计

由于电流密度是影响锂沉积形态的重要因素，当局部电流密度大大降低时，可以抑制锂金属电池中枝晶的生长。因此，人们在保证大电流密度的前提下，尝试降低锂金属负极的局部电流密度，从而抑制锂枝晶的生成。采用微针表面修饰后的锂金属负极能够有效调节锂金属沉积电流密度，锂金属首先从微孔内部开始沉积。锂金属粉末电极具有传统锂金属片 4.5 倍的比表面积，因此能够有效降低锂金属表面的电流密度，从而减少循环过程中 SEI 膜的生成。LiF 包覆锂金属粉末用作负极材料时具有明显更低的阻抗，采用有机物包覆锂粉电极相比于锂金属片电极也具有明显更低的过电位。

但是采用上述改造锂金属本体结构的方法在经过多次循环之后其结构将发生大的改变，使其性能明显衰退。采用惰性结构材料提供大表面积具有明显的意义。通过改变集流体的结构能够有效降低负极的电流密度。多孔铜三维结构被用作锂金属负极集流体材料。3D 材料结构的孔径对锂金属沉积行为具有明显影响，当多孔铜具有 2.1μm 的直径时具有最佳的抑制锂枝晶的效果，其库仑效率高达 98.5%，能够明显抑制锂枝晶的生长，但是当多孔铜的孔径为 170μm 时，锂的沉积形态与使用二维铜箔相似，其库仑效率只有约 40%。采用化学去合金方法制备多孔铜集流体，能够有效缓解锂沉积/剥离过程中的体积改变，抑制锂枝晶的产生，从而有利于产生稳定的 SEI 膜。

石墨烯作为集流体骨架材料被大量研究。具有 3D 结构的六边形“鼓”状非堆叠石墨烯材料被用作锂金属负极的集流体材料，其具有超高的比表面积（1666m^2/g）、孔隙容积（1.65cm^3/g）和高的电子导电性（435S/cm）。因其超高的比表面积在锂金属沉积过程中具有极低的局域电流密度，这使得锂金属沉积更加均匀，同时在 0.5mA/cm^2 的电流密度下其库仑效率达到了 93%。直接在锂金属表面或者铜箔表面放置石墨烯材料具有较好的效果。自支撑三维绝缘纳米纤维结构通过在三维结构中容纳金属锂来抑制锂枝晶的生长。

铜纳米线（CuNW）三维结构可以使锂均匀地沉积在铜纳米线集流体表面，而不产生锂枝晶。采用铜纳米纤维能够有效增大集流体表面积，同时由于铜纳米线优异的电子导电性而降低了“死”锂形成的倾向。使用此集流体结构的 Li‖3D Cu 纤维结构电池在 98.6%的库仑效率下稳定循环超过了 200 次，远高于 Li‖Cu 箔电池（<40 次）。类似的，采用多孔碳纤维也能有效地增大电极表面积，诱导锂金属均匀沉积抑制锂枝晶形成。纳米结构的 Li_7B_6 合金框架在 10mA/cm^2 的电流密度下使沉积锂保持无枝晶形态，在没有 $LiNO_3$ 添加的电解液中采用此结构的 Li-S 电池循环超过 2000 次，并保持高的库仑效率（91%～92%）。

大比表面积的集流体设计除了能够有效降低集流体表面的电流密度之外，在一定程度上其导电纤维结构还能够抑制“死”锂的形成。

4.5.5.2 亲锂材料骨架

除了采用大比表面积的集流体降低局部电流密度之外，在锂离子向电极迁移的过程中还可以用亲锂物质对锂离子的吸附作用，使锂离子均匀地分布在电极表面，从而促进其均匀形核和生长。氧化聚丙烯腈表面的极性官能团对锂离子具有明显的吸附作用，采用亲锂氧化聚丙烯腈纳米纤维能够有效引导 Li 离子沉积，形成均匀的 Li 金属沉积层。N 掺杂 PAN、N

掺杂石墨烯（NG）对引导锂沉积具有明显的效果。由于铜箔并不是亲锂材料，锂金属在铜箔表面形核过电位加大，在铜箔表面沉积时锂金属更加倾向于在已存的锂金属表面继续形核生长，因此最终形成枝晶。N 掺杂石墨烯用作锂金属沉积基体时，其表面密集均匀分布的吡咯或者嘧啶型 N 基团具有亲锂效应，能够有效促进锂形核（更低的形核过电位），从而产生更加均匀的锂枝晶沉积形貌。

三维碳纤维网状（CNF）结构因其大的表面积与高导电性使锂金属直接沉积在碳纤维表面，同时三维骨架也限制了锂枝晶的生长，在锂金属沉积/剥离过程中负极体积改变得到了抑制，在 Li‖Cu@CNF（CNF 修饰铜箔）电池中保持 99.9％的超高库仑效率能稳定循环超过 300 次。多孔石墨烯网状结构（PNG）作为锂金属负极的宿主材料时，锂金属将首先从其缺陷部位形核生长。因为锂金属被嵌入在 PGN 三维结构的孔隙中，即使经过 1000 次循环后，也没有任何明显的锂枝晶形成的迹象。

SiO_2 与锂离子的结合能（3.99eV）比铜箔与锂离子间的结合能（2.23eV）更大，在锂金属表面能够通过更大的结合能来降低铜箔表面凸起或者是枝晶尖端静电作用的影响。含有大量活性基团（Si—O、O—H、O—B）的 3D 玻璃纤维骨架结合 SiO_2 填充有利于使锂离子均匀分布，抑制枝晶生长。ZnO 是常被用作亲锂的材料，能帮助锂金属形核。采用 ZnO 包覆的聚酰亚胺作为锂金属热稳定结构，ZnO 包覆骨架能够完全融入熔融的锂金属，聚合物骨架使锂金属均匀地剥离/沉积，成功地将锂金属限制在了基体内，实现了沉积/剥离过程中负极最小体积变化，并有效抑制了枝晶生长。或者利用含有大量 ZnO 位点的 3D 多孔支架也具有类似的效果。采用相互连接的单层非晶中空碳纳米球能够有效隔离沉积锂金属，使锂金属在单层纳米球下面沉积，最终锂金属为集束状的沉积层。在铜集流体上直接生长六方氮化硼，具有高化学稳定性和高机械强度的六方氮化硼有助于形成更加稳定的 SEI 膜以及更加均匀的锂金属沉积层。

采用氧化石墨烯（GO）多层薄膜直接与熔融锂金属接触，在两者接触时即会发生“火花”反应，此反应使氧化石墨烯材料成为更加疏松多孔的结构——由于大量热量和残留水的释放。由于具有大量的亲锂基团和诸多微孔提供的毛细管力，只需将 rGO 膜的边缘与熔融 Li 接触即可实现快速均匀的 Li 吸入。使用此方法使锂金属均匀地分布在了 rGO 骨架中，此结构具有高度柔韧性，在锂金属沉积/剥离过程中体积改变较小，能够保证无枝晶的锂沉积形态，在匹配钴酸锂电极时，具有明显更高的倍率性能（10C 下容量约 70mA·h/g，同样倍率下使用锂金属片负极对应的容量约为 5mA·h/g）。采用硅（Si）涂覆的静电纺丝三维碳材料骨架能够使其具有优异的亲锂效果，采用此涂层结构能够使熔融锂金属自行吸附进三维骨架中，有效降低电极体积改变和提高表面积，降低电流密度。氨基具有亲锂效应，能够促进锂金属形核，表面附有大量氨基基团的介孔碳纳米纤维的三维骨架表现出明显的亲锂效果，锂金属与碳基体上官能团之间的强相互作用有利于锂在孔隙或孔洞中均匀沉积和优先形核，从而在循环过程中产生可逆的、“自平滑”的锂沉积。

通过在泡沫镍基体上生长纳米碳球颗粒的 3D 导电骨架——碳改性泡沫镍（CMN），是一种良好的锂金属宿主材料。球形碳（C）由高度石墨化的碳层组成，这些碳层排列成一个洋葱状结构，中间有纳米空隙，锂金属沉积时将优先形成 LiC 组分，然后进一步在纳米空腔内沉积。球形 C 的曲面使石墨 C 原子的离域 π 电子部分定域化，使球面表面负电性增强，同时沉积的锂金属向 C 原子的电子偏移使 C 原子负电性进一步增强，这将增加球形碳表面与锂离子的结合力，并提高电解液对球形碳的润湿性，产生均匀的锂离子流。锂金属在球形碳骨架中均匀稳定地沉积，采用CMN负极结构的Li‖$LiFePO_4$电池在5%过量锂的条件下稳定循环超过了1000次。

锂金属在其他金属表面形核一般都需要一个形核过电位（如铜箔表面），但是在对锂金属具有一定溶解性的材料表面不需要这个过程（Au、Ag、Zn以及Mg）。因此，采用内部含有Au位点的超微中空碳球作为锂金属的宿主材料能够使锂金属自发均匀沉积。其中，金位点仅在纳米碳球内促进Li沉积，而碳壳作为锂金属宿主能够有效抑制锂枝晶的出现。即使在$LiPF_6$基碳酸酯类电解液中，Li‖Cu电池的库仑效率也可以达到98%以上（稳定循环超过300次）[214]。

4.5.5.3 锂金属负极合金化

锂与一些金属元素合金化能够有效提高锂金属负极的稳定性。其中，锂金属提供电池的可逆容量，合金元素则产生一个三维骨架使锂离子均匀地沉积和抑制锂枝晶的生长。采用熔融法直接形成Li-Ca双相合金，能够有效抑制锂枝晶的生长和提高电池的电化学性能。不同于其他合金，Li-Ca合金包含Li金属相与$CaLi_2$相，$CaLi_2$合金相本身能够形成三维结构，脱锂过程中$CaLi_2$将进一步脱锂形成Ca金属骨架。研究发现，Li、Ca元素比例处于1∶10时能够产生均匀规则的$CaLi_2$多孔骨架。采用Ca-Li（1∶10）的合金负极可使其锂对称电池在$10mA/cm^2$、$1mA\cdot h/cm^2$的电流条件下循环超过2000h，形成平坦致密的锂沉积层，而未修饰的锂对称电池仅能够稳定循环100h，锂沉积形貌为粗糙多苔藓状的锂枝晶［在1mol/L LiTFSI/DME-DOL（1∶1）+2% $LiNO_3$电解液中］。

采用多次折叠和辊压的方法可使C/Sn组分分散到锂金属内部形成LiC、Li_2C_2和Li_7Sn_2等合金组分，经过合金化处理后的锂金属电极能够明显诱导锂金属形成均匀致密的沉积层，其对称锂金属电池在$2mA/cm^2$、$1mA\cdot h/cm^2$的电流和沉积容量条件下稳定循环超过了1200h，远高于纯Li对称电池的300h。由于部分合金离子具有优异的亲锂效果，在锂金属表面生成合金层能够有效促使锂金属均匀形核，如采用Li-Sn、Li-Al、$Li_{13}In_3$、Li_3Bi、Li_3As、Li-Zn合金表面层。通过物理压制方法将Al箔装载到锂金属表面，随后用电化学处理方法形成LiAl合金的处理方法，最后产生约160nm厚的合金层；该合金层的亲锂效应使锂金属在其合金位点均匀形核，同时合金层作为缓冲层能够有效缓解锂沉积/剥离过程中大的体积改变。通过LiAl合金层修饰的锂金属对称电池在$0.2mA/cm^2$、$0.2mA\cdot h/cm^2$的电流条件和容量条件下稳定循环超过了6000h，明显高于未经修饰的2000h。

4.6 锂金属电池存在的问题与解决方法

Li金属电池的循环CE高度依赖于沉积Li的形貌，而SEI膜的组成成分对Li金属的沉积形貌具有决定性影响。SEI是Li表面的层状结构，通常在Li金属表面附近的SEI膜具有更简单的组成——更多无机盐，在接近电解质界面处常会有更多的有机组分。添加剂/杂质通常是电解质中活性最高的组分，因此它们常在其他SEI组分之前被还原。所以即使是百万分之一的含量，如H_2O、O_2和CO_2，也能彻底改变SEI的结构和组分。活性溶剂主要是易被还原的溶剂（酯类和碳酸酯），而在使用对锂金属更稳定的溶剂（醚类）时阴离子反应对SEI的影响更大。电解液盐浓度对电解质的CE有重要影响，但这受到所用溶剂和Li盐种类的影响，在适当情况下采用高浓度电解液能够有效提高电池的稳定性和CE。用离子液

(ILs) 取代非质子溶剂可以减少但不能完全阻止锂枝晶的形成。ILs (和无机填料) 也可以添加到 SPEs 中，以改善其 Li 沉积/剥离特性，降低枝晶形成的倾向。由聚苯乙烯和聚 (环氧乙烷) 组成的嵌段共聚物电解质已被广泛地研究，以阻止枝晶通过这些刚性电解质生长。虽然这些确实阻碍了电池枝晶的渗透，但它们最终并不能阻止电池枝晶造成的短路。固体无机 (晶体或玻璃态) 隔膜也是如此。

锂与电解液组分的反应生成 SEI，这导致锂金属沉积形貌与其他金属有显著差异。Li 倾向于形成弯曲的针状 (一维生长) 和/或结节状 (三维生长)，而不是树状的枝晶。针状晶的分支和/或针状/结节状的聚集导致更复杂的结构，通常也被称为树枝晶。镀锂的基体是控制 Li 沉积特性的重要因素。Li 与电解质组分 (包括杂质) 的反应导致形成有机、无机 (盐) 和金属氧化物的表面膜 (SEI 膜)，这将影响 (可能主导) 离子向沉积表面的迁移和反应。基体表面粗糙度 (凹坑、脊线等) 也会显著影响锂的沉积位置和沉积方式。反应条件 (脉冲沉积、沉积电荷量、沉积/剥离电流密度) 以及锂沉积后的老化 (搁置) 时间，不仅影响 Li 的沉积形态，也可能使“死”Li (与集流体失去电气连接的部分锂孤岛) 在连续的电化学/化学副反应中不断积累——其程度通常取决于电解质种类及其与锂金属的接触面积和接触时间，这将在多次循环后产生高阻抗的界面层 (苔藓层)。此界面层通常限制了 Li 金属电池的容量和使用寿命 (不是因为 Li 枝晶短路)。在高温下沉积有利于锂沉积层的三维生长，而在低温下沉积往往导致一维生长。堆叠压力的应用通常导致更加紧实均匀的锂沉积形貌以及更加优异的沉积/剥离性能。堆叠压力的应用提高了沉积锂的紧实度。一方面，更加紧密的沉积锂降低了沉积锂的比表面积，从而降低锂金属与电解液间副反应的发生。另一方面，更加紧密的沉积有利于提高沉积锂内部的电接触，从而降低“死”锂的产生。此外，更高的堆叠压力能够使隔膜更加紧密地贴合锂金属表面，不均匀的锂沉积 (锂凸起) 将局部压迫隔膜，隔膜被压迫的部分将具有更低的离子电导率，从而抑制锂金属进一步沉积到该凸起处；而隔膜没有受到压迫的地方电导率则不受影响，此时锂金属将倾向于沉积到没有锂凸起的地方 (凹陷处)，从而促使形成均匀的锂沉积形貌。

习　题

1. 锂金属作为负极材料的优势是什么？
2. 什么是锂金属电池？
3. 锂金属电池分几类？
4. 锂枝晶产生的原因是什么？
5. 锂枝晶产生的机制有哪些？
6. 锂枝晶的表征方式有哪些？
7. 传统锂枝晶表征方式的缺陷是什么？
8. 冷冻电镜技术表征锂枝晶的优点有哪些？
9. 抑制锂枝晶的途径有哪些？
10. 简述利用电解液化学技术抑制锂枝晶生长。
11. 简述利用固体电解质技术抑制锂枝晶生长。
12. 简述利用负极表面修饰技术抑制锂枝晶生长。
13. 简述锂金属电池未来的发展趋势。

第5章 液流电池

5.1 液流电池概述

液流电池是由 Thaller(NASA Lewis Research Center，Cleveland，美国）于1974年提出的一种电化学储能技术，其放电过程主要借助储存在电解液中的两个具有不同电化学电势的氧化还原对在电极表面发生氧化还原反应实现[215,216]。表5-1总结对比了几种高效化学储能技术的特性[217]。液流电池以其成本低，规模大，功率和容量独立且可设计，寿命长，电解液储存于储罐中不会发生自放电，安全性高、维护费用低等特征，已经获得了世界范围内的广泛关注。同时液流电池也存在一些问题，如单液流电池单元能量密度较低、充放电库伦效率不太理想等。但是，随着液流电池相关技术的持续发展，将液流电池储能技术整合进入智能供电网是可以期待的。

表5-1 几种高效化学储能技术的特性[217]

种类	典型能量密度/MW	放电时间/h	储能价格/[美元/(kW·h)]	使用寿命(循环次数/使用年限)	库伦效率/%	缺点
电容器	0.25	<1min	500～3000	500000次/20年	>90	能量密度低
氢燃料电池	10	>5		—/13年	40～50	安全性低、成本高、能量密度低
锂离子电池		1～5	400～600	750～3000次/6～8年	80～90	成本高、使用寿命短、具有自放电现象、温度敏感
铅酸蓄电池	0.5～20	3～5	65～120	1000～1200次/3～4年	70～80	能量密度低、寿命低、温度敏感
液流电池	0.5～12	10	150～2500	500～2000次/10年	70	能量密度低
钠硫电池	0.25～1	6～8	360～500	2500～4500次/6～12年	87	成本高、工作温度高、安全性低

5.2 液流电池的基本构造

液流电池的基本结构如图 5-1 所示，它包括电堆（包括正负多孔电极和离子选择性隔膜，其中隔膜将阴、阳极电解液隔开）、电解液储罐、泵以及电解液输送管路等部件[218]。其中，正极与负极的电解液储罐中分别储存有具有一定电化学势差值的两种具有氧化还原活性的离子(如在钒流电池中，正极电解液储罐中含有 V^{5+}，而负极电解液储罐中含有 V^{2+})[219]。液流电池工作过程中，在泵的推动下，电解液储罐中的电解液向电堆中移动并返回相应的储罐。通过泵，电解液在电堆和储罐之间循环。电解液通过电堆中的多孔电极时，在电极上发生电化学反应（如在钒流电池中，正极多孔电极表面发生还原反应 $V^{5+}+e^{-}\longrightarrow V^{4+}$，而负极多孔电极表面发生氧化反应 $V^{2+}-e^{-}\longrightarrow V^{3+}$，同时反应产生的 H^{+} 以及其他支持电解质离子通过离子选择性隔膜在电堆中的电解液中传输，最终正极电解液储罐中含有 V^{5+}/V^{4+} 氧化还原对，而负极电解液储罐中含有 V^{3+}/V^{2+} 氧化还原对)，反应产生的电子通过外接电路负载传递，而电堆内部则通过电解液中的离子依靠离子选择性隔膜扩散实现内部电荷平衡。液流电池输出的理论开路电压的值为发生在正极与负极多孔电极表面的氧化还原对标准能斯特电势之间的差值。在正负极多孔电极接通外部电源时，正极电解液储罐中的低价电活性离子被氧化为高价，而负极电极液储罐中的高价电化学离子被还原成低价，从而实现电池的充电过程。

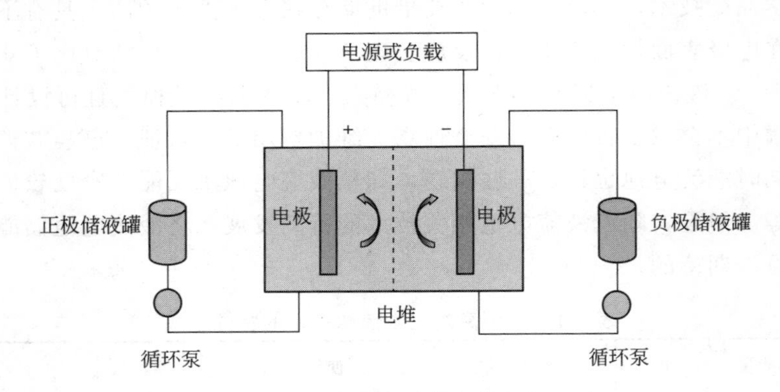

图 5-1 液流电池的基本结构

5.3 无机电化学反应对液流电池

按照氧化还原对的种类，可以将液流电池分为无机电化学反应对液流电池和有机电化学反应对液流电池，同时可以将无机电化学反应对液流电池进一步分为无机电化学反应对双液流电池和无机电化学反应对单沉积型液流电池[218,220-222]。本节主要介绍无机电化学反应对液流电池。

5.3.1 无机电化学反应对双液流电池

Thaller 提出的液流电池技术即为基于无机电化学反应对的双液流电池。在该类液流电池中，无机电化学反应对均溶解在电解液中，也称为液-液型液流电池。该类液流电池的特点是正、负极活性物质均溶解在电解液中，正、负极电化学反应均发生在电解液中，反应过程中无相转化过程。鉴于单液流电池单元理论开路电压为发生在正负多孔电极表面氧化还原对之间的电势差，故选择合适的氧化还原对是提高液流电池输出功率与能量密度的关键。表 5-2总结了部分具有代表性的双液流电池系统的特性。

表 5-2　几种具有代表性的双液流电池系统的特性[217]

氧化还原体系	电解液组成	充电电极反应	开路电压/V	电池特性
铁铬体系	负极：$CrCl_3$ 溶液 正极：$FeCl_2$ 溶液 支持电解质：HCl	负极：$Cr^{3+} \longrightarrow Cr^{2+} - e^-$ 正极：$Fe^{2+} \longrightarrow Fe^{3+} + e^-$	1.18	负极反应活性较低，负极反应可逆性差
铁钛体系	负极：$TiCl_3$ 溶液 正极：$FeCl_2$ 溶液 支持电解质：HCl	负极：$Cr^{4+} \longrightarrow Cr^{3+} - e^-$ 正极：$Fe^{2+} \longrightarrow Fe^{3+} + e^-$	1.19	Ti^{3+}沉积，负极反应可逆性差
全钒体系	正负极电解液均为含钒溶液 支持电解质：H_2SO_4	负极：$V^{3+} \longrightarrow V^{2+} - e^-$ 正极：$VO^{2+} + H_2O \longrightarrow VO_2^+ + 2H^+ + e^-$	1.26	正极活性取值的溶解度较低，工作温度范围窄，V^{5+}析出
钒溴体系	正负极电解液均为 $VBr_3 + HBr$ 溶液 支持电解质：HCl	负极：$V^{3+} \longrightarrow V^{2+} - e^-$ 正极：$3Br^- \longrightarrow Br_3^- + 2e^-$	1.40	正负极活性物质交叉污染，溴具有毒性
多硫化钠溴体系	正极：Na_2S_x 溶液 负极：NaBr 溶液	负极：$(x+1)S_x^{2-} \longrightarrow xS_x^{2-} - 2e^-$ 正极：$3Br^- \longrightarrow Br_3{}^- + 2e^-$	1.54	负极反应可逆性差，硫单质析出，溴具有毒性，正负极活性物质交叉污染
钒镉体系	正极：Cd^{3+}溶液 负极：V^{3+}溶液 支持电解质：H_2SO_4	负极：$V^{3+} \longrightarrow V^{2+} - e^-$ 正极：$Cd^{3+} \longrightarrow Cd^{4+} + e^-$	1.85	正负极反应可逆性差，正极有析氧副反应发生，正负极活性物质交叉污染，镉毒性高
铁钒体系	正负极电解液均为 $Fe^{2+} + V^{3+}$ 溶液 支持电解质：HCl	负极：$V^{3+} \longrightarrow V^{2+} - e^-$ 正极：$Fe^{2+} \longrightarrow Fe^{3+} + e^-$	1.02	单电池的输出电压较低

在众多的无机电化学反应对双液流电池体系中，全钒体系的液流电池是目前技术成熟度最高、最接近商业化的技术，并且由于正负极电解液中的活性物质均为含钒溶液，因此可以避免电解液交叉污染的问题（图 5-2）[218]。放电时，在正极多孔电极表面发生 VO_2^+ 的还原

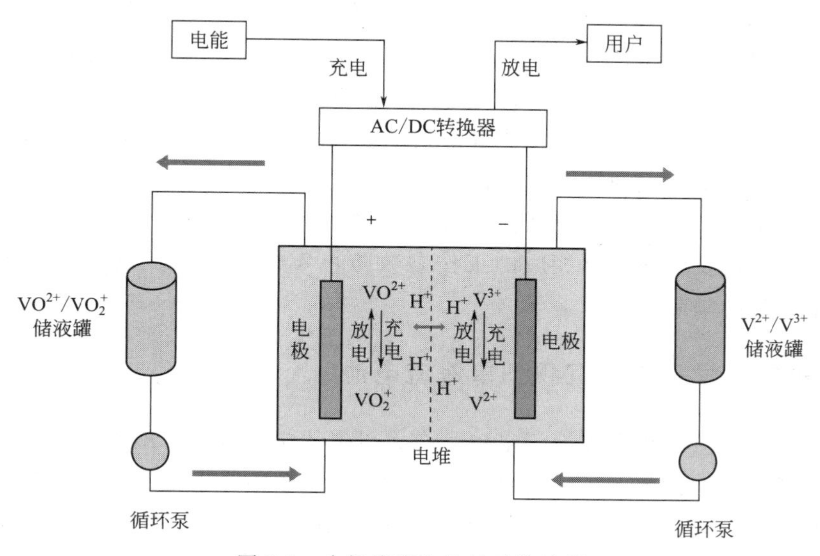

图 5-2　全钒液流电池的工作过程

反应，而在负极多孔电极表面发生 V^{2+} 的氧化反应，整个液流电池理论开路电位即为以上两反应之间的标准能斯特电势差值，约为 1.25V。其电极反应如下：

正极：$VO_2^+ + 2H^+ + e^- \longleftrightarrow VO^{2+} + H_2O$　　$\varphi^{\ominus} = 1.00V$

负极：$V^{2+} - e^- \longleftrightarrow V^{3+}$　　$\varphi^{\ominus} = -0.25V$

全反应：$VO_2^+ + 2H^+ + V^{2+} \longleftrightarrow VO^{2+} + H_2O + V^{3+}$　　$E^{\ominus} = 1.25V$

但是①从氧化钒-氢离子（VO_x-H^+）相图可知，钒离子在水溶液中存在的形态以及溶解性受 pH 值的影响很大，特别是 V^{5+} 在水溶液中溶解度较低，故限制了全钒液流电池的能量密度[223]；②同时 V^{5+} 在水中的溶解度与温度呈现负相关关系。研究证明，室温条件下 V^{5+} 在硫酸中的浓度可达 5mol/L，但是当温度升到 50℃时，V^{5+} 的溶解浓度极限下降到了 2mol/L[217]。这种 V^{5+} 在高温下较低的溶解度限制了全钒液流电池的工作温度（一般为 10～40℃）。目前的研究证明改变电解液的成分是提高钒流电池工作温度范围的一条有效途径。例如，Li 等通过使用硫酸-盐酸复合电解液体系，不仅提升了 V^{5+} 在电解液中的浓度，同时也将电解液的工作温度范围扩展为 −5～50℃[224]。密度泛函计算（DFT）与 ^{51}V 和 ^{35}Cl 核磁共振谱（NMR）证明，当 V^{5+} 的浓度大于 1.75mol/L 时，V^{5+} 主要呈现一种水合双核钒氧氯离子结构，该种离子可以极大地抑制 V^{5+} 的水解而产生 V_2O_5，从而提升全钒流电池的性能。

多硫化钠溴体系是一种具有较高开路电位（1.54V）的液流电池电化学氧化还原对。同时，电化学反应过程中 NaBr/Br_2 氧化还原电对充放电反应存在 2mol 电子转变，这使得基于该体系的液流电池具有较高的功率密度输出[225]。但是，由于多硫化物具有较高的穿梭效应，从而使得正负电解液之间容易出现交叉污染；且由于多硫化物的穿梭效应使得负极反应 $2Na^+ + xNa_2S_{x+1} + 2e^- \underset{放电}{\overset{充电}{\rightleftharpoons}} (x+1)Na_2S_x\ (x=2\sim4)$ 的可逆性不太理想，从而导致多硫化钠溴体系液流电池的库伦效率较低。Zhao 等对比了多孔泡沫镍和多孔碳作为负极多孔电极时的多硫化钠溴钠硫电池的库伦效率[226]。实验结果证明，在 40mA/cm^2 的电流密度下，多孔泡沫镍具有较高的库伦效率（77%）。

铁钒体系双液流电池是一种最新提出的双液流电池体系，其电解液使用 Fe^{3+}/Fe^{2+} 和 V^{3+}/V^{2+} 分别作为正负电化学氧化还原对[227]。该电池体系采用正负电解液互混的方式从而避免了正负极活性物质的交叉污染，同时由于相应的正负电化学氧化还原对在电解液中的溶解度较高且溶解度不受温度干扰，使得铁钒体系双液流电池具有优良的工作温度范围。但是该液流电池也存在着一定的缺点：①正负电化学氧化还原对理论能斯特电势差值较小决定了该单液流电池单元的开路电压较低；②由于 V 离子可以具有 +4、+5 化合价态，因此在电池工作的过程中需要严格控制相应的工作参数防止 V^{3+} 被进一步氧化，这给该电池的实际使用带来了一定的限制。

5.3.2 无机电化学反应对沉积型单液流电池

无机电化学反应对沉积型单液流电池是在无机电化学反应对双液流电池的基础上发展而来的一种新型液流电池技术。无机电化学反应对沉积型单液流电池在充放电过程中，至少有一个氧化还原电对的充/放电产物会沉积在（或原本在）电极上。根据电化学沉积反应的数目，沉积型单液流电池又分为单沉积型单液流电池和双沉积型单液流电池。

(1) 单沉积型单液流电池

在单沉积型单液流电池的充放电过程中，在外界电解液液流的流动下，发生在正负两多孔电极表面上的氧化还原反应中，有一个氧化还原反应为固相沉积反应。为了获得较高的正负两极能斯特电势差以及构建单液流电池方便，通常将负极反应设计成在纯金属多孔电极表面发生的溶解电镀反应（固相沉积反应）。表 5-3 总结了几种技术较为成熟的单沉积型单液流电池体系。基于金属锌较为活泼而氧化还原电位较低、在水溶液中稳定、成本低以及毒性低等的特性，使用金属锌作为负极是现今研究较多的一种单沉积型单液流电池体系。

表 5-3　几种技术较为成熟的单沉积型单液流电池体系[228]

氧化还原体系	电解液组成	放电过程电极反应	开路电压/V
锌卤素体系（溴元素为例）	负极：5.0mol/L $ZnBr_2$ 溶液 正极：5.0mol/L $ZnBr_2$ 溶液	负极：$Zn \longrightarrow Zn^{2+}+2e^-$ 正极：$Br_3^-+2e^- \longrightarrow 3Br^-$	1.67
锌铈体系	负极：1.5mol/L $Zn(CH_3SO_3)_2+CH_3SO_3H$ 溶液 正极：0.8mol/L $Ce(CH_3SO_3)_3+CH_3SO_3H$ 溶液	负极：$Zn \longrightarrow Zn^{2+}+2e^-$ 正极：$Ce^{4+}+e^- \longrightarrow Ce^{3+}$	2.3
锌铁体系	负极：ZnO 在 5mol/L NaOH 溶液中 正极：$K_4Fe(CN)_6$ 在 5mol/L NaOH 溶液中	负极：$Zn \longrightarrow Zn^{2+}+2e^-$ 正极：$Fe(CN)_6^{4-}+e^- \longrightarrow Fe(CN)_6^{3-}$	1.8
锌镍体系	正极：NiOOH+1mol/L ZnO 在 10mol/L KOH 溶液中 负极：1mol/L ZnO 在 10mol/L KOH 溶液中	负极：$Zn \longrightarrow Zn^{2+}+2e^-$ 正极：$2NiOOH+2H_2O+2e^- \longrightarrow 2Ni(OH)_2+2OH^-$	1.6
铅铜体系	正极：$PbSO_4/PbO_2+CuSO_4$ 溶液 负极：$CuSO_4$ 溶液	负极：$Cu \longrightarrow Cu^{2+}+2e^-$ 正极：$PbO_2+4H^++SO_4^{2-}+2e^- \longrightarrow PbSO_4+2H_2O$	1.29
醌镉体系	正极：四氯对醌与碳纳米管复合物+Cd^{2+}溶液 负极：Cd^{2+}溶液	负极：$Cd \longrightarrow Cd^{2+}+2e^-$ 正极：$QCl_4+2H^++2e^- \longrightarrow QH_2Cl_4$	1.1

近年来发展起来的金属-空气电池可以视作一种单沉积型单液流电池。在金属-空气电池中，金属负极（如锂、钠、铝等）发生氧化反应而失去电子，同时将具有氧化特性的气体（如 O_2 和 CO_2）溶解在一定的电解液中输送到正极多孔电极表面使其被还原，从而向外部负载提供稳定的能量与功率输出[218,229]。

(2) 双沉积型单液流电池

双沉积型单液流电池是指在液流电池工作（充放电）过程中，正负多孔电极的表面均有固相产物的沉积。同时，“单液流”电解质意味着该电池在实际工作的过程中，不需要使用离子选择性隔膜。到目前为止，正负极均使用含铅电化学活性物质作为电化学氧化还原对是技术较为成熟的双沉积型单液流电池，相应的电池可被命名为“全铅沉积型单液流电池”[218]。该电池技术主要是 D. Pletcher 等率先提出相应的理论模型并进行实验验证的双沉积型单液流电池体系[230,231]。

在该电池体系中，其工作电解质为甲基磺酸铅［$(CH_3SO_3)_2Pb$］水溶液，惰性多孔金属（如泡沫镍）作为导电集流基底。其工作原理为：充电时正极集流体表面发生金属铅沉积反应，而负极集流体表面发生二氧化铅（PbO_2）沉积；放电时，两电极之间，金属铅和二氧化铅发生归中反应生成 Pb^{2+} 回到溶液（图 5-3）。由于负极反应速率较快且与氢离子浓度无关，而 Pb^{2+}/PbO_2 反应速率较慢，因此正极反应速率是整个电池工作的控制步骤。实验结果证明，充电过程中，不同电流密度下生成的 PbO_2 具有不同的形貌，且该形貌也受到电池工作温度的影响，这给该电池的稳定工作带来一定的不利影响。同时由于充电过程中可能会有金属铅枝晶的生长而造成短路，因此正负两极之间的距离需要得到优化并严格控制。该电池的放电电极反应为：

正极： $$PbO_2 + 4H^+ \longrightarrow Pb^{2+} + H_2O - 2e^-$$

负极： $$Pb \longrightarrow Pb^{2+} + 2e^-$$

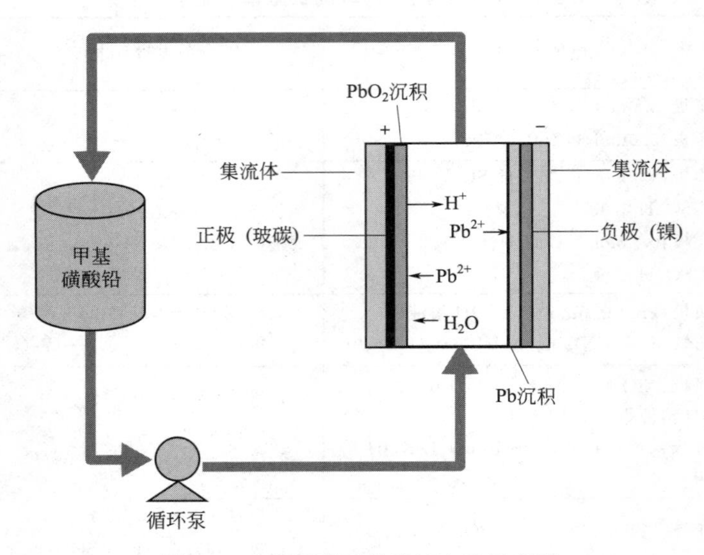

图 5-3　全铅沉积型单液流电池示意图

5.4　无机氧化还原对液流电池电解液

从液流电池的工作原理可知，电解液是液流电池中一个重要的组成部分。良好的电解液应该包含以下特点：①具有较高的正负极电化学活性物质溶解度和离子扩散能力（包括电活性物质与支持电解质离子）；②对于多孔电极和隔膜具有较好的浸润作用；③在液流电池的工作电压范围内不发生除正负极电化学活性物质以外的化学反应，且能有效地抑制副反应的发生；④工作温度范围较宽，满足液流电池在不同的温度条件下正常稳定工作；⑤电解液在储存过程中，不会发生沉淀、腐蚀储液罐等消耗氧化还原活性物质或者造成工作仪器损坏的现象；⑥电解液的相应组分成本较为低廉，尽量对环境不存在污染；⑦对于有机电解质溶剂，其挥发性以及可燃性应该被严格控制；⑧针对不同氧化还原体系的其他具体或特殊的特点要求。

无机氧化还原对液流电池一般以水作为工作溶剂介质。在众多的水系液流电池中，由于全钒水系液流电池的相关研究较为深入且相应的氧化还原机理研究较为清楚[232,233]，因此在本小节以该电池体系作为典型代表介绍。

在全钒液流电池中，氧化还原对中的钒离子包括五价钒离子 V(Ⅴ)、四价钒离子

V(Ⅳ)、三价钒离子 V(Ⅲ) 和二价钒离子 V(Ⅱ)。钒离子在电解液中具有较高的溶解度且在储存以及工作过程中不发生沉淀现象是保证该液流电池体系能正常工作的第一要求重点。在实际生产过程中，一般使用商品化的 V_2O_5 固体粉末作为起始原料制备全钒液流电池的正负极电解液。

研究表明，以硫酸（2～3mol/L 硫酸）为支持电解质，可以有效地提升 V(Ⅴ)、V(Ⅳ)、V(Ⅲ)和 V(Ⅱ) 在水溶液中的溶解度；同时这四种钒离子的溶解度均存在一定的温度相关特性，其中 V(Ⅴ) 受温度影响最大。研究证明，室温条件下 V^{5+} 在硫酸中的浓度可达 5mol/L，但是当温度升到 50℃时，V^{5+} 的溶解浓度极限下降到了 2mol/L。高温下较低的 V(Ⅴ) 浓度限制了液流电池的储能密度以及放电时的功率密度。同时，V(Ⅴ) 在电解液储存的过程中也表现出一定的不稳定性而生成 V_2O_5 发生沉淀现象（$2VO_2^+ + H_2O \longleftrightarrow V_2O_5 + 2H^+$），该反应一般发生于温度 40℃以上。沉淀的产生降低了电解质中电化学活性物质的浓度，进而降低了储能与功率特性，严重时还会堵塞管路而使整个液流电池瘫痪。该沉淀反应随着温度的升高而增加，但随着 H^+ 浓度的提高而降低，故在一定程度上提高硫酸的浓度可以增加 V(Ⅴ)/V(Ⅳ) 反应对的稳定性。例如，当硫酸的浓度为 7～8mol/L 时，VO_2^+ 的浓度可达 5mol/L。在另一方面，V(Ⅳ)、V(Ⅲ) 和 V(Ⅱ) 在水溶液中的溶解度与硫酸浓度呈现负相关特性而与温度呈现正相关特性，在温度低于 15℃时，负极钒离子盐溶液转变成饱和溶液，V(Ⅲ) 和 V(Ⅱ) 易以固体盐晶体的形式析出，故在全钒液流电池中，为了同时兼顾各种钒离子的溶解度与稳定性，一般将钒离子的浓度设定在 1.6～2mol/L 的范围内，而将硫酸根的浓度设定在 4～5mol/L 的范围内[233]。另外，通过在正极电解液中添加阻碍沉积的添加剂（precipitation inhibitors）也可以在一定程度上缓解 V_2O_5 的沉积现象。添加剂的作用主要是通过阻碍 V_2O_5 的形核或沉积形成的 V_2O_5 微晶之间相互团聚而减缓 V_2O_5 的沉积过程。一般来说，添加剂主要包含促进分散性物质（dispersion agents，通过降低生成的 V_2O_5 微晶与水之间的表面张力来防止微晶之间的相互吸引、团聚而长大，从而防止产生 V_2O_5 的沉积）、络合剂（complexing agents，添加到水中，通过与钒离子形成可溶性络合物来防止 V_2O_5 形核，从而防止 V_2O_5 的沉积）和促溶剂（threshold agents，添加到水溶液中，通过提升钒离子在水溶液中的溶解度来防止 V_2O_5 的沉积）。

稳定性添加剂（stabilizing agents）是另一类化合物，添加到电解液中起到稳定钒离子氧化还原对的作用。该添加剂主要是为了改善全钒水系液流电池中钒离子的稳定性，有效地防止 V_2O_5 的沉积与其他价态的钒离子在低温析出，进而拓宽电池的工作温度范围[233]。通过大量的实验研究，科学家们总结了可以作为钒离子负极电解液稳定剂的一些特征：①非离子表面活性剂；②具有羟基（—OH）、氨基（$—NH_2$）和巯基（—SH）官能团的直链状或杂环小分子化合物；③无机多聚磷酸、有机磷酸和有机多聚磷酸；④铵类化合物；⑤磷酸酯和磷酸化合物；⑥单糖和多聚糖碳水化合物；⑦氨基羧酸；⑧羰基酸。在低温状态下，这些电解液稳定剂主要通过吸附在过饱和负极电解液中析出的晶核表面来阻止晶核的长大及V(Ⅲ)和 V(Ⅱ) 盐的析出，进而拓宽负极电解液的低温工作范围。但是相关研究也进一步表明，以上物质（特别是有机稳定添加剂）在正极电解液中往往起到负面的作用。这主要是因为添加剂具有一定的还原特性，从而使得 V^{5+} 被还原。

对于正极电解液，添加稳定性添加剂的作用主要是降低五价钒离子 V(Ⅴ) 沉淀生成 V_2O_5 的速率，进而提升正极电解液的储存能力以及在较高温度下的正常工作能力。在正极电解液中，主要使用一些无机盐类。研究表明，六偏磷酸钠盐可以有效地阻碍五价钒离子 V(Ⅴ)在较高温度（50℃）下生成 V_2O_5 的沉积速率[234]。研究进一步表明，这种磷酸主要是通过①与五价钒离子 VO_2^+ 形成可溶性的络合物，如 $(VO_2)_3PO_4$；②阴离子吸附在沉淀离子表面来阻碍 V_2O_5 沉淀相的产生；③阴离子在已经形成的 V_2O_5 晶核表面吸附，从而干扰 V_2O_5 晶核的长大[235]。

最后，在使用商品化 V_2O_5 固体粉末制备电解液的过程中，V_2O_5 原料中存在一定的金属氧化物杂质，如 NiO、CuO、Fe_2O_3、ZnO 等。在溶解 V_2O_5 的过程中，这些金属氧化物也被溶解为相应的金属离子而进入到电解液中。在充放电过程中，需要特别注意这些金属离子在电极表面的氧化还原反应过程中的金属沉积现象，以及在溶解金属过程中产生的氢气。氢气的产生会给液流电池的使用带来一定的安全性问题[233]。

5.5 水系电解液液流电池隔膜

在双液流电池中，隔膜是一个重要的组成部分，其特性直接影响到电池整体的性能参数。隔膜通常为绝缘离子交换膜或者介孔膜，其主要作用是将正负极电解液隔开，在防止正负电解液相互交叉污染的前提下，当电池处于充放电状态时，通过传导离子（外接电路传递电子）来使正负电极之间构成闭合回路。因此，隔膜应具有以下特点：①良好的机械强度、抗溶解性、抗老化与腐蚀性和热稳定性，电解液在隔膜表面浸润性高；②电子传导绝缘而质子传导性高，在某一些情况下隔膜应具有离子选择透过性；③隔膜中水分子迁移率适当，以防止正负极之间发生水（水系电解液液流电池）或有机溶剂（有机电解液液流电池）不平衡的现象；④制备工艺相对简单而膜材料成本相对较为低廉，从而适合商业化推广。

在水系电解液液流电池中，由于正负电解液之间一般通过质子（或者其他传荷离子）在正负极之间穿梭来实现电堆内部的离子导电，因此对隔膜的要求是具有较高的离子传导性和较低的水分子迁移率，即为离子交换膜。同时，当正负电解液为不同的电活性物质时（如铁铬体系），避免正负电解液之间的交叉污染是一个必须要考虑的方面，故要求隔膜具有选择透过性，在保证较高的质子传导性前提下需尽可能使得电活性物质离子不能穿过电池隔膜。考虑到全钒液流电池相关研究技术较为成熟，故在本节中以相关的隔膜技术介绍作为切入点，探讨水系电解液液流电池隔膜的一些特点。

在全钒液流电池中，离子交换膜的主要作用是选择透过水合氢离子而阻隔钒离子的透过[236]。全钒液流电池使用的离子交换隔膜主要有部分氟化离子交换膜、全氟离子交换膜、无氟离子交换膜和介孔膜等。到目前为止，Nafion 系列膜是在全钒液流电池中应用最多的一种离子选择性隔膜体系，其主要是一种四氟乙烯与全氟-2-(磺酸乙氧基）丙基乙烯基醚的共聚物。Nafion 系列膜具有较高的化学稳定性和离子导电性。但是①由于磺酸基团的存在，Nafion 薄膜具有很强的渗水性，聚合物中的每一个磺酸基团最多都可以同 13 个水分子相结合，使得 Nafion 薄膜的吸水重量可高达 22%，且具有较大的水分子迁移特性，从而对正负电解液之间的水平衡造成一定的不利影响；②Nafion 薄膜对钒离子具有一定的渗透性；③Nafion 薄膜制备成本较高，进而限定了该薄膜商业化应用范围。为了进一步促进全钒液流电池的使用，目前的研究主要集中在三个方面：①Nafion 薄膜的改性；②部分含氟或部分氟化离子交换膜的开发；③新型聚合物基隔膜材料的合成。

5.6　液流电池展望

液流电池以其成本低、规模大、功率和容量独立且可设计、寿命长、安全性高、维护费用低等特征，作为一种潜在的大型的智能绿色电网的储能设施，已经获得了世界范围内的广泛关注与研究。

作为研究最为成熟的液流电池技术，全钒液流电池的相关研究获得了较大的进步，是目前最为接近市场化的一种液流电池技术。全钒液流电池研究的先驱机构——澳大利亚南威尔士大学的 Skyllas-Kazacos 研究小组，从 1984 年开始相关技术的开发与研究，并于 1991 年开发出了 1kW 的全钒液流电池技术。同时，作为世界上着力于再生能源开发与储能技术研究的国家，日本也在相应的液流电池技术开发上投入了大量的资金，并成功开发出了多种不同能量密度与规模的液流电池储能系统。例如，1985 年，日本住友电工与关西电力有限公司开始合作开发液流电池技术，并成功开发了 24 个 20kW 的电池组。2000 年左右，住友电工开发的液流电池技术即作为办公楼、半导体加工工厂、高尔夫球场以及大学校园的储能系统而使用。近年来，在北海道，4MW/6MW・h 的全钒液流电池系统与 30MW 的风电场成功实现了并网的调试与调峰。日本电工实验室同日本 Kashima-Kita 电力公司合作，也在全钒液流电池技术开发方面取得了突破。

其他国家对液流电池技术的研究也较为深入。例如，加拿大的 VRB Power Systems 公司在全钒液流储能电池系统的商业化开发方面也做了大量卓有成效的工作。2003 年，VRB Power Systems 公司在澳大利亚的 King 岛上建立了风能-柴油机发电-全钒储能电池一体化的发电储能系统，为该小岛的部分居民提供稳定电力供应；该系统的容量为 800kW・h，输出功率为 200kW。

20 世纪 80 年代末，在我国，北京大学与中国矿业大学率先开始液流电池储能系统的研究与开发工作。中国工程物理研究院电子工程研究所在全钒液流电池的多孔电极、钒离子与添加剂的复合作用等方面进行了相关的研究。攀枝花钢铁研究院与中南大学合作，在全钒液流电池电极材料的开发、钒离子电解液的稳定性等方面进行了探索，以期建立相关的全钒液流电池系统。目前，国内对全钒液流电池研究较为深入的单位是中国科学院大连化学物理研究所。其在全钒液流电池系统的材料选择、电解液成分、电堆与外系统设计、密封与组装技术、测试方法、循环操作等方面均进行了系统的研究，获得了大量实践经验，在国内率先研制成功 10kW 电池模块和 100kW 级全钒液流电池系统。但是相较于国外，我国在液流电池相关技术方面的开发与实际应用还存在一定的差距，需要进一步努力。

习　题

1. 液流电池的结构包括哪些组件？其作用是什么？
2. 无机反应对双液流电池有什么特点？
3. 如何区别单沉积型单液流电池和双沉积型单液流电池？
4. 液流电池电极的作用和电极材料的性能要求有哪些？
5. 全钒液流电池的正负极氧化还原电对有哪些？其充放电反应原理是什么？
6. 液流电池的隔膜需要满足哪些性能要求？

7. 简述液流电池与传统二次电池的区别。

8. 简述液流电池双极板材料的种类及特点。

9. 室温下（298.2K），某全钒液流电池的电解液含 1.5mol/L H_2SO_4 溶液，正极电解液中含有浓度为 0.01mol/L 的 VO_2^+ 和浓度为 1.00mol/L 的 VO^{2+}，负极电解液中含有浓度为 1.00mol/L 的 V^{2+} 和浓度为 0.01mol/L 的 V^{3+}。已知正极的标准电极电位 $E(VO_2^+/VO^{2+})=1.00V$，负极的标准电极电位为 $E(V^{3+}/V^{2+})=-0.25V$，请写出相应的电极反应方程式和电池反应方程式，并计算电荷转移数为 2mol 时，正极和负极的电极电位［法拉第常数 $F=96485C/mol$；气体常数 $R=8.314J/(mol\cdot K)$］。

10. 分别写出全钒液流电池和锌溴液流电池的电极与电池反应方程式，对比论述两种液流电池的优缺点以及两种电池的区别。

第6章 金属-空气电池

6.1 金属-空气电池概述

随着锂离子电池的能量密度越来越接近理论极限，锂离子电池之后的下一代储能电池也越来越受到重视。虽然当前电动汽车已经取得了长足的发展，但是电动汽车的续航里程还远达不到传统燃油汽车的水平，这主要是因为锂离子电池的实际能量密度以及理论能量密度都远低于汽油等化石燃料。因此，电动汽车要真正地取代化石燃料汽车，取决于储能电池的进一步发展。金属-空气电池是一种以金属电极为阳极，空气中的氧气为阴极的高性能电池[237]。由于空气并不存储在电池中，因此相对于传统的金属离子电池，金属-空气电池的能量密度有了质的提高。金属-空气电池的能量密度要明显优于传统的金属离子电池，以锂-空气电池为例，其理论能量密度已接近汽油的能量密度，是新一代储能电池的技术路线之一[238]。

如图6-1所示，目前常见的金属-空气电池主要有锂-空气电池、铝-空气电池、锌-空气电池以及镁-空气电池等。目前可充电金属-空气电池主要有锂-空气电池和锌-空气电池，

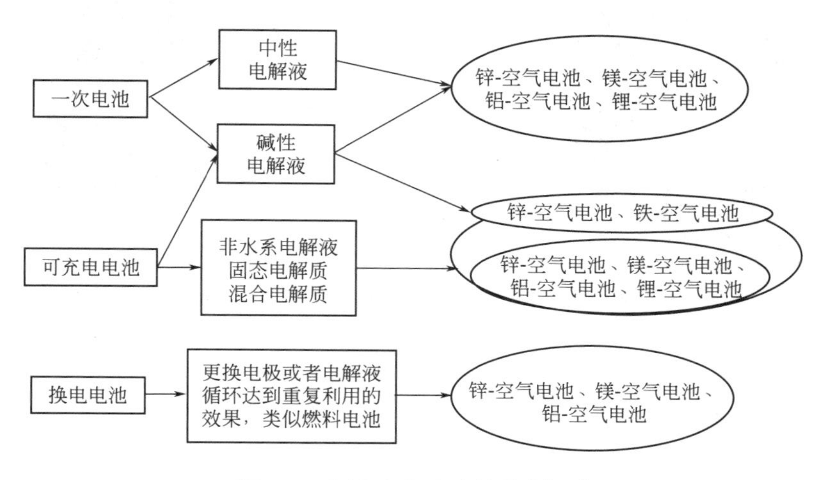

图6-1 金属-空气电池的分类[239]

铝-空气电池主要以更换金属电极的形式充电，类似于燃料电池，因此也有金属半燃料电池的说法。本章内容主要针对可充电/二次金属-空气电池、一次电池或者原电池机理，和二次电池类似，只是不考虑放电反应的可逆性。需要指出的是本章介绍的铝-空气电池也属于原电池，但是它可通过换电极的方式实现电池的充电。

6.2 锂-空气电池

6.2.1 锂-空气电池的基本原理

锂金属是目前已知密度最小的金属，因此锂金属电池的理论能量密度相对于其他金属-空气电池来说更具优势。目前常用的锂-空气电池的构型有四种，如图 6-2 所示。其主要的区别在于采用的电解液不同，分别是非质子溶剂构型、水系电解液构型、水系/非质子溶剂混合构型和固态电解质构型[238,240]。

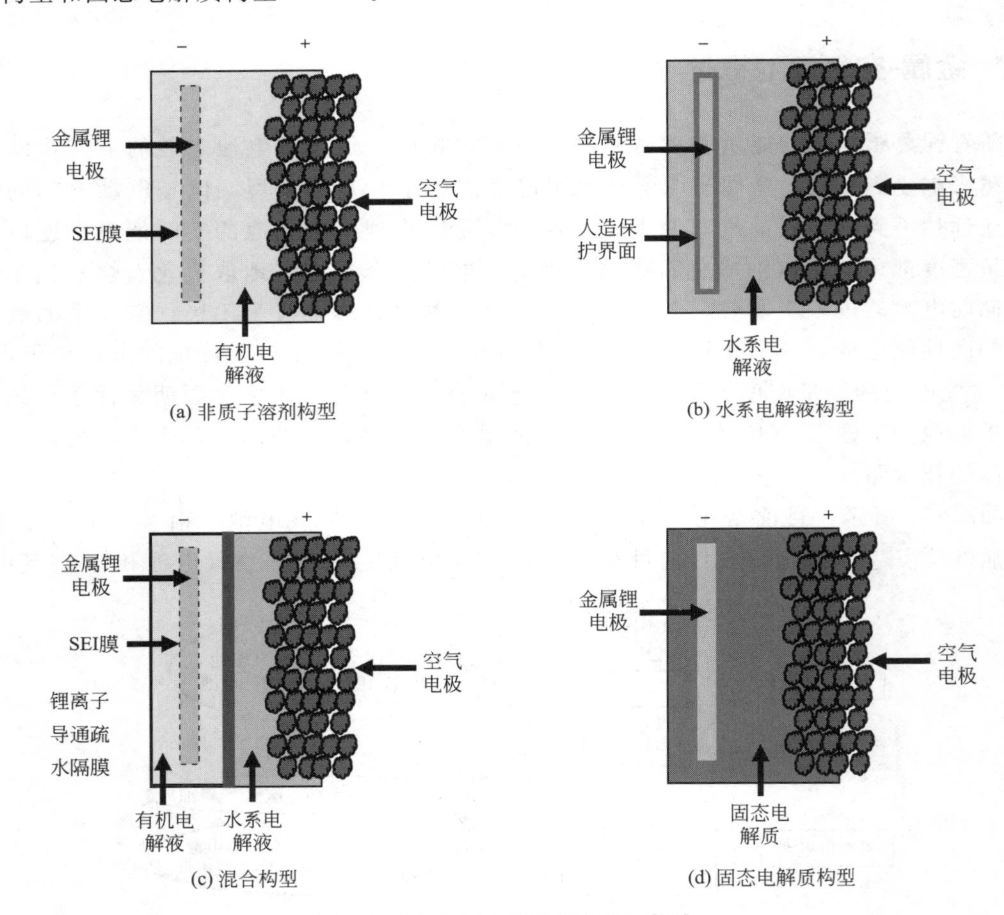

图 6-2 锂-空气电池的四种构型[238]

(1) 非质子溶剂构型

在非质子型溶剂中，锂-空气电池负极与锂金属电池类似，其在非质子溶剂电解液中会形成一层稳定的 SEI 膜，在放电时金属锂变成锂离子通过 SEI 扩散到电解液中，正极的氧分子得到两个或四个电子与电解液中的锂离子在正极多孔结构上形成 Li_2O 或者 Li_2O_2 沉积物。其电池放电反应一般表示为

$$2Li+O_2 \longrightarrow Li_2O_2 \tag{6-1}$$

或

$$2Li+\frac{1}{2}O_2 \longrightarrow Li_2O \tag{6-2}$$

非质子溶剂构型中，正极的反应需要在一个固-气-液的三相界面发生，其中固态是氧还原（ORR）和氧析出（OER）的催化剂，而气态是指参加反应的氧分子，液态是为反应提供锂离子的电解质溶液。该构型的缺点是正极生成的锂氧化物产物会阻塞正极的多孔结构，占据反应产物进一步沉积的空间，同时也限制了氧分子往正极内部的扩散，使得反应物和催化剂难以在正极形成三相界面，导致性能下降。

（2）水系电解液构型

由于非质子溶剂构型的锂-空气电池中，正极的反应产物会阻塞孔洞，阻碍反应的进一步进行，因此为了解决这个问题，又有学者提出了水系电解液构型的锂-空气电池。在水系电解液构型中，其电解液通常分为酸性电解液和碱性电解液，其放电反应可表示为

酸性电解液：
$$2Li+2H^+ +\frac{1}{2}O_2 \longrightarrow 2Li^+ +H_2O \tag{6-3}$$

碱性电解液：
$$2Li+H_2O+\frac{1}{2}O_2 \longrightarrow 2LiOH \tag{6-4}$$

由于水系电解液体系中正极的反应产物都是水溶性产物，因此反应产物可以溶解在水溶液中，而不会阻塞多孔结构，有利于反应的进一步进行。但是水系电解液中，由于锂金属是活泼金属，会与水发生强烈的反应。因此在电池组装之前，必须在锂金属负极表面构建一层稳定的钝化膜，该钝化膜必须具有高的锂离子扩散系数、高的稳定性，不会在循环过程中发生破裂和失效的情况，防止电解液中的水与金属锂直接接触发生剧烈反应。所以，电池的安全性是水系锂-空气电池最大的隐患。

（3）水系/非质子溶剂混合构型

水系电解液体系中，金属锂负极和水系电解液之间的界面问题较难处理，同时存在非质子溶剂型电池的正极多孔结构易阻塞等问题，因此在两者的基础上又提出了一种新的水系/非质子溶剂混合构型的锂-空气电池。在混合构型中，锂-空气电池的阴极，也就是电池正极部分仍然采用水系电解质，而在金属阳极部分采用有机非质子型电解液，水系电解液和非质子电解液中间以隔膜隔开，锂离子可通过隔膜在水系以及非质子电解液之间来回穿梭，而溶剂分子不能通过隔膜。其负极的电极反应与非质子溶剂构型相同，而正极的电极反应与水系电解液构型电池相同，该构型结合了水系和非质子型体系的优点。混合体系的难点在于，如何找到一种既具有高的锂离子电导特性又不会让两侧的不同溶剂互相渗透的特种隔膜。

（4）固态电解质构型

固态电解质构型的锂-空气电池是最新提出的一种新构型，其锂金属负极和空气正极之间被固态的锂离子导体隔开，锂离子可以通过固态电解质在正负极之间来回输运，该电池的电极反应与非质子溶剂构型类似。固态电解质构型锂-空气电池由于没有可燃的有机溶剂，同时也不存在能与锂金属剧烈反应的水溶剂，因此固态电解质锂-空气电池不易发生燃烧以

及爆炸等危险，其安全性要明显优于前三种构型。但是，固态电解质构型的缺点也很突出，在该构型中不得不考虑固态电解质与锂金属负极及空气正极之间高的界面电阻，以及其本身的离子电导率问题。

6.2.2 锂-空气电池的负极

锂-空气电池的负极采用的是金属锂及其合金。锂-空气电池根据电解质的选择主要分为四种构型，这四种构型中，目前研究较多的是非质子溶剂构型。在该构型中，锂金属负极的反应情况和锂金属离子电池十分类似。锂金属电池负极材料方面的研究包括电极保护、离子传输以及锂枝晶的抑制等，其研究成果都有利于锂-空气电池中锂金属负极的开发。当然，与锂金属离子电池不同的是，锂-空气电池是一个半开放的系统，虽然在正极以及电解质的研究和设计中都考虑到了空气中的水、CO_2、N_2 以及 O_2 在电解质中的扩散问题，但是实际研究中很难保证这些成分不会在电解液中溶解，进而直接扩散到锂金属负极与锂金属发生反应，使锂金属腐蚀并产生自放电，从而导致锂金属负极循环稳定性的降低。因此，在锂金属负极 SEI 膜的设计过程中，还要考虑到抑制水、CO_2、N_2 以及 O_2 扩散的问题。锂金属负极的改性方法很多，例如[240]：①利用 CO_2、HF、水、S_x^{2-} 等在锂金属电极表面产生 Li_2CO_3、LiF、LiOH 或多硫化合物；②在电解液中添加 SnI_2 和 AlI_3，在电极表面形成稳定的合金（LiI）；③通过温度或加压保证 Li 均匀沉积，防止枝晶形成；④除去 Li 金属和电解液界面的杂质，在 Li 表面镀膜（如二氧化硅、氧化铝、沸石、钛酸盐等）；⑤通过等离子体聚合或紫外辐射聚合在 Li 表面形成超薄聚合物电解质层[317]。

6.2.3 锂-空气电池的正极

锂-空气电池正极的催化反应有两个过程，一个是氧的还原过程（ORR），对应电池的放电，另一个是氧气的析出过程（OER）。这两个过程都需要在催化条件下进行，而且锂-空气电池中氧还原反应以及氧析出反应的滞后是导致电池过电位升高、库伦效率降低的主要原因之一。在放电过程中，锂-空气电池正极的反应过程可能为[241]

$$O_2 + e^- \longrightarrow O_2^{\cdot -} \tag{6-5}$$

$$O_2^{\cdot -} + Li^+ \longrightarrow LiO_2 \tag{6-6}$$

$$O_2^{\cdot -} + 溶剂 \longrightarrow (溶剂\text{-}O_2)^{\cdot -} \tag{6-7}$$

$$2LiO_2 \longrightarrow Li_2O_2 + O_2 \tag{6-8}$$

$$LiO_2 + Li^+ + e^- \longrightarrow Li_2O_2 \tag{6-9}$$

首先一个氧分子得到一个电子变成 $O_2^{\cdot -}$，然后 $O_2^{\cdot -}$ 与锂离子反应生成 LiO_2，同时 $O_2^{\cdot -}$ 也有可能与电解液溶剂发生副反应生成（溶剂-O_2）$^{\cdot -}$，而生成的 LiO_2 在热力学上不稳定，可发生反应或者转化为热力学稳定的 Li_2O_2。反应会消耗电解液，对电极反应的可逆性不利，因此，锂-空气电池的电解液必须具有较高的稳定性。

正极的电极反应速率在很大程度上依赖于催化剂与电极结构的设计，尤其是高效的双效催化剂。锂-空气电池正极的催化过程与燃料电池类似，因此燃料电池的催化研究对锂-空气电池具有很强的借鉴作用。同燃料电池一样，Pt、Au、Ag 和 Pd 等贵金属因具有良好的导电性和双效催化效果，催化效率很高。但是，受限于成本，目前的研究重点集中在非贵金属的催化剂方面[242,243]。常见的非贵金属催化剂及其性能如表 6-1 所示。

表 6-1 锂-空气电池非贵金属催化剂

催化剂	平均放电电压/V	平均充电电压/V	平均过电位/V	活性炭载体	放电容量/(mA·h/g)	参考文献
线状 α-MnO_2	2.7	约4	约1.3	小颗粒导电炭黑	3000	[244]
线状 β-MnO_2					2400	
γ-MnO_2					1890	
λ-MnO_2					1850	
块状 Mn_2O_3					1000	
商用 Mn_2O_3					1000	
λ-MnO_2	2.7	4	1.3	小颗粒导电炭黑	1000	[245]
$La_{0.8}Sr_{0.2}MnO_3$	2.6	约4.25	约1.65	小颗粒导电炭黑	750	[246]
Fe_2O_3	2.6	约4.25	约1.65	小颗粒导电炭黑	2700	
Fe_3O_4		约4.25	约1.65	小颗粒导电炭黑	1200	
CuO		约4.3	约1.7	小颗粒导电炭黑	900	
Co_3O_4		约4	约1.4	小颗粒导电炭黑	2000	
$CoFe_2O_4$		约4.3	约1.7	小颗粒导电炭黑	1200	
NiO		约4.25	约1.65	小颗粒导电炭黑	1600	
$MnCo_2O_4$(负载在石墨烯上)	2.75	约4.4	约1.65	—	1000	[247]
Mn_2O_3	2.65	4.1	1.45	科琴黑	160	[248]
$Mn_{1.8}Fe_{0.2}O_3$	2.75	4	1.25	科琴黑	150	
CNT/CNF	2.6	4.4	1.8	—	1400	[249]
α-MnO_2-CNT/CNF	2.6	约4.2	约1.6	—	1400	
MnO_2/MWNT	2.9	4	1.1	—	1768	[250]
MnO_2	2.75	3.9	1.15	炭黑(Norit公司)	4400	[251]
$MnCo_2O_4$	2.7	3.9	1.2	小颗粒导电炭黑	4861	[252]
纳米针状 $NiCo_2O_4$	2.8	3.8	1	—	876	[253]
纳米针状 $NiCo_2O_4$-纳米片状 $NiCo_2O_4$	2.8	3.8	1		1264	
纳米针状 $NiCo_2O_4$-纳米片状 MnO_2	2.9	3.9	1		2402	
$CuCo_2O_4$	2.75	3.7	0.95	科琴黑	7962	[254]
$MnCo_2O_4$	2.7	约3.5	约0.8	科琴黑	8518	[242]
$CoFe_2O_4$/rGO	2.7	4.2	1.5	—	12268	[255]
纳米棒状 $NiCo_2O_4$	2.7	4.3	1.6	小颗粒导电炭黑	13250	[256]
$NiCo_2O_4$	2.9	>3	—	小颗粒导电炭黑	1560	[257]
$NiCo_2O_4$	2.7	约4.1	约1.4	小颗粒导电炭黑	11860	[258]
$La_{0.75}Sr_{0.25}MnO_3$	2.8	3.9	1.1	科琴黑	6500	[259]
$La_{0.8}Sr_{0.2}MnO_3$	2.7	—	—	小颗粒导电炭黑	1922	[260]
$NiCo_2O_4$/$La_{0.8}Sr_{0.2}MnO_3$	2.87	约3	约0.13	小颗粒导电炭黑	7992	[261]

续表

催化剂	平均放电电压/V	平均充电电压/V	平均过电位/V	活性炭载体	放电容量/(mA·h/g)	参考文献
Li_5FeO_4	2.6	4	1.4	小颗粒导电炭黑	2710	[262]
$Li_2MnO_3 \cdot LiFeO_4$	—	—	—	小颗粒导电炭黑	931	
CoO	2.6	约 3.75	约 1.15	小颗粒导电炭黑	4849	[263]
Co_3O_4	2.85	3.5	0.65	乙炔黑	2250	[264]

由于碳材料具有较高的导电性和较小的密度，因此目前锂-空气电池正极催化剂的载体通常为碳材料。但是碳材料一方面容易与氧还原产物发生反应，另一方面也可能与电解液溶剂发生反应，这是锂-空气电池稳定性降低的原因之一。因此需要对电解液溶剂进行改性或者采用固态电解质，同时对碳材料进行改性提高其稳定性或者采用其他更稳定的导电材料作为载体，这也是目前需要解决的问题之一。

由于在常温下 Li_2O_2 相比 Li_2O 具有更高的热力学稳定性，因此，通常锂-空气电池的正极氧还原产物以 Li_2O_2 为主。Li_2O_2 的电极反应是一个两电子过程，也就是说每消耗一个 O_2 分子，只需要转移两个电子，即

$$2Li^+ + 2e^- + O_2 \longrightarrow Li_2O_2 \quad (6\text{-}10)$$

而 Li_2O 的电极反应是一个四电子过程，也就是说每消耗一个 O_2 分子，需要转移四个电子，即

$$4Li^+ + 4e^- + O_2 \longrightarrow 2Li_2O \quad (6\text{-}11)$$

因此，Li_2O 作为正极产物时具有更高的能量密度，同时 Li_2O 的氧化性低于 Li_2O_2，安全性更高，也更不容易与有机溶剂反应。Xia 等的研究表明[265]，在较高温度下（当温度大于 150℃时），Li_2O 具有更高的热力学稳定性。因此，在此温度下，采用固态电解质组装的锂-空气电池具有很好的可逆性以及高的能量密度。所以，Li_2O 体系的锂-空气电池也具有一定的应用前景。但是目前这方面的研究还很少，因为该电池的工作温度较高，使用过程中需要额外的加热元件，且很难采用常用的有机电解质。

6.2.4 锂-空气电池的电解质

前文介绍的四种构型中，基于不同电解质的锂-空气电池反应机理不同，所遇到的问题也不同。例如，水系电解液中锂负极被水腐蚀与析氢，导致锂金属负极的界面问题很难处理；非质子溶剂放电过程中易被氧还原产物 Li_2O_2 氧化，导致电池可逆性降低；固态电解质离子电导率低，界面阻抗大。不管是哪种电解质体系，目前距锂-空气电池的实际应用都还有很大的距离，因此未来锂-空气电池电解质的开发需满足以下几个特点：①高稳定性和抗氧化性；②高离子电导率；③高安全性。表 6-2 为目前研究的锂-空气电池电解质的类型及其特点概括[266]。

表 6-2　锂-空气电池电解质总结[266]

溶剂	代表	蒸气压	可燃性	特点
烷基碳酸酯	聚碳酸酯 碳酸乙烯酯 碳酸二甲酯	约 $10^{-5} \sim 10^{-2}$	1	易受到亲核质子攻击 不适合可充电体系

续表

溶剂	代表	蒸气压	可燃性	特点
酯类(内酯类)	γ-丁内酯 γ-戊内酯	约 10^{-3}	2	在过氧化物中不稳定
醚类	三/四甘醇二甲醚	约 10^{-5}	1	在亲核攻击下相对稳定 长期稳定性差
腈类	乙腈	约 10^{-1}	3	相对氧还原产物稳定 易挥发 研究不充分
酰胺	N,N-二甲基乙酰胺(DMA) N,N-二甲基甲酰胺(DMF)	约 10^{-3}	2	耐受活性氧 循环过程中有副反应 除非用氟化酰胺,否则 SEI 膜不稳定 在高氧化环境下不稳定
亚砜类	二甲基亚砜	约 10^{-3}	2	易被氧还原产物和氧化锂氧化
砜类	甲基磺酸乙酯	可忽略	—	计算表明在 O_2^- 中稳定 常温下为固态
离子液体	咪唑、吡咯烷和哌啶	可忽略	—	锂盐溶解度低 易受潮
固态聚合物电解质	聚氧化乙烯(PEO)	—	—	离子电导率低 长期稳定性存疑 可充电性还未证实
陶瓷固态电解质	Li-Al-Ge-PO_4(LAGP) Li-Al-Ti-PO_4(LATP)	—	—	离子电导率低 内阻大 可充电性还未证实
水系/非水系电解质	PEO_{18}LiTFSI|LATP|HOAc-H_2O-LiOAc(饱和)			内阻大 LATP 在 $4 \leqslant pH \leqslant 10$ 条件下长期稳定性差

除了不同体系电解质的研究，在电解质中加入添加剂也是改善锂-空气电池性能的途径之一，例如加入添加剂（如烃碳和二元季铵盐）保护锂金属，以及表面活性剂（如非离子聚醚化合物等）增强 SEI 膜的稳定性[267]。

6.2.5　锂-空气电池存在的问题与展望

目前锂-空气电池的研究主要集中在正极催化剂、电池构型、固态电解质、负极材料表面处理等方向。从理论能量密度来看，锂-空气电池是最有希望成为替代汽油等化石燃料的新一代储能器件，但是根据目前的研究进展，锂-空气电池距离实际应用还有一系列亟待解决的技术与科学问题，例如：①充放电过电势高（库伦效率低）；②大电流放电容量急速降低（受限于正极的催化效率）；③过电势不对称，不能完全用电荷转移电阻解释；④碳酸盐电解液在放电过程中易分解产生 Li_2CO_3 和碳酸烷基锂；⑤催化作用的机理研究还不够充分；⑥金属锂负极的枝晶生长；⑦空气中的 N_2、CO_2、H_2O 参与反应，而且水分子的体积小于 O_2 分子，溶解度较高，难以分离；⑧反应产物堆积，阻塞正极多孔结构；⑨反应产物 Li_2O_2 氧化性强，易与电解液发生反应[238-240,265,268]。

基于这些问题，未来的研究方向应着力于以下几个方面：①深入了解电极电化学反应的本质（决定库伦效率和化学可逆性）及其与充放电电流的关系；②发展抗氧化电解液及正极材料；③深入了解电极反应的催化本质，此过程中的不溶产物堆积（如 Li_2O_2），同时开发更高效的催化剂降低过电位；④开发新纳米结构的正极，优化 O_2 和 Li^+ 的输运，并为产物堆积提供空间；⑤开发更强韧的 Li 负极（大电流循环充放电），主要是 Li 保护膜（SEI 膜），防止 Li 被污染或者 Li 枝晶产生；⑥开发高透过空气膜，分离 H_2O、CO_2 和其他污染物；⑦深入了解温度对锂-空电池的影响。

总的来说，锂-空气电池超高的理论比容量是其他金属-空气电池不可比拟的，但是如何发挥这个优势使之得到实际应用还没有一个很好的解决方案，锂-空气电池能否走出实验室还取决于一系列相关的技术以及基础研究的突破。

6.3 锌-空气电池

锌在地壳中含量高，成本较低，是热和电的良好导体。其核外电子结构为 $3d^{10}4s^2$，易失去最外层电子，因而表现出较高的活泼性。且由于其具有平均电势低、质量和体积能量密度高、资源丰富、相对廉价以及无环境污染等优点，已被广泛用作一次和二次电池的电极材料，如锌-锰电池、锌-银电池、锌-汞电池和锌-镍电池等[267]。而相对于传统锌基电池，锌-空气电池具有更高的能量密度。虽然相对于锂-空气电池，锌-空气电池的理论能量密度仅仅为其 1/10，如图 6-3 所示，但是其成本较低，在碱性水溶液中的稳定性较好，且相对于目前商用的锂离子电池仍然具有明显的能量密度优势，因此受到了广泛的关注[269]。

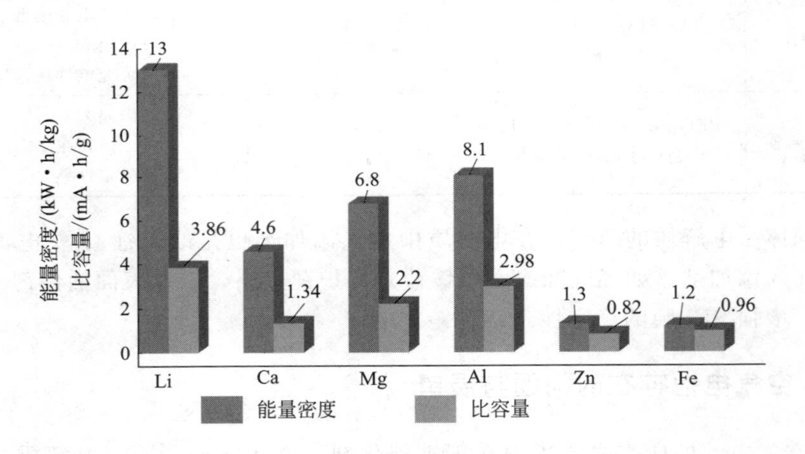

图 6-3　金属-空气电池的比容量与能量密度[269]

6.3.1 锌-空气电池的结构与反应机理

锌-空气电池的基本结构如图 6-4 所示。通常情况下，锌-空气电池的电解液为水系碱性电解液。在放电过程中，在负极首先锌和氢氧根离子反应生成锌酸根离子，而后锌酸根离子在电极表面过饱和析出并生成氧化锌[269]。

$$Zn + 4OH^- \longrightarrow Zn(OH)_4^{2-} + 2e^- \qquad E^{\ominus}_{负} = -1.25V \tag{6-12}$$

$$Zn(OH)_4^{2-} \longrightarrow ZnO + H_2O + 2OH^- \tag{6-13}$$

锌负极在 pH 值大于 13 的碱性电解液中以式(6-12)为主，当碱性电解液的 pH 值小于 13 时，由于在电极表面局部会发生氢氧根离子耗尽现象，从而发生以下反应[269]：

$$Zn+3OH^- \longrightarrow Zn(OH)_3^- +2e^- \quad (6\text{-}14)$$

而在空气电极，发生以下反应[239]：

$$O_2+2H_2O+4e^- \longrightarrow 4OH^- \quad E^{\ominus}_{正}=0.4V \quad (6\text{-}15)$$

因此，锌-空气电池的总反应为

$$2Zn+O_2 \longrightarrow 2ZnO \quad E=E_{正}-E_{负}=1.65(V) \quad (6\text{-}16)$$

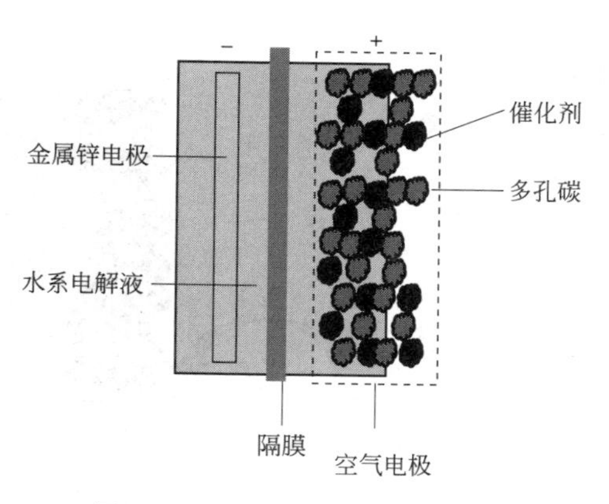

图 6-4 锌-空气电池的基本结构

理论上锌-空气电池的电动势为 1.65V，实际上，由于电池的内阻以及氧还原的过电位等因素影响，锌-空气电池的电动势很难达到理论水平。

与锂-空气电池不同的是，锌-空气电池在碱性电解液中，电极反应过程中，正负极之间的物质传输以 OH^- 为主，而锂-空气电池中物质的传输依赖于锂离子的输运。因此，锌-空气电池只在负极出现反应产物 ZnO 的堆积，而在空气电极中不会出现不溶产物阻塞空气电极孔洞的问题，但是会出现 ZnO 钝化层阻碍反应进一步进行的问题。

6.3.2 锌-空气电池的研究进展与展望

与锂-空气电池相比，锌-空气电池虽然能量密度较低，但是具有环境友好、安全性高以及成本低的优点。不过锌-空气电池仍然存在很多问题[239,240,270,271]：①锌的可控析出和阳极枝晶的形成；②同锂-空气电池一样，充电过电位大于放电过电位；③对双效(OER 和 ORR) 正极催化剂的需求；④锌负极在碱性电解液中的腐蚀；⑤锌负极通常会加汞来提升与集流体的导电性，除去汞之后易导致漏电和析氢；⑥$Zn(OH)_4^{2-}$ 过饱和析出ZnO 需要一定的时间，导致可逆性降低；⑦空气中的 CO_2 易和电解液中的 OH^- 反应生成 CO_3^{2-}；⑧OER过程中，释放的 O_2 易对碳电极的结构造成影响；⑨锌-空气电池的反应产物为 ZnO，ZnO 在负极表面堆积会使锌电极产生钝化的现象，阻碍反应进一步进行。

空气电极改性是锌-空气电池研究中最大的挑战，也是研究最为集中的领域。空气电极的改性主要集中在电极的结构设计和催化剂的研究方面。

通常情况下，锌-空气电池空气电极的 ORR(氧还原反应) 催化剂往往表现出较低的 OER(氧化析出反应) 催化活性，反之亦然，因此在空气电极的制备过程中需要同时加入 ORR 和 OER 催化剂。但是，在 OER 催化过程中，可能导致 ORR 催化剂被氧化失活。而三电极结构可以有效地防止 ORR 催化剂被氧化[272]，即将 ORR 和 OER 电极分开，充电时接通 OER 空气电极和锌电极，而放电时接通 ORR 空气电极和锌电极，如图 6-5 所示。这种方法的优点是有效地防止了 ORR 催化剂的失活，缺点是电池的质量、体积以及复杂程度都增加。因此，同时具有 ORR 和 OER 催化活性的双效催化剂的开发是锌-空气电池催化剂研究的重要方向。

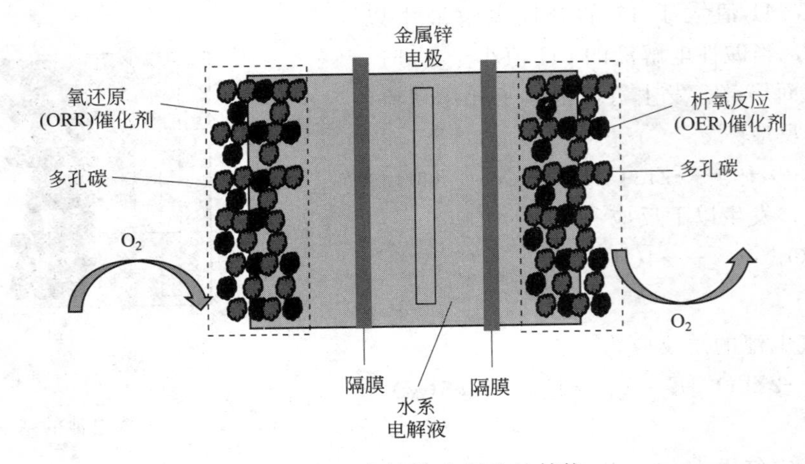

图 6-5　三电极锌-空气电池结构

锌-空气电池空气电极催化剂的开发可以借鉴已有的燃料电池及其他金属-空气电池催化剂的研究成果。锌-空气电池的双效催化剂主要有[273-278]：①碳基催化剂，其具有质量小、比表面积大、润湿性和疏水性可调以及导电性好的特点，碳材料不仅可以作为催化剂，还可作为其他催化剂的载体，但是碳材料在电池充放电过程中易被电解液氧化，导致活性降低；②过渡金属氧化物，其催化活性高，但是导电性较差；③过渡金属；④贵金属及其合金，虽然其催化性能优异、导电性好，但是成本较高，同时在催化过程中易被氧化，导致寿命降低。目前，锌-空气电池的催化剂在催化效率和循环稳定性方面还需要进一步研究和优化。

由于金属锌在空气与碱性电解液中都具有较好的稳定性，同时锌-空气电池可实现在碱性水溶液中的可逆充放电，碱性电解质也更容易实现柔性凝胶与固态电解质的构建，因此锌-空气电池相比于其他金属-空气电池更容易实现柔性电池的设计和制造[279]。

柔性锌-空气电池的典型结构如图 6-6(a) 所示。但是根据柔性电池的形态，柔性锌-空气电池还可分为平面型和线缆型。图 6-6(b) 为一种线缆型柔性锌-空气电池的基本构造。柔性锌-空气电池的负极主要为柔性的锌箔或者锌线，而正极通常是催化剂粉末和导电添加剂以及黏结剂混合涂覆或者直接沉积在多孔金属（不锈钢网或者泡沫镍）上[280-286]。也有将正极催化剂直接制备成柔性自支撑薄膜的，或者在柔性导电碳布上负载活性物质，从而省略多孔金属集流体[280,287,288]。同时，为了避免锌箔或者多孔金属在弯折过程中的疲劳问题，导致电池失效，也可将正负极同时制备成柔性自支撑的薄膜负载活性物质[289]。虽然柔性锌-空气电池的研究已经受到了广泛的重视，但是现在还处于十分初期的阶段。目前的研究中，首先柔性电极的实现大多还要借助于黏结剂和柔性多孔金属集流体，其次长寿命、多次弯折性能损失方面的表征和研究还较少，最后柔性锌-空气电池的性能还需要进一步提高。

总的来说，锌-空气电池拥有很多优点，例如成本低、电解液简单、组装难度低等，使之成为最受关注的金属-空气电池之一。但是，目前锌-空气电池的能量密度、寿命和效率还远不能满足实际应用需求，现在的研究水平距离实际应用还有很长的距离。未来锌-空气电池的实际应用还需要克服锌电极的枝晶、自腐蚀析氢、能量密度低、库伦效率低以及寿命低等问题，这些问题的解决依赖于高性能双效催化剂的研发以及合理的电极结构设计。特别是对于柔性的锌-空气电池，还依赖于一体化柔性电极的设计以及高导电柔性集流体的开发。

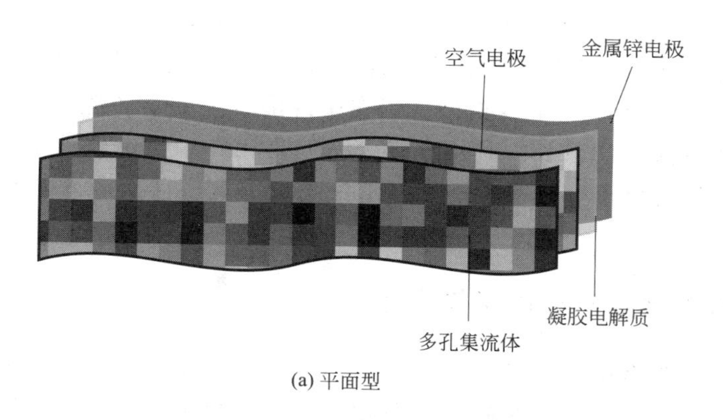

(a) 平面型

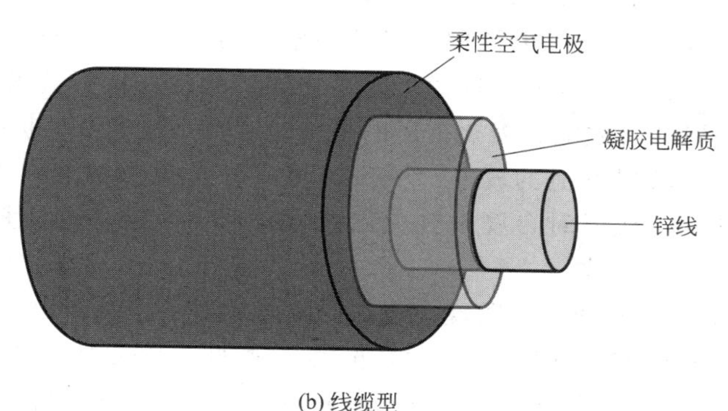

(b) 线缆型

图 6-6 柔性锌-空气电池基本结构

总之，锌-空气电池作为金属-空气电池中最接近实际应用的一种构型，仍然需要更深入的研究。

6.4 铝-空气电池

6.4.1 铝-空气电池的结构与反应机理

铝-空气电池的基本构造同锌-空气电池类似，其电极反应为[290]

正极： $O_2+2H_2O+4e^- \longrightarrow 4OH^-$ $E^{\ominus}_{正}=0.3V$(Hg/HgO 参比电极) (6-17)

负极：$Al+4OH^- \longrightarrow Al(OH)_4^- +3e^-$ $E^{\ominus}_{负}=-2.4V$(Hg/HgO 参比电极) (6-18)

总反应：

$$4Al+3O_2+6H_2O \longrightarrow 4Al(OH)_3 \quad E_{cell}=E^{\ominus}_{正}-E^{\ominus}_{负}=2.7V(Hg/HgO\ 参比电极) \tag{6-19}$$

目前，铝-空气电池的研究以水系电解液为主。需要指出的是，水系铝-空气电池是一种一次电池或者原电池，因为在碱性电解液中电解铝的电位低于析氢电位，在铝电解之前首先会先发生析氢现象[290]。因此铝-空气电池不能直接充电，但是可以通过更换负极的方式来进行机械充电。这种机械换电相对于传统二次电池的充电速度更快，具有一定的优势，但是其问题在于换电站的建设以及电极材料的运输。由于铝电极在碱性电解质中易被腐蚀，因此，水系碱性电解液中电极的负极还会发生析氢的现象。

$$2Al + 6H_2O \longrightarrow 3H_2 + 2Al(OH)_3 \quad (6\text{-}20)$$

为了解决铝电极在碱性电解液中的自腐蚀析氢问题以及强碱性电解液引发的环境问题，又提出了中性电解液的铝-空气电池构型。铝在中性溶液中的腐蚀速度比在碱溶液中的腐蚀速度小很多，因此电池寿命较长、利用率较高。但是铝在中性电解液中的反应动力学比较差，并且中性盐溶液的离子电导率也不如碱溶液高，因此中性盐溶液的铝-空气电池功率密度通常较小[267,290]。

6.4.2 铝-空气电池的研究进展与展望

同锌一样，铝作为金属-空气电池负极的主要问题也是表面钝化和自放电腐蚀析氢。由于铝比锌更加活泼，因此铝的腐蚀在铝-空气电池中显得更加重要，也是铝-空气电池实际应用的最大阻碍之一。针对铝-空气电池中的腐蚀问题，通常采用两种办法：一种是在铝中添加一些微量合金元素，在负极表面形成稳定的氧化膜钝化层；同时提高负极的析氢过电位，防止铝在电解液中的腐蚀自放电。需要指出的是钝化层在不放电时保护电极不被腐蚀，但又要防止钝化层过于致密阻碍电池的放电[291,292]。另一种是在电解液中添加各类添加剂，降低电解液对铝的腐蚀性，或者对自腐蚀钝化层改性[293-295]。但是这两种方法仍然不能完全解决铝-空气电池的自放电问题。

针对铝-空气电池电极腐蚀的问题现在还在研究当中，除了针对电极和电解液的改性外，也有针对电池结构的改进并取得了一些进展。例如，最近麻省理工学院的 Brandon J. Hopkins 等[296]设计了一个驱油系统，在不使用时，将不导电的油性溶剂注入电池中，将电解液排出，在使用时再将电解液注入电池中。这种方法有效地降低了铝-空气电池的自腐蚀速率，同时也没有牺牲电池的能量密度和功率密度。

铝-空气电池工作电压高、成本低，其能量密度也显著优于锌-空气电池，而略低于锂-空气电池，且安全性明显优于锂-空气电池。虽然具有如此多的优势，但是铝-空气电池的研究却没有像锌-空气电池以及锂-空气电池那样如火如荼，最主要的原因就在于其自放电效率太高，目前还没有行之有效的方法来完全解决这个问题。因此除了需要进一步提高 ORR 的催化效率外，铝-空气电池研究的紧迫性还体现在防腐蚀的铝电极或者相应的电解液开发上。

6.5 其他金属-空气电池

其他的金属-空气电池还包括镁-空气电池、铁-空气电池、钙-空气电池以及钠-空气电池等，这些电池系统目前的研究相对较少，本章不做详细介绍。

6.6 小结

金属-空气电池高的理论能量密度，使其成为下一代储能电池的发展路线之一。但是目前可充电金属-空气电池仍处于研究阶段，同时也面临很多问题，能够实际应用的还很少。这些问题的解决将决定金属-空气电池能否从空中楼阁走向实际应用。例如，金属负极的保护、电解质的开发、正极材料结构设计、电解液的稳定性、空气中其他物质的影响（水分子、二氧化碳、氮气等）以及氧还原与氧化的双效催化剂等相关领域都还存在很多问题，导致金属-空气电池的循环稳定性以及倍率特性还远低于锂离子电池。同时，金属-空气电池的反应机理研究还不充分，反应的可逆性以及相关副反应的机理与抑制等相关基础研究还需进一步加强。总之，高能量密度可充电式金属-空气电池的实际应用还需要研究人员的不懈努力与更多的技术突破。

习　　题

1. 金属-空气电池有哪些？通常情况下铝-空气电池如何实现二次使用？

2. 锂-空气电池的基本构型有哪几种？

3. 请分别写出非质子溶剂构型和水系构型锂-空气电池的正负极反应机理。

4. 简述锌-空气电池的优缺点。

5. 室温下（298.2K），锌-空气电池的电解液为1.0mol/L KOH溶液。已知电池阴极标准电极电位 $\varphi(O_2/OH^-)=0.401V$，阳极标准电极电位 $\varphi[Zn(OH)_2/Zn]=-1.25V$，请写出锌-空气电池的电极反应及电池反应方程式，并计算氧分压为大气压的30%条件下锌-空气电池的电动势［法拉第常数 $F=96485C/mol$；气体常数 $R=8.314J/(mol \cdot K)$］。

6. 为何铝-空气电池无法直接充电？

7. 简要说明铝-空气电池负极面临的问题有哪些？

8. 室温下（298.2K），铝-空气电池的电解液为单位浓度的中性溶液。已知电池正极电极电位 $\varphi(O_2/OH^-)=0.81V$，负极电极电位 $\varphi[Al(OH)_3/Al]=-1.66V$，请写出铝-空气电池在中性电解液中的电极反应及电池反应方程式，并计算氧分压为大气压的25%条件下铝-空气电池的电动势［法拉第常数 $F=96485C/mol$；气体常数 $R=8.314J/(mol \cdot K)$］。

第7章 超级电容器

7.1 超级电容器概述

超级电容器（supercapacitor，ultracapacitor），通常又可称为电化学电容器（electrochemical capacitor），是一种介于传统物理电容器和电化学电池之间的新型电化学储能器件，多采用多孔碳和一些金属氧化物等高比表面积或高电化学活性的电极材料实现电极电解液界面电荷的快速存储与释放[297-299]。其工作原理与传统电容器大致相同，因此也具备快速充放电的能力，而且由于其电极比表面积更大和电极电解液界面层更薄，其电荷储存能力比传统电容器高出10000多倍，因此被称为“超级”电容器。同时，超级电容器在充放电过程中，电极不发生显著的体相化学反应和物相转变，基本上不受化学动力学控制，因此可以在极短时间内充放电，具有比普通电池高得多的功率密度。此外，超级电容器还具有循环寿命长、温度特性好、对环境无污染等特点，在备用电源、新能源汽车、滤波元器件和电源管理系统以及可穿戴电子器件电源中具有广泛的应用前景，是目前储能领域的研究热点之一。

7.1.1 超级电容器的发展历史

自莱顿瓶（图7-1）出现以后，人们又相继发明了云母电容器（1874年，德国M.鲍尔）、纸介电容器（1876年，英国D.斐茨杰拉德）和瓷介电容器（1900年，意大利L.隆巴迪）[300]。1879年亥姆霍兹（Helmholtz）首次提出了电极电解液界面的双电层理论，利用平板电容器的物理模型解释双电层结构，认为在电极-电解液界面上会形成相互间距为一个原子尺寸的带两种相反电性的电荷层[301]。1957年，通用公司的贝克（Becker）获得了第一项双电层电容器的专利，采用的是多孔碳电极和水系电解液[302]。1966年，美国俄亥俄州标准石油公司（SOHIO）的Rightmire和Boos先后获得了超级电容器专利授权，进一步确认了双电层储能的可能性[303,304]。1969年，SOHIO公司研发出世界上第一个采用多孔碳糊电极和四烷基季铵盐电解液的实用化双电层超级电容器，并具有接近电池的能量密度[304]。直到1983年，日本NEC公司才率先将超级电容器推向商业化市场[305]，从而促进了超级电容器的研发与应用。

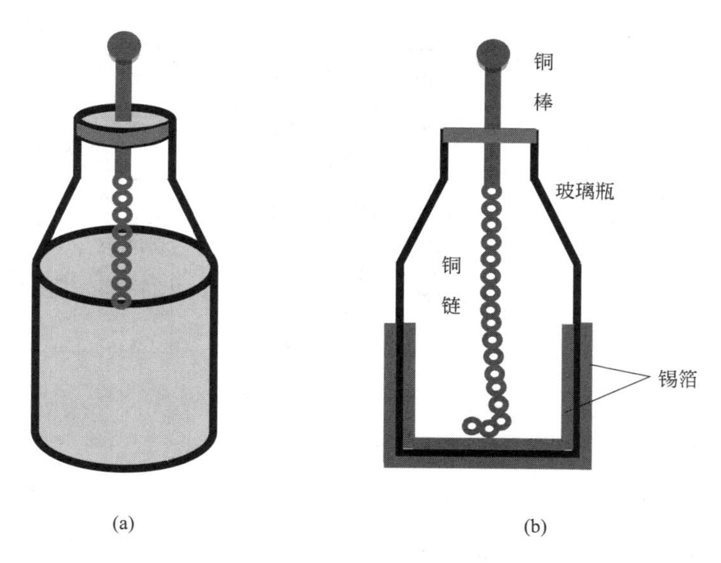

图 7-1 莱顿瓶示意图

从超级电容器的首个专利算起，其发展历程已经超过了半个世纪。目前，微型超级电容器在电脑内存系统、照相机闪光灯、音频设备和间歇性用电的辅助设施等领域广泛应用。大尺寸的圆柱状和方形超级电容器也已广泛用于能量回收系统、新能源汽车、轨道交通以及清洁能源系统，并且在可预见的未来仍将具有广阔的发展潜力。

7.1.2 超级电容器的工作原理

超级电容器与传统电容器均采用电荷分离的方式储存电荷。相对于传统电容器，超级电容器多采用高比面积的多孔碳和一些具有高赝电容活性的金属氧化物、金属氢氧化物、导电聚合物电极材料实现电荷的快速储存和释放。按储能机理分，超级电容又可分为双电层电容（利用双电层原理储存电荷）和赝电容超级电容（利用电极表面快速的法拉第反应储存电荷）以及两者的混合。

双电层理论是亥姆霍兹首先提出的。最初的模型认为，在浸没于电解液中的两个电极上施加电场后，电解液中的阴、阳离子分别向正、负电极迁移并在电极电解液界面形成双电层；当两极与外电路连通时，电极上的电荷通过外电路复合产生电流，同时溶液中的离子迁移到溶液中呈电中性，从而实现电荷的存储与释放[301]。此后 Gouy、Chapman 和 Stern 等科学家进一步改进并丰富了 Helmholtz 的双电层理论[306-308]。他们将电极-电解液界面分为两个离子分布区域，即紧密层和扩散层，如图 7-2 所示[308]。在紧密层中，与电极电性相反的离子或溶剂化离子紧密吸附在电极表面，而在扩散层中，电解质离子（阳离子或阴离子）由于热运动在溶液中服从玻尔兹曼分布。因此，可将电极-电解质界面的双电层电容（C_{dl}）看成是紧密层的电容（C_H）和扩散层的电容（C_{diff}）串联，即

$$\frac{1}{C_{dl}}=\frac{1}{C_H}+\frac{1}{C_{diff}} \tag{7-1}$$

一般认为，扩散层对电容的贡献可以忽略不计，整个双电层的电容受致密层电容控制[309]。

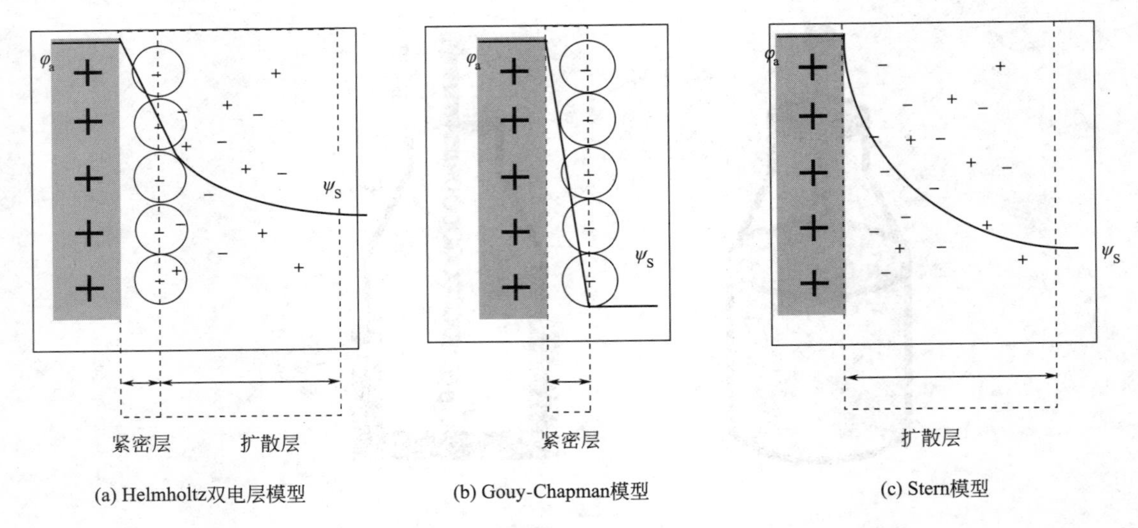

图 7-2 在水系电解液中经典的 Helmholtz 双电层模型、改进的 Gouy-Chapman 模型与 Stern 模型示意图

在双电层理论的基础上，Conway 又提出了法拉第赝电容的概念[297]，即在电极表面和近表面或体相中的二维或准二维空间上，通过电活性物质的欠电位沉积和高度可逆的化学吸脱附或氧化还原反应，也能产生类似双电层电容和电位线性相关的电荷存储。法拉第赝电容之所以称为赝电容，是因为电荷的存储不仅利用了双电层上的机理，还包括电极活性物质表面的快速氧化还原反应。例如，电解液中的 H^+、OH^-、K^+、Cl^- 或 Li^+ 等在外加电场的作用下，在电极-电解液界面上发生氧化还原反应，从而进入电极表面活性物质的体相中，实现相对于双电层更大量的电荷存储。而在放电时，以上离子通过上述反应的逆反应重新到电解液中，并通过外电路释放电荷。因此法拉第赝电容相比于双电层通常能储存更多的电荷[297,299]。

需要指出的是，对于某一种电极材料来说，双电层电容与法拉第赝电容并没有严格的界限，即使在纯的碳电极材料双电层电容中也会由于表面官能团和异质原子的存在而体现出一定的赝电容特性；相反，赝电容电极材料同样会由于表面的存在，体现一定的双电层储能特性，关键要看哪一种储能机制占主导作用。

7.1.3 超级电容器的结构与类型

超级电容器的机理类似物理电容，但是器件结构却和电池类似，都由两个浸入电解液中的电极（正极和负极）组成（中间用离子渗透膜隔开），如图 7-3(a) 所示。常用的超级电容器的正负极通常采用高比表面积的多孔活性材料，并按比例加入导电添加剂和黏结剂混合均匀，涂敷（压制）在金属集流体上制备而成。电极材料与集流体之间要紧密相连，以减小接触电阻。超级电容隔膜的功能与电池隔膜类似，主要作用是离子导通和电子绝缘，一般为纤维状的电子绝缘材料，如聚丙烯膜等。电解液的类型主要分为有机电解液和水系电解液，其选择需要符合电极材料的特性以及超级电容器的设计。

在充电状态下，离子的分离也导致整个单元组件中存在一个电势差。如图 7-3(b) 所示，每个电极-电解液界面均代表一个电容器，因此一个完整的超级电容器件可以看成是两

个串联的电容器。对于一个正负极相同的对称型电容器，其电容可表示为

$$\frac{1}{C_{\text{cell}}}=\frac{1}{C_{+}}+\frac{1}{C_{-}} \tag{7-2}$$

式中，C_{+}和C_{-}分别是正极和负极的电容[297]。对于对称型电容器来说，可假设$C_{+}=C_{-}$，此时器件的电容相当于单个电极电容的一半，即

$$C_{\text{cell}}=\frac{C_{+}}{2}=\frac{C_{-}}{2} \tag{7-3}$$

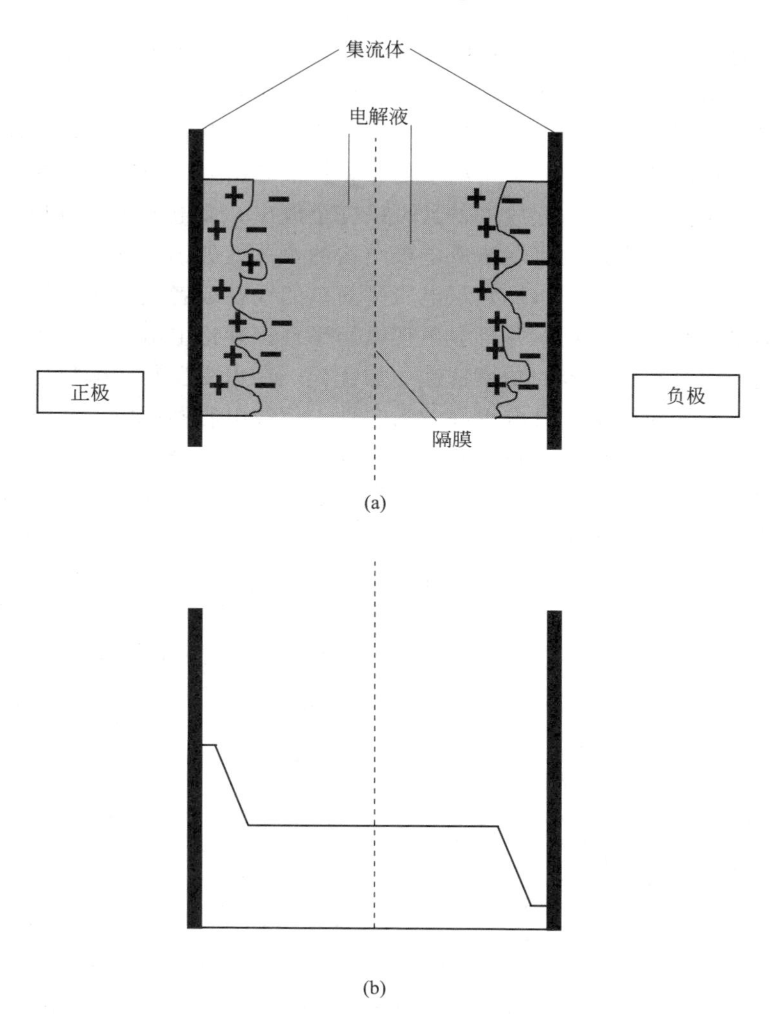

图7-3　双电层电容器的结构示意图（充电状态）(a) 和充电状态下的典型电压分布 (b)

超级电容器最主要的分类方式是按储能机理来划分，包括双电层电容器、法拉第赝电容器（又称法拉第准电容器）和混合型电容器三大类。

此外，按其他分类标准，超级电容器还可以被分为其他不同类别[300]，如：

按电极材料，可分为碳基电容器、金属（氢）氧化物基电容器和导电聚合物基电容器。

按电解质不同，可分为水系、有机系、离子液体和固态电解质电容器。

按超级电容器中两个电极的结构与储能机制的差异，可分为对称型电容器、非对称型电

容器和电容/电池混合型电容器。

按超级电容器的组成和外形划分，可分为扣式、卷绕圆柱状、叠层方形和软包电容器等。

7.1.4 超级电容器与电池的区别

超级电容器与可充电电池具有类似的器件结构，同时也能储存和释放电荷，但其储能机理与电池有本质区别。双电层电容器的电荷存储过程主要是物理过程，即静电的非法拉第过程。法拉第赝电容器是由电活性物质在电极表面、近表面或体相中的二维或准二维空间上进行欠电位沉积，发生高度可逆的化学吸脱附或快速的氧化还原反应产生的与电极充电电位有关的电容，虽然该过程也受扩散控制，但没有慢的化学过程和相变发生，存储的电荷量与电位正相关。相反，在电池电极中会发生离子的体相扩散和由嵌入与脱嵌引起的相变。超级电容器可在其额定电压范围内任意充放电，且可以完全放出，而电池则受自身化学反应限制工作在较窄的电压范围，如果过放可能造成电极结构的永久性破坏。理想条件下超级电容器的荷电状态（state of the charge，SOC）与电压呈简单的线性或者趋近于线性关系，而电池的荷电状态则包括多样复杂的换算，并且会出现电压平台。理论上电池相对于超级电容器拥有更高的能量密度，但是超级电容的功率特性更加优异。在承受反复传输能量脉冲和快速充电的条件下，超级电容相对于电池具有更好的耐久性。超级电容器可以反复循环数十万次，而电池的寿命仅几百至上千个循环。在某些不关注高能量密度但是需要高功率的应用领域，超级电容器可作为独立的储能单元，同时，也可利用超级电容器的功率特性作为电池的补充，形成一个混合的储能系统。表 7-1 列出了超级电容器和电池的一些性能对比[298]。

表 7-1 超级电容器和电池性能比较[298]

条件	电池	超级电容器
电化学位变化	由活性物质的热力学性质决定	随活性物质的变化而变化
充放电电极电位变化	如果不发生非热力学过程或物相变化，电极电位保持不变	电极电位随充电状态而发生变化
电量储存方式	非电容性	电容性
恒电位变化时	得不到恒流曲线	恒流曲线呈线性变化
恒流放电时电位变化	基本不变	呈线性变化
比能量	20～200W·h/kg	0.2～20W·h/kg
比功率	＜500W/kg	10^2～10^4W/kg
充放电次数	＜10^4	＞10^5

7.2 碳电极材料

自 20 世纪 50～60 年代超级电容器问世以来，尽管有许多潜在的材料和器件，但目前碳电极材料双电层电容器仍然是最成功的实现商业化应用的电化学电容器[310]。这主要是因为碳材料具有良好的化学稳定性、高的比表面积、高的电导率及来源丰富、成本较低等优点。碳基超级电容器的最终性能与碳电极材料的物理化学性能密切相关。为了提高双电层电容器的综合性能，碳电极材料除了需要满足高比表面积、高电导率、高堆积密度、高纯度外，还需具有良好的电解液浸润性以及高性价比等特点。本节将对目前常用的以及近年来重点研究的碳电极材料加以介绍。

7.2.1　活性炭

活性炭的比表面积可达1000～3000m^2/g，具有孔隙率高、生产工艺简单且价格低廉等优点，工业生产和应用历史悠久，也是超级电容器最早采用的碳电极材料[311]。制备活性炭的原料来源丰富，石油、煤、木材、坚果壳、树脂等都可用来制备活性炭，但所用原料不同，生产工艺也略有差别。

活性炭是最早应用于双电层超级电容器的电极材料，其比表面积、孔径分布及表面官能团等都直接影响超级电容器的性能。

首先，依照双电层理论和电容的物理特性，活性炭电极材料的比表面积越大，超级电容器的电容也应该越大，但实际上活性炭的孔径分布及电解液搭配对超级电容的性能影响巨大[312]。

表面官能团对超级电容器的电容有两方面作用：一是改善活性炭的表面润湿性，降低电解质离子在电极内的扩散阻力，提高有效比表面积；二是产生附加的赝电容，提高活性炭电极的比容量[313,314]。但是在实际应用中，碳材料的官能团可能会发生副反应造成有机电解液的分解。因此，官能团对超级电容器的作用还存在争议。

从研发高比容量超级电容器的角度出发，未来活性炭的研究趋势应为协调高比表面、大孔径、高电导率、高密度等之间的矛盾，通过引入表面官能团、掺杂异质原子等，提高赝电容的作用。另外，要降低价格，提高其市场竞争力。

7.2.2　活性炭纤维

活性炭纤维（activated carbon fibers，ACF）的性能优于活性炭且具有环保、高效吸附的特点，是已商品化的超级电容器电极材料之一。目前开发的ACF种类很多，如活性炭纤维束、活性炭纤维丝、活性炭纤维垫、活性炭纤维毡和活性炭纤维布等。ACF一般是以有机前驱体纤维（纤维素基、聚丙烯腈基、沥青基、酚醛基、聚乙烯醇基等）为碳源，通过两步热处理，即低温（200～400℃）稳定化处理及炭化活化（700～1000℃）进行制备的。ACF虽然质量比电容较高，但表观密度较低，导致电容器的电容较低。ACF电极材料另外一个比较大的劣势是成本较高，限制了其规模化应用。未来的发展趋势应进一步对ACF进行表面处理和复合化，引入表面官能团和赝电容成分，增加其比电容。另外，进一步降低成本，促进其商业化。

7.2.3　碳气凝胶

碳气凝胶是一种轻质、纳米级且具有多孔性的非晶炭素材料，其典型孔隙尺寸＜50nm，孔隙率可达80%～98%，比表面积通常在600～1000m^2/g之间，并且具有比AC高1～2个数量级的导电性，是一种很有应用前景的超级电容器电极材料[315,316]。

碳气凝胶一般采用间苯二酚与甲醛聚合的产物作为碳源，然后利用溶胶-凝胶过程形成湿凝胶，再采用丙酮置换和超临界二氧化碳干燥，最后经高温分解碳化制备得到[317]。碳气凝胶的表观密度、孔隙尺寸和孔形状等性质可通过溶胶-凝胶过程参数进行调控。碳气凝胶作为超级电容器的电极，在 6mol/L H_2SO_4 溶液中比电容达到 220F/g[318]。在某些情况下，碳气凝胶进行热处理活化过程中产生的微孔，可阻碍电解液的浸润与传输，限制了比容量的提升。在 CO_2 气氛下采用油酸钠对其进行表面改性引入非极性有机官能团，可提升有机电解液在其中的浸润性，使碳气凝胶在有机电解液中的比电容、比能量和比功率都得到提高[319]。

碳气凝胶作为超级电容器的电极活性材料虽然性能优良，但受限于超临界干燥过程时间长、成本高及工艺复杂，一直难以实现规模化生产。进一步探索其他廉价原料和干燥方法代替超临界干燥，降低生产成本、缩短生产周期，且使相应的碳气凝胶产品性能与超临界干燥得到的碳气凝胶类似，将是碳气凝胶今后发展的重点。

7.2.4 碳纳米管

碳纳米管（carbon nanotubes，CNTs）是由呈六边形排列的碳原子以 sp^2 和 sp^3 杂化构成单层或数层的同轴圆管碳材料，直径一般为 2～20nm，层与层之间的距离约为 0.34nm[320]。碳纳米管是中空管，比表面积大、导电性优异，有利于双电层电容的形成，是理想的超级电容器电极材料之一。另外，形成碳纳米管的碳为 sp 杂化，用三个杂化键成环连在一起，一般形成六元环，还剩一个杂化键，易于功能化引入具有法拉第反应的官能团（如羟基、羧基等）。因此碳纳米管不仅能形成双电层电容，而且还能充分利用赝电容原理来提高电容。

未经活化的 CNTs 由于封闭的孔道得不到充分的利用，且在水系电解液中浸润性差，因此比电容较低。用 KOH、浓硝酸等活化剂对 CNTs 进行活化处理，可以打通封闭的孔道，增加表面官能团的含量及内表面利用率和表面浸润性。例如，经过开孔处理的管径小、管长短、石墨化程度低的多壁碳纳米管表现出更高的双电层电容[321]。

CNTs 虽有许多优点，但受限于其双电层电容的储能机制以及表面的疏水特性，单独作为超级电容器的电极材料时，可能出现可逆比电容不高、充放电效率低、自放电现象严重等缺陷。另外 CNTs 的制备成本较高，批量化生产困难，因此尚不能很好地满足实际应用需要。综合来看，充分利用 CNTs 导电性好的优点，将其作为电极导电添加剂，或者对 CNTs 进行修饰以及与其他电极活性物质进行复合，以此来提高超级电容器的性能，应该是今后 CNTs 在超级电容器中应用的主要发展方向。

7.2.5 石墨烯

石墨烯是由碳原子按六边形晶格以 sp^2 杂化整齐排布而成的，由单层或少层碳原子层构成的新型二维碳材料。其具有高的机械强度、高的室温电导率（700S/m）、优异的化学稳定性、高的热导率（5300W/m·K）、异常高的比表面积（2660m^2/g）等优点，在散热、电子传导、储能器件、传感器、透明电极、超分子组装和纳米复合物等领域具有较高的潜在应用价值[322]。同时，石墨烯片层之间可形成微孔结构，有利于电解液的渗透和电子的传输，是理想的超级电容器电极材料之一[323,324]。但是石墨烯堆密度较低且易团聚，导致很难将材料水平上的优异性能反映到最终的器件上。

综合考虑石墨烯较高的制备成本和较低的体积能量密度，直接将石墨烯用作超级电容器的电极材料仍然面临较大的困难。解决石墨烯在超级电容器上的应用问题，一方面要进一步在多孔石墨烯的致密化上做深入研究；另一方面，对石墨烯进行修饰或与其他电极活性物质（包括活性炭、CNTs、金属氧化物和导电聚合物等）进行复合，发挥石墨烯导电性好、机械强度高的优点，可能为石墨烯在超级电容器器件层面上的高体积能量密度储能应用提供一条新的途径。

7.2.6 碳基复合材料

纯的碳电极材料仅通过双电层存储电荷，因此比电容较低。相反，过渡金属氧化物和导电聚合物电极可通过法拉第反应存储更多的电荷，但循环稳定性较差。因此，将各种高比表面积的碳材料与其他高比电容的电极材料进行复合，从而获得性能更优异的超级电容器碳基复合电极材料，是近年来的研究热点。例如，中国中车株机公司[325]研制的3V/12000F石墨烯/活性炭混合电极超级电容器，比能量密度达到了11W·h/kg，且表现出优异的循环稳定性。

7.3 赝电容电极材料

不考虑来源、结构、孔隙度等因素，碳材料的比电容只有100～200F/g左右（具体大小取决于电解质）。为了进一步提高超级电容器的比电容，提高其与电池的竞争力，需要在电极中引入具有快速法拉第储能特性的活性物质。到目前为止，赝电容电极材料主要分为过渡金属氧化物、金属氢氧化物和导电聚合物三大类。本节将分别加以介绍。

7.3.1 过渡金属氧化物

7.3.1.1 单一过渡金属氧化物

某些过渡金属氧化物，特别是RuO_2、MnO_2、NiO等，其表面经过氧化还原反应，显示出很强的赝电容行为，比电容值远远高于碳电极材料[326]。由于金属氧化物电极的电荷存储是基于氧化还原过程，与电池一样，长时间使用也存在循环稳定性差等弱点。因此，近年来针对金属氧化物电极材料的研究着重于提高其比表面积或引入多级孔结构，以增大电极活性物质与电解液的接触。另外，通过降低电阻率来提高比功率，或者将其与其他更稳定的电极活性物质复合，提高电容器的循环寿命。

1971年，Trasatti和Buzzanca发现RuO_2的循环伏安曲线与碳基超级电容器相比具有类似的“矩形”特性。而后，1975年Conway等[297]开始尝试将氧化钌作为电极材料，并引入了法拉第赝电容的概念。大量实验结果证实，氧化钌是目前为止性能最优异的赝电容材料之一，其具有电压窗口宽、可逆性好、质子电导率高、热稳定性好、循环寿命长、倍率性能好和金属导电性等诸多优点。

在充放电过程中，氧化钌在硫酸电解液中是通过质子交换进行可逆的氧化还原反应[327]。

$$RuO_2+\delta H^+ + \delta e^- \longrightarrow RuO_{2-\delta}(OH)_\delta \quad (0\leqslant\delta\leqslant2)$$

由于钌元素储量稀少、价格昂贵，氧化钌基超级电容器仅限于航空航天和军事上应用。为了降低成本，将氧化钌与碳材料、其他金属氧化物或导电聚合物进行复合，从而减少钌元素的用量，提高其利用率是近年来的研究重点。

此外，寻找储量丰富、价格便宜的其他高比电容的金属氧化物来替代昂贵的氧化钌是另一个研究重点。其中，氧化锰具有高的理论比容量（1100～1300F/g），电化学窗口宽、环境友好、储量丰富、价格低廉，是人们重点研究的超级电容器电极材料之一。MnO_2 的赝电容来源于电解液与 Mn(Ⅲ)/Mn(Ⅱ)、Mn(Ⅳ)/Mn(Ⅲ) 和 Mn(Ⅵ)/Mn(Ⅳ) 不同氧化态之间的质子或阳离子交换引起的可逆氧化还原反应[328]。不同晶型、不同形貌和不同价态的氧化锰所对应的比电容值也不同，且由于氧化锰本身的电导率较低、循环稳定性较差，因此近年来人们将研究重点转移到 MnO_2 与导电基体的复合化上。同时通过制备纳米结构，提高其比表面积，从而提高 MnO_2 的利用率。

除了 MnO_2，其他研究较多的过渡金属氧化物电极材料还包括 NiO、Co_2O_3、Co_3O_4、Fe_2O_3、Fe_3O_4 和 V_2O_5 等。

7.3.1.2 金属氧化物复合物

除了单一的金属氧化物电极材料之外，一些具有新颖纳米结构的二元过渡金属氧化物，如 $NiCo_2O_4$、$ZnCo_2O_4$、$MnCo_2O_4$、Zn_2SnO_4、$ZnWO_4$、$CoWO_4$、$NiMoO_4$、$CoMoO_4$ 等，也被证明是很好的超级电容器电极材料[329]。与单一组分的金属氧化物相比，这些金属氧化物复合物具有价格低、资源丰富、环境友好、电导率高等优点，而且由于具有多个价态可以提供氧化还原反应，因此表现出较高的比电容[330]。

7.3.2 金属氢氧化物

金属氢氧化物，特别是氢氧化镍［$Ni(OH)_2$］和氢氧化钴［$Co(OH)_2$］，由于具有独特的二维层状结构、较高的理论比容量，也是备受关注的赝电容正极材料之一[331]。其充放电过程主要是基于 $M(OH)_2/MOOH$ 之间发生固态的、质子的嵌入和脱出反应。当与活性炭负极组合成非对称电容器时，其正极发生的反应如下：

$$M(OH)_2 + OH^- \longleftrightarrow MOOH + H_2O + e^-$$

式中，M 代表 Co 和 Ni。金属氢氧化物的晶型、结晶度和微观形貌对其电化学性能有明显的影响。$Co(OH)_2$ 有 α 和 β 两种晶型，其中 β-$Co(OH)_2$ 更加稳定。与 $Co(OH)_2$ 相比，$Ni(OH)_2$ 储量更加丰富，价格低廉，因此同氧化锰一样被认为是氧化钌理想的替代材料之一。氢氧化镍也有 α 和 β 两种物相，它们都属于八面体层状结构，一般呈块状或片状。其中 α-$Ni(OH)_2$ 具有更高的比容量（2705F/g），但它是亚稳相，在强碱性中不稳定，会很快转化成 β-$Ni(OH)_2$，因此应用受到限制[332]。β-$Ni(OH)_2$ 是化学计量比化合物，比较稳定，其纳米晶的电化学性能主要取决于它的微观形貌和比表面积。因此，通过形貌和结构调控获得高电子电导率、低扩散阻抗的 β-$Ni(OH)_2$ 是目前的研究重点。

由于资源和价格优势，氢氧化镍无疑是最有潜力的赝电容电极材料。但由于它的电导率较低导致其电子传输能力受到限制，实际上获得的比容量远远低于其理论值，而且倍率性能也不佳。因此，人们针对各种 Ni-Co 双金属氢氧化物开展了大量研究工作，并获得了较大进展。

层状双金属氢氧化物（layered double hydroxides，LDHs），又称水滑石（hydrotalcite，HT），是另一类十分重要的超级电容器电极材料，其名义分子式为$[M^{2+}_{1-x}M^{3+}_x(OH)_2][A^{n-}]_{x/n} \cdot zH_2O$。式中，$M^{2+}$ 是常见的二价金属离子，如 Mg^{2+}、Zn^{2+} 或者 Ni^{2+}；M^{3+}

可以是 Al^{3+}、Ga^{3+}、Fe^{3+} 或者 Mn^{3+}；A^{n-} 是用于电荷补偿的无机或有机阴离子，如 CO_3^{2-}、Cl^-、SO_4^{2-}；x 值一般为 0.2～0.4[331]。其中研究最多的是 Co-Al 和 Ni-Al 体系层状双金属氢氧化物。

鉴于金属氢氧化物本征的低电导率限制了它的倍率性能和循环稳定性，将其与导电碳材料复合是目前重要的研究方向。

7.3.3 导电聚合物

导电聚合物是另一类具有赝电容效应的超级电容器电极材料，其中聚吡咯(polypyrrole，PPy)、聚苯胺（polyaniline，PANI)、聚噻吩（polythiophene，PTh）和PTh衍生物等是目前研究最为广泛的导电聚合物超级电容电极材料。导电聚合物理论比容量较高、可快速充放电、使用温度范围宽、环境友好、价格低、易制备、质量轻、灵活性好，在超级电容器中有很好的应用前景[333,334]。

导电聚合物的高理论比容量主要来源于聚合物电极中发生快速可逆的 n 型、p 型掺杂和去掺杂的氧化还原反应。导电聚合物的 p 型掺杂过程是电子从聚合物骨架中流向外电路，从而使聚合物分子链上分布正电荷，而溶液中的阴离子位于聚合物骨架附近保持电荷平衡（如聚苯胺、聚吡咯及其衍生物)；发生 n 型掺杂时，聚合物分子链从外电路吸收电子，而溶液中的阳离子则位于聚合物骨架附近保持电荷平衡（如聚乙炔、聚噻吩及其衍生物)。

7.3.3.1 聚吡咯

聚吡咯的比电容一般在 100 ～500 F/g 范围内，比聚苯胺要低，可应用于水系、非水系和非质子电解液中。但是由于聚吡咯在水系电解液中拥有更高的离子电导率，因此其在水系电解液中的比容量优于非水电解液。聚吡咯的结构较致密，因此电极膜较厚时电解液很难进入内部，导致容量变低，容量衰减较快。也正因为如此，聚吡咯电极常以薄膜的形式出现。由于聚吡咯良好的柔韧性，它被认为是柔性和可穿戴储能器件的理想电极材料。然而，聚吡咯电极在反复的充放电过程中由于离子的掺杂/去掺杂会引起结构膨胀和收缩，易导致结构破坏，因此循环稳定性很差，限制了它的应用。

7.3.3.2 聚苯胺

聚苯胺通过适当掺杂可显著提高导电性，而且其成本低、易聚合、稳定性好、易掺杂、比容量高，是一种研究最广泛的Ⅰ型电容器导电聚合物。聚苯胺可以从水溶液中采用化学法或者电化学法制备，但采用电化学方法制备的聚苯胺比容量可达到 1500 F/g，远高于采用化学法制备的聚苯胺（约 200 F/g 左右)[335]。聚苯胺在充电和放电过程中需要质子的参与，因此它在水系酸性电解液中具有更高的理论比容量。但是，与聚吡咯一样，聚苯胺在反复离子掺杂和去掺杂过程中的体积变化也会导致结构破坏，影响其循环性能。基于此，具有纳米结构的聚苯胺电极材料不仅拥有高的比表面积，还可减小离子扩散距离，并缓解充放电过程中的应力，因此是目前研究的主要方向之一。

7.3.3.3 聚噻吩及其衍生物

聚噻吩是既可以被 p 型掺杂又可被 n 型掺杂的导电聚合物，是Ⅲ型电容器的理想电极材料。然而，聚噻吩的 n 型掺杂发生的电位较低，与常规电解液中溶剂的分解电位接近，易导致电解液分解，且这类聚合物电导率较低，自放电率较大，循环性能也差。因此，聚噻吩类导电聚合物作为电容器电极材料的研究主要集中在其衍生物[336]。虽然聚噻吩经修饰后的衍生物很多，但是由于聚3,4-乙烯二氧噻吩（PEDOT）具有良好的环境稳定性及热稳定性、较低的氧化还原电位、较高的电导率以及可n型或p型掺杂等优点，因此在超级电容器领域研究较多[337]。

7.3.3.4 其他类型导电聚合物

除了上述提及的常见的导电聚合物电极材料外，还有一些特殊的聚合物电极材料，如氨基蒽醌类聚合物电极材料，尤其是聚1,5-二氨基蒽醌（PDAAQ），其相比于聚噻吩具有优异的电化学性能和发展前景。并且由于PDAAQ的高结晶结构，使其具有极优异的循环寿命（>20000次）和极低的能量损耗（<5%）[338]。

为了进一步提升氨基蒽醌聚合物的电化学性能，通常可采用与其他材料复合的手段，如采用超声化学氧化法原位聚合制备的PDAAQ/VGCF（气相生长炭纤维）纳米复合材料可进一步提升其储能性能[339]。与其他导电聚合物的研究类似，通过将纳米厚度的PDAAQ薄膜沉积在VGCF的表面，并降低PDAAQ薄膜的厚度，可显著提升其电极的电荷转移速率和超级电容比容量。

7.3.3.5 导电聚合物复合材料

相对于碳材料和金属氧化物，导电聚合物具有很多独特的优势，但是该类材料仍然存在多次充放电后循环寿命不高、离子传输较慢等缺点，因而将导电聚合物与碳材料或金属氧化物进行适当的复合也是当前研究的热点之一[340]。碳材料中的多孔碳材料、纳米碳管和石墨烯等均具有高比表面积、高电导率和高化学稳定性等优点，是导电聚合物理想的导电载体。金属氧化物与导电聚合物的复合可以互为载体，结合纳米结构的设计与制备，除了能充分发挥两类材料的各自优势外，还可以发挥有机-无机组分的协同作用，改善电极的综合性能。大量研究证实，将导电聚合物与多孔碳材料、碳纳米管、石墨烯等复合，利用不同材料的优势取长补短，从而获得更优异的综合性能是当前超级电容器电极材料研究的热点。

7.3.4 其他新型赝电容电极材料

随着对超级电容器储能机理的进一步深入理解，电极材料的研究范围已不再局限于碳材料、金属氧化物、金属氢氧化物以及导电聚合物等。一些金属氮化物、碳化物或硫化物也被证实具有非常好的电化学储能性能，逐渐成为新的研究热点。

过渡金属氮化物 M_xN（M=Ti、V、Nb、Mo、W）由于具有高熔点、高硬度、高导热性、高电导率、化学稳定性好、耐腐蚀等特点，而且具有比碳材料更高的比电容、更优异的倍率性能，是一类有很大开发潜力的超级电容器电极材料。

二维层状过渡金属碳化物（MXenes），包括 Ti_3C_2、Ti_2C、V_2C、Nb_2C 等，是近年来发现的一种新型低维结构材料[341]。与石墨烯类似，它们拥有较大的比表面积和良好的导电性，同时又具备特有的组分多样性、层厚可控性、结构可调并拥有可观的赝电容效应等优点。

具有新颖纳米结构的过渡金属硫化物因其独特的物理和化学性质，展现出优异的电化学储能性能。由于硫化物本身的电导率较低，将硫化物原位负载到导电基体上，如石墨烯、纳米碳管和泡沫镍等，制备柔性自支撑电极是目前的研究重点。

7.4 电解质

与电池类似，超级电容电解质同样起着提供荷电离子和作为离子迁移传导媒介的作用，对超级电容器的性能有着直接的影响。超级电容器对电解质最主要的性能要求包括：①高的离子电导率，尽量减少电容器的内阻，提高大电流充放电能力；②高的化学和电化学稳定性，即宽电化学稳定电压窗口，提高电容器的能量密度（依据能量计算公式 $E=0.5CV^2$）；③宽的使用温度范围，提高电容器的环境适应能力；④合适的电解质离子半径，与电极材料的孔径要匹配[342,343]。此外，还要求电解质具有低黏度、低挥发性、低毒性、高纯度、不与电极活性物质和集流体反应、廉价易得等特点。超级电容器的电解液一般可以分为水系电解质、有机系电解质和离子液体电解质以及准固态凝胶电解质等，每种电解质都有其各自的优缺点。

7.4.1 水溶液介质

水系电解液是最早应用于超级电容器的电解液，其特点是电导率高，内部电阻低，电解质分子直径较小，能够充分浸润电极材料的微孔，不易燃，安全性高，操作容易，成本低等。其缺点是易挥发，受限于水的分解电压（1.23V），电容器的电化学窗口窄（一般为 1V 左右），因此能量密度（$E=CV^2/2$）受到限制。水溶液电解质可以应用于双电层电容器、赝电容器和混合电容器，包括酸性、碱性和中性电解液三类。

酸性电解液中最常用的是浓度为 1mol/L 的 H_2SO_4 水溶液，它具有电导率及离子浓度高、内阻低的优点，但也存在腐蚀性强的缺点，不能使用活泼金属集流体。和铅酸蓄电池一样，电容器破坏后存在硫酸泄漏、腐蚀环境的危险。另外，硫酸电解液的工作电压一般低于 1V，限制了其能量密度。而采用其他的酸性水溶液如 HBF_4、HCl、HNO_3、H_3PO_4 等作为电解液的超级电容器性能都不太理想[344,345]。

碱性电解液通常采用 KOH 和 NaOH 等强碱的水溶液。其中碳材料通常采用高浓度的 KOH 电解液［如 30%(质量分数）或 6mol/L］，而金属氧化物则通常采用低浓度的 KOH 电解液（如 1～2mol/L）。除此以外，有研究人员研究了 LiOH 水溶液电解液，发现电容器的比电容、能量密度和功率密度虽然相对于 KOH 水系电解液电容器有一定的提升，但没有本质的改变[346]。碱性电解液的一个严重缺点是爬碱现象，使电容器的密封困难，因此今后应向固态化发展。

中性电解液主要应用于氧化锰电极材料，通常采用锂、钠、钾的无机盐水溶液，其最大的优点是腐蚀性较小，且电位窗口较高。研究最早的中性电解质是 KCl，它代替硫酸电解液用于 MnO_2 电极材料可以产生 200 F/g 的比电容[347]。但 KCl 过充会导致分解，释放出有毒的氯气。中性的硫酸盐电解液，如 Li_2SO_4 和 Na_2SO_4，能够将电容器的工作电压提高到 1.6～2.2V，可以和有机电解液相媲美。而由于钠离子的普遍性，Na_2SO_4 电解液是近年来应用更加普遍的一种中性水系电解液。

7.4.2 非水溶液介质

超级电容的能量密度与电位窗口的平方成正比，然而水系超级电容器的工作电压受限于水在正极的分解电压（1.23V），特别是对于使用酸性和碱性电解液的电容器来说，一般低于1V，因而极大限制了其能量密度。因此，采用高电导率、化学和热稳定性好、宽电化学窗口的非水系电解液是提高超级电容器能量密度最有效的途径之一[342,343]。目前，研究较多的非水溶液电解质主要集中在有机电解质、离子液体电解质和固态或凝胶电解质等领域。

超级电容用有机电解液的工作电压一般为2.5～2.7V。虽然电极材料在水系电解液中的比电容通常比在有机电解液中高，但由于后者具有两倍以上的工作电压，而电容器的密度和电压呈抛物线关系，其电容器的能量密度更大。也正因为如此，水系电解液已逐渐被有机电解液淘汰。目前商用的超级电容器以有机系电解质为主，工作电压一般在2.7V以下。

有机电解质体系主要由有机溶剂和支持电解质构成，常用的包括碳酸丙烯酯（PC）、碳酸乙烯酯（EC）、γ-丁内酯（GBL）、甲乙基碳酸酯（EMC）、碳酸二甲酯（DMC）等酯类化合物以及乙腈（AN）、环丁砜（SL）、N,N-二甲基甲酰胺（DMF）等具有低挥发性、电化学稳定性好、介电常数较大的有机溶剂[348,349]。有机电解质中的阳离子以季铵盐和锂盐系列为主，而阴离子主要是PF_6^-、BF_4^-、ClO_4^-等。其中，常用的电解质盐主要包括四氟硼酸锂（$LiBF_4$）、六氟磷酸锂（$LiPF_6$）、四氟硼酸四乙基铵（$TEABF_4$）、四氟硼酸三乙基铵（$TEMABF_4$）等具有高电化学稳定性、在上述酯类溶剂中溶解性较好的盐类。单一溶剂体系电解质往往性能不均衡，例如AN相比于PC虽然具有更低的闪点、较好的电化学和化学稳定性以及对有机季铵盐类较好的溶解性，但是其毒性大、沸点低、高温时溶剂易挥发，导致封装容器内压较大，而PC比AN沸点高，但低温时黏度大，流动性变差，电容量变化较大。因此，使用混合溶剂体系可以改善单一溶剂体系电解质的综合性能，满足实用要求。

因为有机电解液的电压较高，所以即使其中只含有微量的水，也会产生水的分解，造成电容器性能的下降，自放电加剧。因此有机电解液中应该尽量避免水的存在，一般应控制在$(3\sim5)\times10^{-6}$以下[350]。此外，需要注意的是，电容器在有机电解液中过充，不仅会产生有毒的挥发性物质，同时也会导致电容器的储电能力降低甚至失效。总之，通过不同有机溶剂的混合与组分优化并与电解质盐和电极材料适配，达到最优的配比，是当前有机电解液研究的重点[351]。

离子液体是一种新型的绿色电解液，其具有宽的电化学窗口、相对较高的电导率和离子迁移率、宽的液程、几乎不挥发、低的毒性等优点。因此，基于离子液体的超级电容器具有稳定、耐用、电解液没有腐蚀性、工作电压高等特点[352,353]。但是离子液体电解液存在制备工艺复杂、成本高、黏度大、低温性能差等缺点。因此，有研究者通过结合离子液体与PC和EC等有机溶剂作为混合电解质来克服上述缺点[354]。离子液体电解质的阴离子主要包括$TFSI^-$[二(三氟甲基磺酰）亚胺]、PF_6^-和BF_4^-，阳离子主要包括咪唑类、吡咯烷和季铵盐等。咪唑类离子液体的特点是电导率高（约10 mS/cm）且黏度低，但芳香环结构导致电势窗口不够宽。烷基吡咯类离子液体的优点是电势窗口、电导率等各方面性能较理想，但熔点高、电导率差、低温性能差。含醚的离子液体黏度和熔点低，液态范围更大，用于超级电容器电解液时比电容是相同测试条件下不含醚离子液体的两倍[355]。目前应用最多的有机/离子液体电解液是浓度为0.5～1.0mol/L的Et_4NBF_4/PC溶液[356]，开发低黏度、高电导率、高电化学稳定性的离子液体电解质仍将是未来的研究重点。此外，优化离子液体电解质和混合有机溶剂组分，并降低离子液体的生产和制造成本是未来发展的趋势。另外，针对离子液体电解质阴阳离子尺寸的大小和优化碳材料孔径，亦可有效提高超级电容器的比电容[357]。

固态电解质或凝胶电解质在超级电容器中同时起到离子导电媒介和隔膜的作用，具有可靠性良好、无电解液泄漏、比能量高、工作电压较高等优点，是实现超级电容器小型化和超薄型化的必备条件，成为近年来的研究热点之一。目前，固态聚合物电解质中研究较多的主要是具有较高离子电导率的凝胶聚合物电解质[358]。其中，水凝胶电解质由于含有一定量的水，电导率比其他固态电解质高得多。

根据电解质盐和聚合物基体的不同，固态聚合物电解质可分为不同的种类。对于碱性聚合物水凝胶电解质来说，主要是以交联的PAAK（指聚丙烯酸钾）和PVA(聚乙烯醇）等为基体，配合使用KOH电解质和一定的水。对于酸性固态聚合物电解质来说，可将PAAM(聚丙烯酰胺）或PVA(聚乙烯醇）等基体配合使用硫酸水溶液。相对于传统的非交联固态聚合物电解质，PVA(聚乙烯醇）由于具有化学交联，不仅拥有良好的力学性能、良好的亲水性、出色的成膜能力，还具有很好的化学稳定性，无毒，而且制备容易、成本低，是目前研究中最常用的聚合物基体之一[359]。

7.5　混合型超级电容器

7.5.1　非对称超级电容器（双电层/赝电容）

考虑水的分解电压只有1.23V左右，为了抑制水的电解，防止电解液的损失以及器件中气体的聚集（电解水产生的氢气和氧气），实际应用中水系电解液的超级电容器电位窗口通常不超过1V，导致能量密度较低。为了得到更高的能量密度，目前实际应用的超级电容器主要还是以有机系电解液为主。但是有机电解液也存在黏度高、离子电导性差、溶剂分子大、难以润湿电极中的微孔等缺点，限制了超级电容器倍率性能的进一步提高。虽然水系超级电容器的能量密度较低，但是在水系电解液中超级电容器的高倍率特性、比容量以及较低的成本，都是其不可忽略的优势。因此，如何扩展水系超级电容器的电位窗口，进一步缩小水系超级电容器与有机系和离子液体电解液体系超级电容器能量密度的差距是水系超级电容器研究的重要分支方向。

热力学上，水的分解电压为1.23V，但是考虑到动力学的因素，对于某些材料其实际的析氧可能高于理论电位，而析氢电位则可能低于理论析氢电位。也就是说，电解水的过程中氢气和氧气的析出都可能存在过电位。充分利用不同材料的析氢和析氧过电位，例如在正极采用析氧过电位更高的材料，而在负极采用析氢过电位更低的电极材料，就能提高水的实际分解电位，扩展超级电容器的电位窗口。因此，针对水系超级电容器，目前的研究主要集中在组装非对称的体系来扩展器件的电位窗口方面[360]。例如碳材料具有更低的析氢电位，因此可作为负极，氧化锰等氧化物具有较高的析氧电位，可作为正极，以此组装的电容器称为非对称超级电容器。其电位窗口最高可以扩展到2V甚至2V以上，结构如图7-4所示。

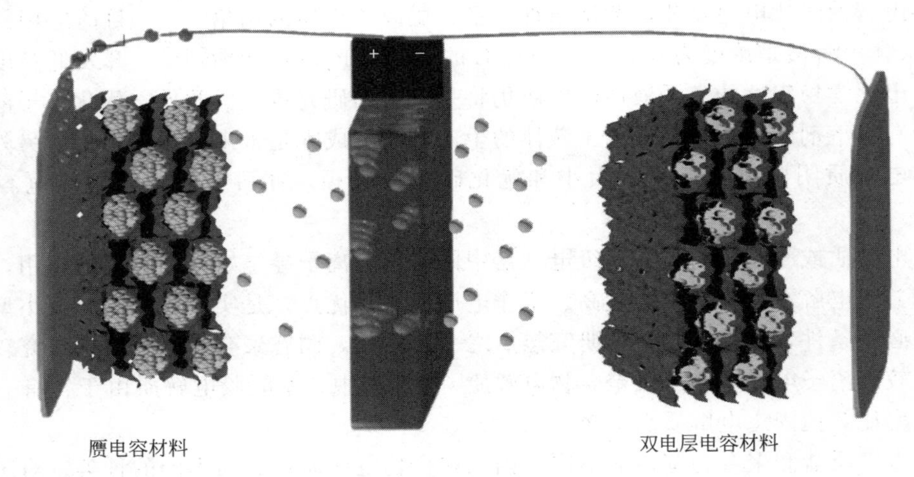

图 7-4 非对称超级电容器结构示意图

目前，大多数非对称超级电容器都是以碳材料为负极、过渡金属氧化物为正极来扩展器件电位窗口的。但是碳材料的比容量往往低于过渡金属氧化物，而正负电极的比容量差异太大，就需要更多的负极材料来配平正负电极的容量，造成体系的比容量降低。因此，也有研究利用具有较低析氢电位的金属氧化物作为负极材料来组装非对称超级电容器提升整个器件的比电容，例如 Bi_2O_3、Fe_2O_3、MoO_3 和 WO_3 等金属氧化物都可以作为负极材料组装非对称超级电容器[361,362]。

7.5.2 电池/电容型混合超级电容器

超级电容器和电化学电池都具有各自的优点，电容器的优势主要体现在高的功率密度以及循环稳定性，电池的优点在于更加优异的能量密度。虽然通过引入赝电容材料可以进一步提高超级电容器的比容量以及能量密度，但是目前超级电容器的能量密度仍然不能完全满足实际应用的需求，而作为介于电池和超级电容之间的电池/电容型混合超级电容器是解决这一困境的有效途径之一。电池/电容型混合电容器既具有超级电容的功率密度优势，又具有较高的能量密度，其结构如图 7-5 所示。混合电容器的一个电极采用电池的电极材料，而另一个电极采用超级电容的电极材料。前文所述的超级铅酸蓄电池实际在某种程度上也可以看成是一种电池/电容型混合超级电容器。

锂离子电容器是一种典型的电池/电容型混合超级电容器，由日本科学家 Amatucci 等于 2001 年首次提出[363]。其以锂离子电池的负极材料为负极（能量源，包括 TiO_2、$Li_7Ti_5O_{12}$ 和 $Li_4Ti_5O_{12}$ 等）、超级电容电极材料为正极（功率源，包括活性炭、石墨烯和碳纳米管等碳材料），采用锂离子电池的电解液封装成器件。研究表明这种结构的混合超级电容器，既具有和超级电容器相似的功率密度和循环稳定性，又具有接近锂离子电池的能量密度[364]。锂离子电容的主要问题在于负极的能量密度远大于正极的能量密度，而正极的倍率特性又显著优于负极，因此锂离子电容中正负电极存在动力学的匹配问题。锂离子电容的两个电极可以看成是两个串联的电容器，因此根据电容串联公式可知

$$\frac{1}{C_{\mathrm{cell}}}=\frac{1}{C_+}+\frac{1}{C_-} \tag{7-4}$$

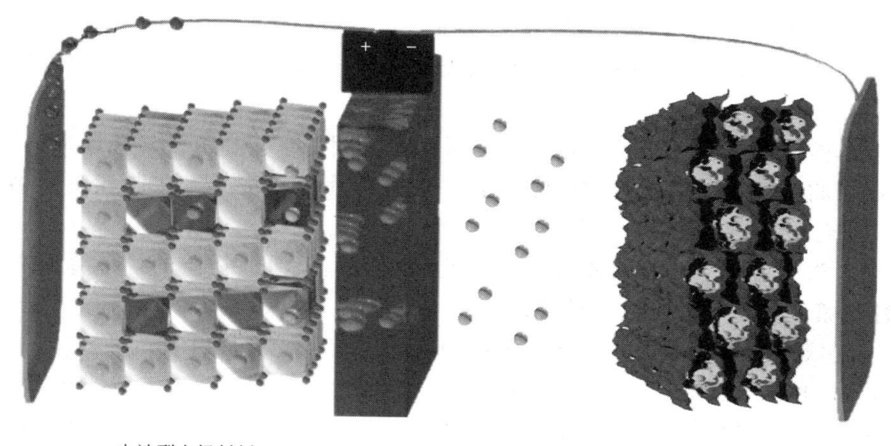

图 7-5 电池/电容混合型超级电容器

由于负极的容量远大于正极，要保证正负电极电容的匹配需要的负极材料的比重就要更大，导致整个器件比容量降低。同时，由于正极材料具有更优异的倍率特性，因此整个器件很难在不同倍率条件下保证正负电极的容量匹配。针对正负极间动力学不匹配的问题，主要有三种路径来改善[365,366]：①对电极材料的纳米多孔结构进行调控，保证电解质离子在电极表面快速输运，提高负极材料的倍率特性；②在负极中引入高导电碳材料，增强负极材料的导电性；③改善正极碳材料的多孔结构使之与锂离子电容电解液匹配，通过掺杂改性等方法进一步增强碳材料的导电性。

类似于锂离子电容器，受到钠离子电池的启发，又有类似结构的钠离子电容器。钠离子电容器可实现相当或接近锂离子电容器的性能，而且具有更低的成本。但是由于钠离子电池本身在技术上还远未达到成熟并实际应用，因此基于此的钠离子电容器的研究还处于起步阶段，未来钠离子电池研究和应用的突破也将会给钠离子电容器的发展提供契机[364]。

7.6 超级电容器的制备工艺

超级电容器按目标市场细分，可分为小型单元、中型单元、大型单元和模块。小型单元发展最为成熟，有明确的目标市场，如手机、玩具、备份等；中型单元用于稳定电压网络；大型单元和模块发展迅速，主要用于交通运输和静态储能领域。在商业化的超级电容器中，在有机电解液中工作的碳/碳超级电容器是发展最成熟，也是应用最广泛的超级电容器。

超级电容器的单元主要由电极、隔膜、电解液和外封装材料组成，其基本制备工艺流程为：电极片的制备→裁片→组装（隔膜的定位及电极与外部的连接）→注液→活化与检测→系统的封装[367]。本节以使用有机电解液的活性炭双电层超级电容器为例，简要介绍超级电容器单元和模块的制备工艺。

7.6.1 超级电容器的组装

根据应用范围的不同，超级电容器可分为小型元件、中大型元件和模块。小型元件以扣式和圆柱状电容器为主；中大型模块近年来也采用叠层的方形或软包形式。

(1) 超级电容器单元的基本制作工艺流程

① 极片和隔膜裁切，需要管控的重点是极片和隔膜的尺寸、电极的清洁度以及车间的粉尘等；

② 极耳焊接，由多个正极片和负极片并联时，分别将正极和负极极耳连接；

③ 装配，将称重后的电极片与隔膜组合，采用叠片或卷绕的方式制成电容器素芯，然后手工装入外壳，并将其与极耳焊接；

④ 注液，将素芯进一步真空脱水处理，然后按电极上活性物质的量计算所需电解液的量，在惰性气氛或真空条件下进行注液；

⑤ 封装，依据电容器形式的不同，采用相应的封装方式进行封装；

⑥ 封装后的电容器干燥（搁置）一定时间，以便电解液与电极材料充分润湿；

⑦ 老化，在一定电压、一定温度下对超级电容器进行一定时间的老化处理，目的是使电容器的容量、漏电、内阻稳定；

⑧ 检测，包括短路检测、ESR 检测，检出不良品；

⑨ 分容，通过测试，将不同容量的电容器进行分组。

(2) 超级电容器模块的制作流程

超级电容器的模块设计主要是为了应对高电压和高功率的使用需求，即将多个电容器单元按设计的电压和容量进行串联或并联。在超级电容器模块设计中需要重点关注的参数包括单元组装、热管理、连接、电子产品和电路平衡等。目前，常用的超级电容器模块化设计主要包括两大类：

① 由圆柱状或块状单体串联或并联组成的模块；

② 由软包单体组成的模块。

7.6.2 超级电容器的性能测试

超级电容器的性能测试可分为电极材料和小型器件的性能测试以及商业化超级电容器的性能测试。前者主要用于确定超级电容器中使用的材料和电极的电化学性质，而后者更关注电容器的容量、体积比能量密度和功率密度、内阻、自放电和循环寿命等。

实验室用来检测电极材料电化学性能的一般测试技术包括暂态测试和静态测试，包含循环伏安（cyclic voltammetry，CV）、恒流充放电（galvonostatic charge/dischargce，GCD）和电化学交流阻抗谱（electrochemical impedance spectroscopy，EIS）等，既可以用三电极体系也可以用两电极体系[297,298,368]。

(1) 循环伏安法

循环伏安法是在电位窗口内输入电压激励信号，并通过采集电流响应信号，从而模拟电极表面浅充放过程，可用于电极充放电、电极反应的难易程度、可逆性、析氧特性和充电效率以及吸脱附等特性的电化学性能表征，能实现定性和半定量研究，并可依据不同扫描速率对电极进行动力学分析和电压窗口的探测。不过，由于商业超级电容器模块的电流可达到数百甚至上千安培，循环伏安法并不适合。

循环伏安分析法中如果采用线性变化的电位作为激励信号，采集的电流响应与电位的关系称为线性伏安扫描；如果电位激励信号为三角波激励信号或者往复的线性电位激励信号，所获得的电流响应与电位激励信号的关系称为循环伏安扫描。超级电容器的测试中通常采用三角波电位激励信号，如图 7-6(a) 所示；得到的理想状态下的电流响应信号应表现为规则矩形，如图 7-6(b) 所示。

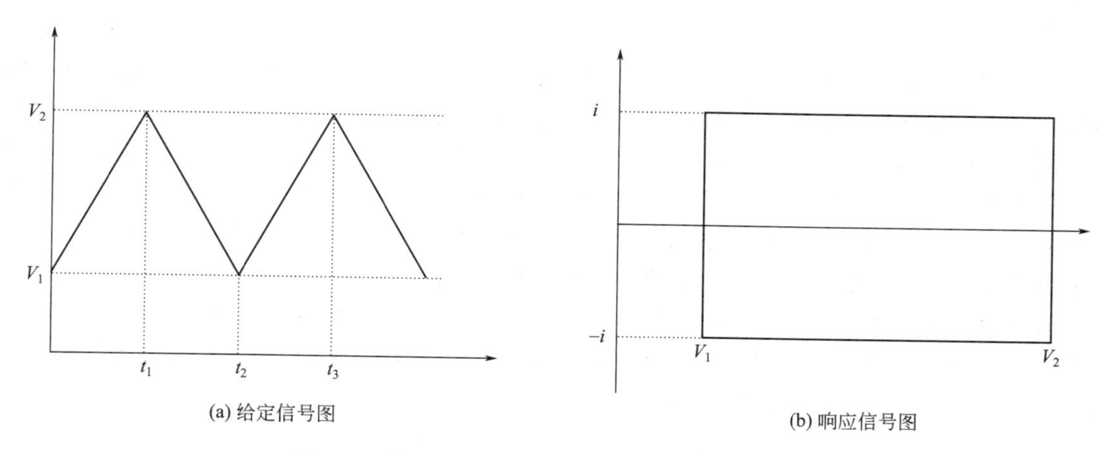

(a) 给定信号图
(b) 响应信号图

图 7-6　循环伏安测试的给定信号图与响应信号图

根据双电层模型，可以采用平板电容模型来处理超级电容器。平板电容器的电容值为

$$C=\frac{\varepsilon A}{4\pi d} \tag{7-5}$$

式中，ε 为介电常数；A 为极板的正对面积，等效双电层的有效面积；d 为电容器两极板之间的距离，等效双电层的厚度。

由式(7-5) 可知，电化学超级电容器的容量与双电层的有效面积成正比，与双电层的厚度成反比。其中，双电层的厚度则受到溶液中离子的影响。因此，由公式 $C=\mathrm{d}Q/\mathrm{d}V$、$\mathrm{d}Q=i\,\mathrm{d}t$、$v=\mathrm{d}V/\mathrm{d}t$ 可得到任意电位处的电容：

$$C=\frac{\mathrm{d}Q}{\mathrm{d}V}=\frac{i\,\mathrm{d}t}{\mathrm{d}V}=\frac{i}{v} \tag{7-6}$$

以及任意电位窗口（V_2-V_1）内的平均电容：

$$C=\frac{\int_{V_1}^{V_2} i\,\mathrm{d}V}{v(V_2-V_1)} \tag{7-7}$$

然后除以电极上活性物质的质量就可以算出这种电极材料的比容量。

$$C_{\mathrm{m}}=\frac{c}{m} \tag{7-8}$$

式中，m 为电极上活性材料的质量，g。

但是在实际情况中，超级电容器都有一定的内阻，因此实际的超级电容器可看成是多个静电电容器和电阻混联而成。为了研究方便可将其等效电路简化为图 7-7。

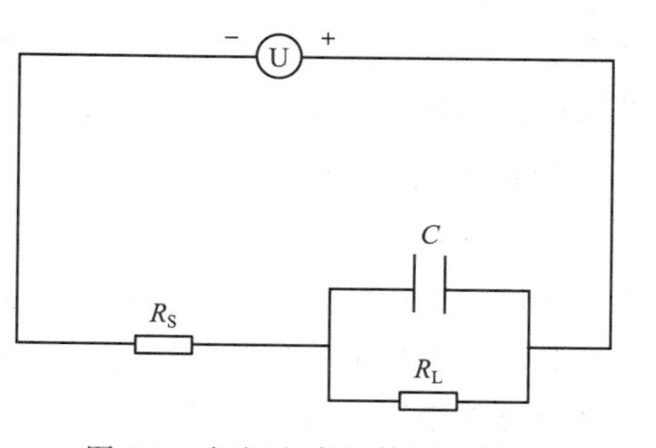

图 7-7　超级电容器等效电路图

该等效电路由一个电容与一个等效漏电电阻（R_L）并联后再与一个等效串联电阻（R_s）串联构成。因为 R_L 比 R_s 大得多，又与电容并联，零输入响应（从电压为零开始加载一个定电压 U）时可看

作断路，此时电路是 RC 一阶回路（以下用 R 代表 R_s）。经过推导，可得到任一时刻的电流值为[340]

$$i(t)=Cv(1-e^{\frac{-t}{RC}}) \tag{7-9}$$

由式(7-9) 可知，在电容两端加上线性变化的电压信号时，电路中电流不会像静电电容器那样立刻变化到恒定电流，而须经过一定时间，因此实际超级电容的循环伏安曲线通常会偏离矩形特性［图 7-8(a)］。当 RC（过渡时间）较小时曲线在外给信号改变后很快变化，很快就能达到稳定电流［图 7-8(b)］，此时超级电容的循环伏安曲线接近于理论平板电容；当 RC 较大时，电流达到稳定所需的时间较长，曲线偏离矩形就较大，如图 7-8(a) 所示。超级电容器相对于其他电化学储能元器件来说优势在于其倍率性能，因此要求其电流达到稳定的时间越少越好，这就要求它的内阻要尽量小，以减小过渡时间。所以可以用循环伏安曲线趋近于矩形的程度定性地研究一种材料的电容性能。同时也可以利用循环伏安曲线电流的变化情况来估算电极的比容量，具体如下：

$$C=\frac{i(t)}{mve^{\frac{-t}{RC}}} \tag{7-10}$$

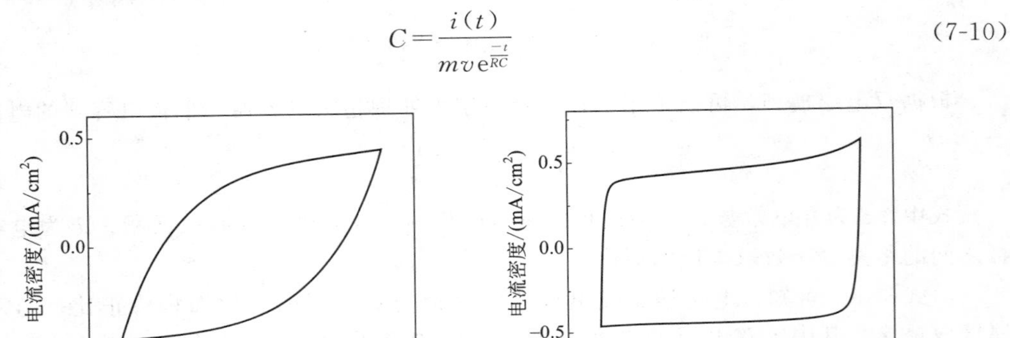

图 7-8　实际循环伏安曲线

由式(7-10) 可看出，假设电容器的电容量不变，电流随着扫速的增大而成比例增大，而 RC 均为定值，此时若以比容量为纵坐标绘制循环伏安曲线会发现扫速越快曲线越偏离矩形。因此可以通过较大的扫速研究电极的电容倍率性能。如果在较大的扫速下，曲线仍呈现较好的矩形，说明电极的过渡时间小，倍率性能优异。反之，则电极倍率性能较差。

一般来说，曲线关于零电流基线基本对称，说明材料在充放电过程中的氧化还原反应基本可逆。实际上，由于界面或多或少会发生氧化还原反应，实际电容器的 CV 图总是会略微偏离矩形。对于赝电容型电容器，从循环伏安图中所表现出的氧化还原峰的位置及对称性，可以定性判断体系中发生了哪些氧化还原反应及其化学可逆性。

(2) 恒流充放电法

恒流充放电法是在一定的电位窗口内给测试对象施加一个恒定的电流信号，然后实时采集其电位响应信号，主要研究的是不同电流密度下，电位函数随时间或电量变化的规律。

对于单电极电化学超级电容器的测试来说，根据 $i=C\mathrm{d}V/\mathrm{d}t$ 的函数关系，采用恒定电流进行充放电时，如果假设电容量 C 为恒定值，那么 $\mathrm{d}V/\mathrm{d}t$ 将会是一个常数。也就是说理想条件下，电位随时间是线性变化的关系，其充电曲线则呈规则的等腰三角形状，而电池的充放电曲线通常具有电压平台。因此，通过恒流放电曲线也可以计算电容器的电容值。

$$C_{\mathrm{m}}=\frac{it}{m\Delta V} \tag{7-11}$$

式中，C_{m} 为电容，F；i 为放电电流，A；t 为放电时间，S；ΔV 为放电电压降低平均值，V；m 为电极活性物质的质量，g。式中的 ΔV 可以利用放电曲线进行积分计算得到：

$$\overline{\Delta V}=\frac{2}{t_2-t_1}\int_1^2 V\mathrm{d}t \tag{7-12}$$

实际上，在计算比容量时常采用 t_2 和 t_1 时电压的差值作为平均电压降。

在实际超级电容器中，由于存在一定的内阻，在充放电转换的瞬间会形成分压，在充放电曲线中表现为电位的突变（ΔV），如图 7-9 所示。我们可以利用这一突变计算电容器的等效串联电阻（ESR）。

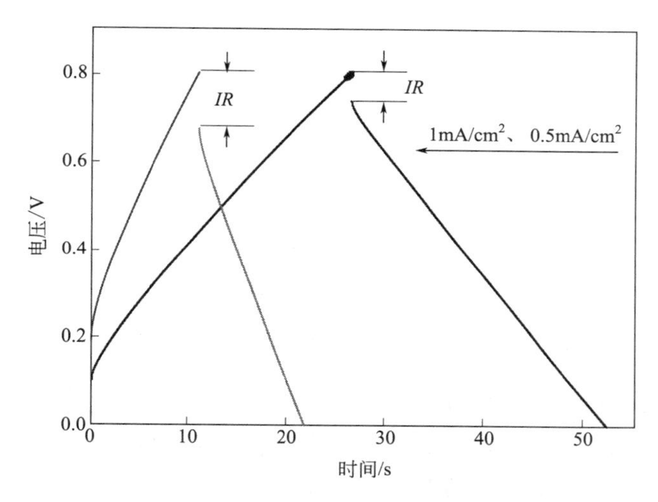

图 7-9　石墨烯电极在不同电流密度下的恒流充放电曲线

$$R=\frac{\Delta V}{2i} \tag{7-13}$$

式中，R 为电容器等效串联电阻；i 为充放电电流；ΔV 为电位突变。

由于实际上比容量通常是随电极电位变化而变化的，因此电极的充放电曲线可能会偏离线性关系。所以当计算比电容时，电压窗口的选择十分重要。

对于超级电容器电极材料的研究来说，单电极测试的电容值往往比实际的电容值要高，因此往往需要将电极组装成对称型双电极电容器单体或者模块进行测试，这样才能得到接近实际情况的性能。此外，根据不同电流密度下的放电特性，还可以分别计算出电容器的能量密度、功率密度和最大功率密度[369]。

$$E=\frac{1}{2m}C_{\mathrm{cell}}V^2 \tag{7-14}$$

$$P=\frac{E}{t} \tag{7-15}$$

$$P_{\max}=\frac{V^2}{4mR_{\mathrm{s}}} \tag{7-16}$$

式中，E 为能量密度，W·h/kg；C_{cell} 为电容器单体或模块的电容，F；V 为扣除电压降（IR）之后放电时间所对应的电势差，V；m 为两个电极上活性物质的质量和，g；t 为放电时间，s；P 为功率密度，W/kg；P_{max} 为最大功率密度，W/kg；R_s 为等效串联内阻，Ω。

由以上公式求得的是电容器的质量能量密度和质量功率密度，如果将式中的质量换成电容器的体积，则得到电容器的体积能量密度和体积功率密度。如果以电容器的能量密度和相应的功率密度作图，即可获得超级电容器的 Ragone 图，其典型形式如图 7-10 所示[370]。

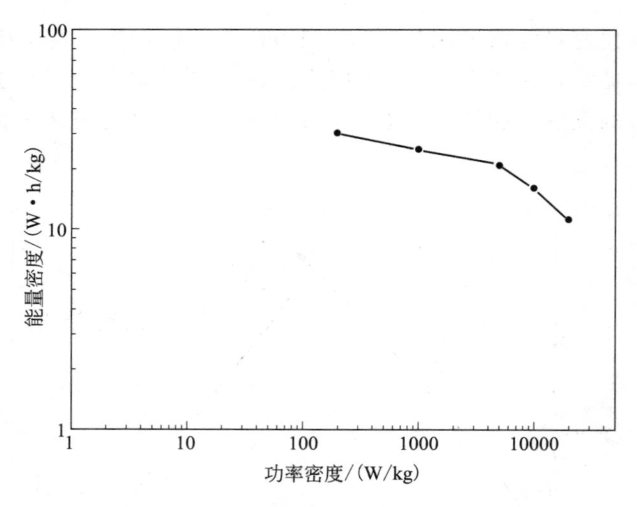

图 7-10　能量密度-功率密度（Ragone）图[370]

由图 7-10 可知，当放电电流增加时，电容器的功率密度随之增加，但其能量密度呈下降趋势。当功率密度增加到一定值后，能量密度随着功率密度的增加呈现加速下降趋势。这主要有两个原因：第一，电容器的容量会随着充放电倍率的增加而下降，导致能量降低；第二，电容器有等效串联内阻，在大电流密度放电时电压降更加显著，由内阻导致的能量消耗更加显著。所以对用于功率输出的电容器而言，降低 ESR 是获得高功率密度关键的因素。

（3）电化学交流阻抗谱

电化学交流阻抗谱是一种基于稳态的电化学测试技术，可以实现在不同时间尺度上的测量，以保证电化学工作站有足够的时间达到稳态而获得精确的数据[371]。电容器的交流阻抗测试是一种黑箱测试，是通过输入一个扰动的信号，获得相应的响应信号，从而来判断电容器的内部结构。

对于稳定的电化学系统，系统的阻抗用角速度的复变函数来表示：

$$Z=Z'+jZ''=|Z|(\cos\varphi-j\sin\varphi)$$

式中，Z' 与 Z'' 分别为阻抗的实部与虚部；$|Z|$ 为阻抗的模量；φ 为相位角。

阻抗是一个矢量，若以阻抗的虚部对阻抗的实部作图，可以得到表示阻抗特征的平面图，称为 Nyquist 图。对于理想的双电层电容器，其理论阻抗谱如图 7-11 所示[372]。根据测试频率的不同，电化学阻抗图谱可划分为低、中、高频三个区域。在高频区，电容器表现为纯电阻特征，不存在虚部值，在图中表现为与 x 轴重合的直线。对于实际的双电层电容器，其交流阻抗图谱的高频区通常是一个半圆形曲线即阻抗弧，其表征电极界面的电荷转移电阻。在中频区，阻抗曲线表现为 45°斜线，其与 x 轴的交点对应于电阻值 R_s（R_s 为电容器的串联等效电阻）。在低频区，阻抗图表现为一条垂直于 x 轴的直线。中频区和低频区的拐点对应的频率与电解液在电极材料中的扩散阻力有关。在中频区中随着电压频率逐渐降低，电解液离子逐渐向材料孔道更深处扩散；当达到拐点频率时，所有可吸附离子的表面恰好达到饱和。因此，在 Nyquist 图中，我们既可以获得电容器的等效串联电阻值，也可获得拐点频率来判断电容器的倍率性能[371]。

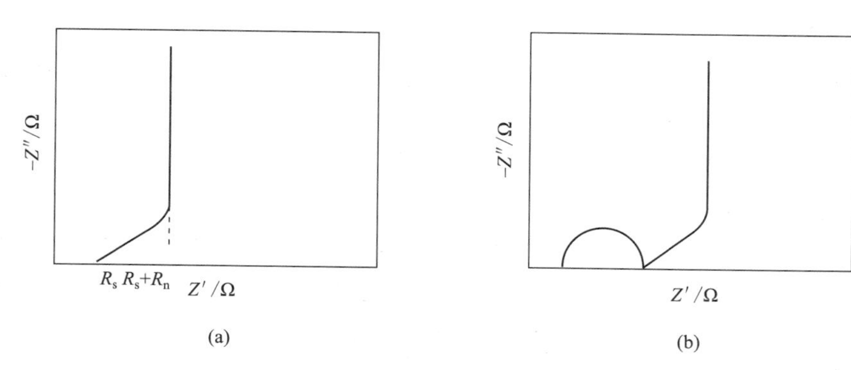

图 7-11 理想双电层电容器交流阻抗图谱及实际双电层电容器交流阻抗图谱

在实际生产中电容器模块化器件还要进行漏电流和自放电测试，以表征电容器的存储性能。

7.7 超级电容器的应用与展望

与电池相比，超级电容器具有功率密度高、充放电循环寿命长、充电时间短、可靠性高等优点，除了在消费类电子产品、智能电表、程控交换机、电动玩具、电动工具等领域获得了应用之外，在可再生能源发电存储及电网稳定运行、能量回收、新能源汽车以及轨道交通系统等领域的应用也已经全面展开[159]。

（1）可再生能源发电存储及电网系统

超级电容器在可再生能源领域的应用主要包括：风力发电变桨控制，提高风力发电的稳定性、连续性；作为光伏发电的储能装置应用于路灯、交通指示灯等[373,374]。

超级电容器和电池类似，在工作过程中没有运动部件，基本上可做到免维护，而且相对于电池具有非常高的安全性和可靠性。超级电容器不仅可以应用于太阳能、风能等运行不稳定的可再生能源的发电系统，也可作为短时供电的备用电源，起到电网调峰的作用。目前，超级电容器已经在高山气象台、边防哨所等苛刻环境下实现了应用。但是超级电容器的能量密度低、端电压波动范围比较大、电容的串联均压等问题是限制其应用和发展的制约因素。

（2）混合动力及纯电动汽车[369]

燃油汽车的尾气排放是空气污染的重要源头之一。新能源汽车主要以电能为主，而电能来源广泛，且可再生能源发电比例亦在不断提升，因此新能源汽车有望取代燃油汽车成为未来主要的交通工具。而超级电容器具有充放电迅速、循环寿命长、安全性能好等优点，在新能源汽车中大有可为。

目前电动汽车的动力电池主要有铅酸蓄电池、氢-镍电池、锂离子电池以及燃料电池等。其中，又以锂离子电池应用最为广泛。锂离子电池虽然能量密度高、行驶里程长，但是其存在充放电时间长、工作寿命短、安全性差等不足。与之相比，超级电容器虽然能量密度较低，但是功率大、充电速度快、输出功率大、制动能量回收效率高。如二者组成混合动力系统，则当电动汽车或混合动力汽车在加速的过程中，超级电容器可以提供瞬时脉冲功率，极大地减少汽油等燃料的消耗，并且提高电池的使用寿命，这也是目前电动汽车的主要发展方向。同时，在一些公共交通领域超级电容也可以做到部分替代锂离子电池。

（3）能量回收系统[375]

超级电容器还可以应用于港口货物的起重机或者是油田钻井机器的能量回收装置，在下降期间回收较大的势能，在上升的时候输出电能。由于起重器启动的瞬间需要较大功率而且启动频次高，刚好符合超级电容器能量密度高、使用寿命长的优势。

（4）轨道交通领域的应用[376]

现代有轨电车具有运行成本低、环保、便捷等优势，已成为公共交通领域的重要组成部分。有轨电车的运营一般依靠直流电网供电，通常情况下电车制动时动能转化成热能损耗在空气中，不仅浪费电能还影响刹车系统的寿命。而通过超级电容器的使用可回收电车制动过程中富余的能量，可显著降低因电池制动带来的能量损耗，大幅提高牵引机车的总体能量效力。目前，使用超级电容器动力的广州海珠线和淮安交通线已示范运行，并且国内有 100 多个城市正拟兴建超级电容器有轨电车示范线[377]。

随着技术的不断发展，超级电容器的应用范围必将得到扩展，但是超级电容器的发展定位不应简单地局限于电池的替代品。因为，从理论上说，超级电容的能量密度很难超过甚至达到电池的水平。因此，超级电容器的应用应更多地基于其本身的高功率、高安全性以及长寿命等性能特点，例如，在未来可穿戴消费电子及医疗电子产品等领域超级电容器也必将具有广泛的应用场景。

习　题

1. 超级电容器与传统电容器有什么区别？

2. 超级电容器与电池相比有什么不同？

3. 按电极材料分类，超级电容器可分为三种类型，请分述超级电容器这三种类型的定义及其电能存储机制。比较三种类型的超级电容器电极材料的优点及缺点。

4. 描述赝电容和双电层电容的区别。

5. 描述混合电容器的工作原理。

6. 区分典型的超级电容器和电池的循环伏安曲线、恒流充放电曲线特点。

7. 如何改性提高碳基超级电容器的电化学性能？

8. 赝电容材料包括哪些典型类型？其作为超级电容器电极材料存在哪些不足？请简述说明。

9. 简述超级电容器的基本工艺制作流程。

10. 提高超级电容器的能量密度可以通过哪些途径实现？

参 考 文 献

[1] 郭炳焜，李新海，杨松青．化学电源：电池原理及制造技术［M］. 长沙：中南大学出版社，2009.

[2] 沈阳蓄电池研究所技术情报室．铅酸蓄电池［M］. 北京：机械工业出版社，1987.

[3] 姜绍信．铅酸蓄电池快速充电［M］. 天津：天津科学技术出版社，1984.

[4] Vincent A，Scrosati B. 先进电池：电化学电源导论［M］. 屠海令，吴伯荣，朱磊，译．北京：冶金工业出版社，2006.

[5] 王振和，王进华．铅酸蓄电池的制造和使用［M］. 北京：中国科学技术出版社，2010.

[6] 徐品弟，柳厚田．铅酸蓄电池——基础理论和工艺原理［M］. 上海：上海科学技术文献出版社，1996.

[7] 毕秋芳，杨军，王久林，等．铅酸蓄电池胶体电解液的研究进展［J］. 蓄电池，2009（3）：117-122.

[8] 陈代武，李绿冰，林目玉，等．铅酸蓄电池添加剂的研究进展［J］. 电源技术，2012，36（8）：1248-1250.

[9] Yang J，Hu C，Wang H，et al. Review on the research of failure modes and mechanism for lead-acid batteries［J］. Int J Energ Res，2017，41（3）：336-352.

[10] 王有山，孙力生，王海森，等．铅酸蓄电池正极添加剂的研究［J］. 蓄电池，2012，47（4）：182-185.

[11] 胡琪卉，张慧，张丽芳，等．铅酸蓄电池正极活性物质添加剂的研究进展［J］. 蓄电池，2012，52（2）：91-94.

[12] 张红润．铅酸蓄电池极板添加剂研究概况［J］. 机电产品开发与创新，2009，22（2）：23，24.

[13] Tong P，Zhao R，Zhang R，et al. Characterization of lead（Ⅱ）-containing activated carbon and its excellent performance of extending lead-acid battery cycle life for high-rate partial-state-of-charge operation［J］. J Power Sources，2015，289：91-102.

[14] 王夺，吴耀明，董相廷，等．超级电池的设计及研究进展［J］. 化学工程与技术，2012，02（2）：17-22.

[15] 蔡跃宗，高军，李益孝，等．负极添加碳纳米管的铅酸电池的性能［J］. 电池，2015，45（5）：251-254.

[16] Swogger S W，Everill P，Dubey D P，et al. Discrete carbon nanotubes increase lead acid battery charge acceptance and performance［J］. J Power Sources，2014，264：55-63.

[17] 徐绮勤，龙群英，吴涵挚，等．在高倍率部分荷电状态下三维石墨烯对铅酸电池寿命的影响［J］. 华南师范大学学报，2018，50（3）：24-28.

[18] Yeung K K，Zhang X F，Kwok S C T，et al. Enhanced cycle life of lead-acid battery using graphene as a sulfation suppression additive in negative active material［J］. RSC Adv，2015，5（87）：71314-71321.

[19] Dada O J，Yuen M M F. Interconnected graphene networks as novel nano-composites for optimizing lead acid battery［C］//2015 IEEE 15th International Conference on Nanotechnology（IEEE-Nano）. 2015.

[20] Dada O J，Yuen M M F. Effects of the agglomerate size of reduced graphene electrocatalyst：lead acid battery cathode as a case［C］//2015 IEEE 15th International Conference on Nanotechnology（IEEE-Nano）. 2015.

[21] Wang F，Hu C，Zhou M，et al. Research progresses of cathodic hydrogen evolution in advanced lead-acid batteries［J］. Sci Bull，2016，61（6）：451-458.

[22] Wang L Y，Zhang H，Cao G P，et al. Effect of activated carbon surface functional groups on nano-lead electrodeposition and hydrogen evolution and its applications in lead-carbon batteries［J］. Electrochim Acta，2015，186：654-663.

[23] 李冠华．基于降低成本的铅酸蓄电池生产工艺改进以及对电池维护的影响［J］. 信息记录材料，2017，18（1）：59-60.

[24] 史鹏飞．化学电源工艺学［M］. 哈尔滨：哈尔滨工业大学出版社，2006.

[25] 伊晓波．铅酸蓄电池制造与过程控制［M］. 北京：机械工业出版社，2004.

[26] 马松艳，赵东江．二次电池的原理与制造技术［M］. 哈尔滨：黑龙江教育出版社，2006.

[27] Nazri G-A，Pistoia G. Lithium batteries：science and technology［J］. Electrochimica Acta，2004，49（13）：2215-2216.

[28] Whittingham M S. Chalcogenide battery. Google Patents，1977.

[29] Li W，Dahn J R. Aqueous electrochemical preparation of insertion compounds and use in non-aqueous rechargeable batteries. Google Patents，1997.

[30] Armand M, Touzain P. Graphite intercalation compounds as cathode materials [J]. Mater Sci Eng, 1977, 31: 319-329.

[31] Whittingham M S. The role of ternary phases in cathode reactions [J]. J Electrochem Soc, 1976, 123 (3): 315-320.

[32] Mizushima K, Jones P, Wiseman P, et al. Li_xCoO_2 ($0<x\leqslant 1$): A new cathode material for batteries of high energy density [J]. Mater Res Bull, 1980, 15 (6): 783-789.

[33] Thackeray M M, Goodenough J B. Solid state cell wherein an anode, solid electrolyte and cathode each comprise a cubic-close-packed framework structure. Google Patents, 1985.

[34] Thackeray M M, David W I F, Bruce P G, et al. Lithium insertion into manganese spinels [J]. Mater Res Bull, 1983, 18 (4): 461-472.

[35] Manthiram A, Goodenough J B. Lithium insertion into $Fe_2(SO_4)_3$ frameworks [J]. J Power Sources, 1989, 26 (3): 403-408.

[36] Padhi A K, Nanjundaswamy K S, Goodenough J B. Phospho-olivines as positive electrode materials for rechargeable lithium batteries [J]. J Electrochem Soc, 1997, 144 (4): 1188-1194.

[37] Agarwal R, Selman J. In Stagewise electrochemical intercalation of lithium in graphite by means of a molten salt cell [C]//Proceedings of the Fall 1985 meeting of the Electrochemical Society. 1985.

[38] Nagaura T, Tazawa K. Lithium ion rechargeable battery [J]. Progress in Batteries & Solar Cells, 1990, 9: 212.

[39] Yamahira T, Kato H, Anzai M. Nonaqueous electrolyte secondary battery. Google Patents, 1991.

[40] Sokira T J. Battery system. Google Patents, 1991.

[41] 尹廷锋，谢颖．锂离子电池电极材料 [M]. 北京：化学工业出版社，2019.

[42] 陈军，陶占良，苟兴龙．化学电源：原理、技术与应用 [M]. 北京：化学工业出版社，2006.

[43] Jeong E-D, Won M-S, Shim Y-B. Cathodic properties of a lithium-ion secondary battery using $LiCoO_2$ prepared by a complex formation reaction [J]. J Power Sources, 1998, 70 (1): 70-77.

[44] Peng Z, Wan C, Jiang C. Synthesis by sol-gel process and characterization of $LiCoO_2$ cathode materials [J]. J Power Sources, 1998, 72 (2): 218-223.

[45] Oz E, Altin S, Demirel S, et al. Electrochemical effects and magnetic properties of B substituted $LiCoO_2$: improving Li-battery performance [J]. J Alloys Compd, 2016, 657: 835-847.

[46] Julien C, Camacho-Lopez M, Mohan T, et al. Combustion synthesis and characterization of substituted lithium cobalt oxides in lithium batteries [J]. Solid State Ionics, 2000, 135 (1-4): 244-251.

[47] Tukamoto H, West A. Electronic conductivity of $LiCoO_2$ and its enhancement by magnesium doping [J]. J Electrochem Soc, 1997, 144 (9): 3164-3168.

[48] Cho J, Kim C S, Yoo S I. Improvement of structural stability of $LiCoO_2$ cathode during electrochemical cycling by sol-gel coating of SnO_2 [J]. Electrochem Solid-State Lett, 2000, 3 (8): 362-365.

[49] Cao Q, Zhang H, Wang G, et al. A novel carbon-coated $LiCoO_2$ as cathode material for lithium ion battery [J]. Electrochem Commun, 2007, 9 (5): 1231-1235.

[50] Scott I D, Jung Y S, Cavanagh A S, et al. Ultrathin coatings on nano-$LiCoO_2$ for Li-ion vehicular applications [J]. Nano Lett, 2010, 11 (2): 414-418.

[51] Jung Y S, Cavanagh A S, Dillon A C, et al. Enhanced stability of $LiCoO_2$ cathodes in lithium-ion batteries using surface modification by atomic layer deposition [J]. J Electrochem Soc, 2010, 157 (1): A75-A81.

[52] Kalyani P, Kalaiselvi N. Various aspects of $LiNiO_2$ chemistry: A review [J]. Sci Technol Adv Mat, 2005, 6 (6): 689-703.

[53] Hirano A, Kanno R, Kawamoto Y, et al. Relationship between non-stoichiometry and physical properties in $LiNiO_2$ [J]. Solid State Ionics, 1995, 78 (1): 123-131.

[54] Arroyo y de Dompablo M E, Ceder G. First-principles calculations on Li_xNiO_2: phase stability and monoclinic distortion [J]. J Power Sources, 2003, 119-121: 654-657.

[55] 刘汉三，杨勇，张忠如，等．锂离子电池正极材料锂镍氧化物研究新进展 [J]. 电化学，2001，7 (2)：145-154.

[56] Cho J, Kim T-J, Kim Y J, et al. High-performance ZrO_2-coated $LiNiO_2$ cathode material [J]. Electrochem Solid-State Lett, 2001, 4 (10): A159-A161.

[57] Mohan P, Kalaignan G P. Electrochemical behaviour of surface modified SiO_2-coated $LiNiO_2$ cathode materials for rechargeable lithium-ion batteries [J]. J Nanosci Nanotechno, 2013, 13 (4): 2795-2800.

[58] Kang J, Han B. First-principles study on the thermal stability of $LiNiO_2$ materials coated by amorphous Al_2O_3 with atomic layer thickness [J]. ACS Appl Mater Inter, 2015, 7 (21): 11599-11603.

[59] Zuo D, Tian G, Li X, et al. Recent progress in surface coating of cathode materials for lithium ion secondary batteries [J]. J Alloys Compd, 2017, 706: 24-40.

[60] Chowdari B, Rao G S, Chow S. Cathodic behavior of (Co, Ti, Mg)-doped $LiNiO_2$ [J]. Solid State Ionics, 2001, 140 (1,2): 55-62.

[61] Gupta A, Chemelewski W D, Buddie Mullins C, et al. High-rate oxygen evolution reaction on Al-doped $LiNiO_2$ [J]. Adv Mater, 2015, 27 (39): 6063-6067.

[62] Cao H, Xia B, Xu N, et al. Structural and electrochemical characteristics of Co and Al co-doped lithium nickelate cathode materials for lithium-ion batteries [J]. J Alloys Compd, 2004, 376 (1-2): 285-289.

[63] Yu A, Rao G S, Chowdari B. Synthesis and properties of $LiGa_xMg_yNi_{1-x-y}O_2$ as cathode material for lithium ion batteries [J]. Solid State Ionics, 2000, 135 (1-4): 131-135.

[64] Lee E, Iddir H, Benedek R. In the effects of Co-Substitution and Al-Doping on the Structural Stability of $LiNiO_2$ [C]//The Electrochemical Society, 2016: 847.

[65] Robertson A D, Bruce P G. Mechanism of Electrochemical Activity in Li_2MnO_3 [J]. Chem Mater, 2003, 15 (10): 1984-1992.

[66] Koyama Y, Tanaka I, Adachi H, et al. Crystal and electronic structures of superstructural Li_{1-x} $[Co_{1/3}Ni_{1/3}Mn_{1/3}]O_2$ $(0 \leqslant x \leqslant 1)$ [J]. J Power Sources, 2003, 119: 644-648.

[67] Lu Z, MacNeil D, Dahn J. Layered Li $[Ni_xCo_{1-2x}Mn_x]O_2$ cathode materials for lithium-ion batteries [J]. Electrochem Solid-State Lett, 2001, 4 (12): A200-A203.

[68] MacNeil D, Lu Z, Dahn J R. Structure and electrochemistry of Li $[Ni_xCo_{1-2x}Mn_x]O_2$ $(0 \leqslant x \leqslant 1/2)$ [J]. J Electrochem Soc, 2002, 149 (10): A1332-A1336.

[69] Jouanneau S, MacNeil D, Lu Z, et al. Morphology and safety of Li $[Ni_xCo_{1-2x}Mn_x]O_2$ $(0 \leqslant x \leqslant 1/2)$ [J]. J Electrochem Soc, 2003, 150 (10): A1299-A1304.

[70] Jouanneau S, Eberman K, Krause L, et al. Synthesis, characterization, and electrochemical behavior of improved Li $[Ni_xCo_{1-2x}Mn_x]O_2$ $(0.1 \leqslant x \leqslant 0.5)$ [J]. J Electrochem Soc, 2003, 150 (12): A1637-A1642.

[71] Noh H-J, Youn S, Yoon C S, et al. Comparison of the structural and electrochemical properties of layered Li $[Ni_xCo_yMn_z]O_2$ ($x = 1/3$, 0.5, 0.6, 0.7, 0.8 and 0.85) cathode material for lithium-ion batteries [J]. J Power Sources, 2013, 236: 121-130.

[72] Shaju K, Rao G S, Chowdari B. Influence of Li-ion kinetics in the cathodic performance of layered Li $(Ni_{1/3}Co_{1/3}Mn_{1/3})O_2$ [J]. J Electrochem Soc, 2004, 151 (9): A1324-A1332.

[73] Amaraweera T, Wijayasinghe A, Mellander B-E, et al. Development of Li $(Ni_{1/3}Mn_{1/3}Co_{1/3-x}Na_x)O_2$ cathode materials by synthesizing with glycine nitrate combustion technique for Li-ion rechargeable batteries [J]. Ionics, 2017, 23 (11): 3001-3011.

[74] Liu W, Oh P, Liu X, et al. Nickel-rich layered lithium transition-metal oxide for high-energy lithium-ion batteries [J]. Angew Chem Int Ed, 2015, 54 (15): 4440-4457.

[75] Manthiram A, Knight J C, Myung S T, et al. Nickel-rich and lithium-rich layered oxide cathodes: progress and perspectives [J]. Adv Energy Mater, 2016, 6 (1): 1501010.

[76] Huang Z, Wang Z, Zheng X, et al. Effect of Mg doping on the structural and electrochemical performance of $LiNi_{0.6}Co_{0.2}Mn_{0.2}O_2$ cathode materials [J]. Electrochim Acta, 2015, 182: 795-802.

[77] Park S-H, Oh S W, Sun Y-K. Synthesis and structural characterization of layered Li $[Ni_{1/3+x}Co_{1/3}Mn_{1/3-2x}Mo_x]O_2$ cathode materials by ultrasonic spray pyrolysis [J]. J Power Sources, 2005, 146 (1, 2): 622-625.

[78] Araki K, Taguchi N, Sakaebe H, et al. Electrochemical properties of $LiNi_{1/3}Co_{1/3}Mn_{1/3}O_2$ cathode material modified by coating with Al_2O_3 nanoparticles [J]. J Power Sources, 2014, 272: 239-246.

[79] Cho W, Kim S-M, Song J H, et al. Improved electrochemical and thermal properties of nickel rich $LiNi_{0.6}Co_{0.2}Mn_{0.2}O_2$ cathode materials by SiO_2 coating [J]. J Power Sources, 2015, 285: 45-50.

[80] Kim Y, Kim H S, Martin S W. Synthesis and electrochemical characteristics of Al_2O_3-coated $LiNi_{1/3}Co_{1/3}Mn_{1/3}O_2$ cathode materials for lithium-ion batteries [J]. Electrochim Acta., 2006, 52 (3): 1316-1322.

[81] Zheng J, Zhang Z, Wu X, et al. The effects of AlF_3 coating on the performance of Li [$Li_{0.2}Mn_{0.54}Ni_{0.13}Co_{0.13}$] O_2 positive electrode material for lithium-ion battery [J]. J Electrochem Soc, 2008, 155 (10): A775-A782.

[82] Huang Y, Chen J, Ni J, et al. A modified ZrO_2-coating process to improve electrochemical performance of Li ($Ni_{1/3}Co_{1/3}Mn_{1/3}$)O_2 [J]. J Power Sources, 2009, 188 (2): 538-545.

[83] Wu Z-S, Ren W, Gao L, et al. Synthesis of high-quality graphene with a pre-determined number of layers [J]. Carbon, 2009, 47 (2): 493-499.

[84] Guo R, Shi P, Cheng X, et al. Effect of ZnO modification on the performance of $LiNi_{0.5}Co_{0.25}Mn_{0.25}O_2$ cathode material [J]. Electrochim Acta, 2009, 54 (24): 5796-5803.

[85] Xu K, Jie Z, Li R, et al. Synthesis and electrochemical properties of CaF_2-coated for long-cycling Li [$Mn_{1/3}Co_{1/3}Ni_{1/3}$]O_2 cathode materials [J]. Electrochim Acta, 2012, 60: 130-133.

[86] 谢元，李俊华，王佳，等．锂离子电池三元正极材料的研究进展 [J]. 无机盐工业，2018，7：5.

[87] Son J, Park K, Kim H G, et al. Surface-modification of $LiMn_2O_4$ with a silver-metal coating [J]. J Power Sources, 2004, 126 (1, 2): 182-185.

[88] Arumugam D, Kalaignan G P. Synthesis and electrochemical characterizations of Nano-SiO_2-coated $LiMn_2O_4$ cathode materials for rechargeable lithium batteries [J]. J Electroanal Chem, 2008, 624 (1, 2): 197-207.

[89] Liu D, He Z, Liu X. Increased cycling stability of $AlPO_4$-coated $LiMn_2O_4$ for lithium ion batteries [J]. Mater Lett, 2007, 61 (25): 4703-4706.

[90] Liu H, Cheng C, Zhang K. The effect of ZnO coating on $LiMn_2O_4$ cycle life in high temperature for lithium secondary batteries [J]. Mater Chem Phys, 2007, 101 (2, 3): 279-282.

[91] Tu J, Zhao X B, Cao G S, et al. Improved performance of $LiMn_2O_4$ cathode materials for lithium ion batteries by gold coating [J]. Mater Lett, 2006, 60 (27): 3254-3257.

[92] Zhang D, Popov B N, White R E. Electrochemical investigation of $CrO_{2.65}$ doped $LiMn_2O_4$ as a cathode material for lithium-ion batteries [J]. J Power Sources, 1998, 76 (1): 81-90.

[93] He X, Li J, Cai Y, et al. Preparation of co-doped spherical spinel $LiMn_2O_4$ cathode materials for Li-ion batteries [J]. J Power Sources, 2005, 150: 219-225.

[94] Arumugam D, Kalaignan G P, Vediappan K, et al. Synthesis and electrochemical characterizations of nano-scaled Zn doped $LiMn_2O_4$ cathode materials for rechargeable lithium batteries [J]. Electrochim Acta, 2010, 55 (28): 8439-8444.

[95] Thirunakaran R, Ravikumar R, Gopukumar S, et al. Electrochemical evaluation of dual-doped $LiMn_2O_4$ spinels synthesized via co-precipitation method as cathode material for lithium rechargeable batteries [J]. J Alloys Compd, 2013, 556: 269-276.

[96] Singhal R, Das S R, Tomar M S, et al. Synthesis and characterization of Nd doped $LiMn_2O_4$ cathode for Li-ion rechargeable batteries [J]. J Power Sources, 2007, 164 (2): 857-861.

[97] Arumugam D, Kalaignan G P. Synthesis and electrochemical characterizations of nano size Ce doped $LiMn_2O_4$ cathode materials for rechargeable lithium batteries [J]. J Electroanal Chem, 2010, 648 (1): 54-59.

[98] Tsuji T, Umakoshi H, Yamamura Y. Thermodynamic properties of undoped and Fe-doped $LiMn_2O_4$ at high temperature [J]. J Phys Chem Solids, 2005, 66 (2-4): 286-290.

[99] Han S C, Singh S P, Hwang Y-h, et al. Gadolinium-doped $LiMn_2O_4$ cathodes in Li ion batteries: understanding the stabilized structure and enhanced electrochemical kinetics [J]. J Electrochem Soc, 2012, 159 (11): A1867-A1873.

[100] Wen W, Ju B, Wang X, et al. Effects of magnesium and fluorine co-doping on the structural and electrochemical

performance of the spinel $LiMn_2O_4$ cathode materials [J]. Electrochim Acta, 2014, 147: 274-281.

[101] Xiong L, Xu Y, Tao T, et al. Synthesis and electrochemical characterization of multi-cations doped spinel $LiMn_2O_4$ used for lithium ion batteries [J]. J Power Sources, 2012, 199: 217-222.

[102] Liu Q, Wang S, Tan H, et al. Preparation and doping mode of doped $LiMn_2O_4$ for Li-ion batteries [J]. Energies, 2013, 6 (3): 1718-1730.

[103] Kannan A, Manthiram A. Surface/chemically modified $LiMn_2O_4$ cathodes for lithium-ion batteries [J]. Electrochem Solid-State Lett, 2002, 5 (7): A167-A169.

[104] Sun B, Long Y Z, Chen Z J, et al. Recent advances in flexible and stretchable electronic devices via electrospinning [J]. Journal of Materials Chemistry C, 2014, 2 (7): 1212-1222.

[105] Li J, Zhu Y, Wang L, et al. Lithium titanate epitaxial coating on spinel lithium manganese oxide surface for improving the performance of lithium storage capability [J]. ACS Appl Mater Inter, 2014, 6 (21): 18742-18750.

[106] Gnanaraj J, Pol V, Gedanken A, et al. Improving the high-temperature performance of $LiMn_2O_4$ spinel electrodes by coating the active mass with MgO via a sonochemical method [J]. Electrochem Commun, 2003, 5 (11): 940-945.

[107] Ouyang C, Zeng X, Sljivancanin Z, et al. Oxidation states of Mn atoms at clean and Al_2O_3-covered $LiMn_2O_4$ (001) surfaces [J]. J Phys Chem C, 2010, 114 (10): 4756-4759.

[108] Cho J, Kim G B, Lim H S, et al. Improvement of Structural Stability of $LiMn_2O_4$ Cathode Material on 55℃ Cycling by Sol-Gel Coating of $LiCoO_2$ [J]. Electrochem Solid-State Lett, 1999, 2 (12): 607-609.

[109] Lim S, Cho J. PVP-Assisted ZrO_2 coating on $LiMn_2O_4$ spinel cathode nanoparticles prepared by MnO_2 nanowire templates [J]. Electrochem Commun, 2008, 10 (10): 1478-1481.

[110] Zhang D, Wang J, Dong K, et al. First principles investigation on the elastic and electronic properties of Mn, Co, Nb, Mo doped $LiFePO_4$ [J]. Computational Materials Science, 2018, 155: 410-415.

[111] Zhang P, Wang Y, Lin M, et al. Doping Effect of Nb^{5+} on the Microstructure and Defects of $LiFePO_4$ [J]. J Electrochem Soc, 2012, 159 (4): A402-A409.

[112] Li L, Li X, Wang Z, et al. Stable cycle-life properties of Ti-doped $LiFePO_4$ compounds synthesized by co-precipitation and normal temperature reduction method [J]. J Phys Chem Solids, 2009, 70 (1): 241-245.

[113] Park K, Son J, Chung H, et al. Surface modification by silver coating for improving electrochemical properties of $LiFePO_4$ [J]. Solid State Commun, 2004, 129 (5): 311-314.

[114] Huang Y-H, Park K-S, Goodenough J B. Improving lithium batteries by tethering carbon-coated $LiFePO_4$ to polypyrrole [J]. J Electrochem Soc, 2006, 153 (12): A2315-A2319.

[115] Yan X, Li Z, Wen Z, et al. $Li/Li_7La_3Zr_2O_{12}/LiFePO_4$ all-solid-state battery with ultrathin nanoscale solid electrolyte [J]. J Phys Chem C, 2017, 121 (3): 1431-1435.

[116] Shin H C, Cho W I, Jang H. Electrochemical properties of carbon-coated $LiFePO_4$ cathode using graphite, carbon black, and acetylene black [J]. Electrochim Acta, 2006, 52 (4): 1472-1476.

[117] Konarova M, Taniguchi I. Synthesis of carbon-coated $LiFePO_4$ nanoparticles with high rate performance in lithium secondary batteries [J]. J Power Sources, 2010, 195 (11): 3661-3667.

[118] Wu Y, Wen Z, Li J. Hierarchical carbon-coated $LiFePO_4$ nanoplate microspheres with high electrochemical performance for Li-ion batteries [J]. Adv Mater, 2011, 23 (9): 1126-1129.

[119] Cao Y, Xiao L, Ai X, et al. Surface-modified graphite as an improved intercalating anode for lithium-ion batteries [J]. Electrochem Solid-State Lett, 2003, 6 (2): A30-A33.

[120] Ein-Eli Y, Koch V R. Chemical oxidation: a route to enhanced capacity in Li-Ion graphite anodes [J]. J Electrochem Soc, 1997, 144 (9): 2968-2973.

[121] Ding Y-S, Li W-N, Iaconetti S, et al. Characteristics of graphite anode modified by CVD carbon coating [J]. Surf Coat Technol, 2006, 200 (9): 3041-3048.

[122] Ding F, Xu W, Choi D, et al. Enhanced performance of graphite anode materials by AlF_3 coating for lithium-ion batteries [J]. J Mater Chem, 2012, 22 (25): 12775-12781.

[123] Yoshio M, Wang H, Fukuda K, et al. Effect of carbon coating on electrochemical performance of treated natural graphite as lithium-ion battery anode material [J]. J Electrochem Soc, 2000, 147 (4): 1248-1253.

[124] Yoshio M, Wang H, Fukuda K. Spherical carbon-coated natural graphite as a lithium-ion battery anode material [J]. Angew Chem, 2003, 115 (35): 4335-4341.

[125] Yoon S, Kim H, Oh S M. Surface modification of graphite by coke coating for reduction of initial irreversible capacity in lithium secondary batteries [J]. J Power Sources, 2001, 94 (1): 68-73.

[126] Ashida K, Ichimura K, Matsuyama M, et al. Surface modification of pyrolytic graphite due to deuterium and helium ion bombardments [J]. J Nucl Mater, 1986, 137 (3): 291-291.

[127] Han Y-J, Kim J, Yeo J-S, et al. Coating of graphite anode with coal tar pitch as an effective precursor for enhancing the rate performance in Li-ion batteries: effects of composition and softening points of coal tar pitch [J]. Carbon, 2015, 94: 432-438.

[128] Veeraraghavan B, Durairajan A, Haran B, et al. Study of Sn-coated graphite as anode material for secondary lithium-ion batteries [J]. J Electrochem Soc, 2002, 149 (6): A675-A681.

[129] Guo K, Pan Q, Wang L, et al. Nano-scale copper-coated graphite as anode material for lithium-ion batteries [J]. J Appl Electrochem, 2002, 32 (6): 679-685.

[130] Yoon Y, Jee S, Lee S, et al. Nano Si-coated graphite composite anode synthesized by semi-mass production ball milling for lithium secondary batteries [J]. Surf Coat Technol, 2011, 209 (2, 3): 553-558.

[131] Momose H, Honbo H, Takeuchi S, et al. X-ray photoelectron spectroscopy analyses of lithium intercalation and alloying reactions on graphite electrodes [J]. J Power Sources, 1997, 68 (2): 211-214.

[132] Zhang Y-g, Wang C-y, Yan P. Mesocarbon microbeads heat-treated at low temperature in presence of $CoCl_2$ as the anode material of a Li-ion battery [J]. Carbon, 2007, 45 (6): 1377-1377.

[133] Dong T, Hou Q-h, Ni H-j. Structure and performance of MCMB sinters doped with different TiC granularities [J]. Journal of Jiangsu University (Natural Science Edition), 2009, 4: 12.

[134] Liu Y, Xue J, Zheng T, et al. Mechanism of lithium insertion in hard carbons prepared by pyrolysis of epoxy resins [J]. Carbon, 1996, 34 (2): 193-200.

[135] Guo Z, Wang C, Chen M, et al. Hard carbon derived from coal tar pitch for use as the anode material in lithium ion batteries [J]. Int J Electrochem Sci, 2013, 8: 2732-2739.

[136] Khosravi M, Bashirpour N, Nematpour F. In synthesis of hard carbon as anode material for lithium ion battery [J]. Advanced Materials Research, 2014, 829: 922-926.

[137] Fujimoto H, Tokumitsu K, Mabuchi A, et al. The anode performance of the hard carbon for the lithium ion battery derived from the oxygen-containing aromatic precursors [J]. J. Power Sources 2010, 195 (21): 7452-7456.

[138] Li W, Chen M, Wang C. Spherical hard carbon prepared from potato starch using as anode material for Li-ion batteries [J]. Mater Lett, 2011, 65 (23-24): 3368-3370.

[139] Jiang Q, Zhang Z, Yin S, et al. Biomass carbon micro/nano-structures derived from ramie fibers and corncobs as anode materials for lithium-ion and sodium-ion batteries [J]. Appl Surf Sci, 2016, 379: 73-82.

[140] Hong K-L, Qie L, Zeng R, et al. Biomass derived hard carbon used as a high performance anode material for sodium ion batteries [J]. J Mater Chem A, 2014, 2 (32): 12763-12768.

[141] Ou J, Zhang Y, Chen L, et al. Nitrogen-rich porous carbon derived from biomass as a high performance anode material for lithium ion batteries [J]. J Mater Chem A, 2015, 3 (12): 6534-6541.

[142] Lv W, Wen F, Xiang J, et al. Peanut shell derived hard carbon as ultralong cycling anodes for lithium and sodium batteries [J]. Electrochim Acta, 2015, 176: 533-541.

[143] Bonino F, Brutti S, Reale P, et al. A disordered carbon as a novel anode material in lithium-ion cells [J]. Adv Mater, 2005, 17 (6): 743-746.

[144] Piotrowska A, Kierzek K, Rutkowski P, et al. Properties and lithium insertion behavior of hard carbons produced by pyrolysis of various polymers at 1000℃ [J]. J Anal Appl Pyrolysis, 2013, 102: 1-6.

[145] Zhang B, Du H, Li B, et al. Structure and electrochemical properties of Zn-doped $Li_4Ti_5O_{12}$ as anode materials in

Li-ion battery [J]. Solid-State Lett，2010，13（4）：A36-A38.

[146] Wang W，Jiang B，Xiong W，et al. A nanoparticle Mg-doped $Li_4Ti_5O_{12}$ for high rate lithium-ion batteries [J]. Electrochim Acta，2013，114：198-207.

[147] Kim J G，Park M S，Hwang S M，et al. Zr^{4+} doping in $Li_4Ti_5O_{12}$ anode for lithium-ion batteries：open Li^+ diffusion paths through structural imperfection [J]. Chem Sus Chem，2014，7（5）：1451-1457.

[148] Kulova T，Kuz'mina A，Skundin A，et al. Electrochemical behavior of gallium-doped lithium titanate in a wide range of potentials [J]. Int J Electrochem Sci，2017，12（4）：3197-3214.

[149] Yi T-F，Xie Y，Wu Q，et al. High rate cycling performance of lanthanum-modified $Li_4Ti_5O_{12}$ anode materials for lithium-ion batteries [J]. J Power Sources，2012，217：223-229.

[150] Huang S，Wen Z，Zhu X，et al. Effects of dopant on the electrochemical performance of $Li_4Ti_5O_{12}$ as electrode material for lithium ion batteries [J]. J Power Sources，2007，165（1）：408-412.

[151] Zhang Q，Zhang C，Li B，et al. Preparation and electrochemical properties of Ca-doped $Li_4Ti_5O_{12}$ as anode materials in lithium-ion battery [J]. Electrochim Acta，2013，98：146-152.

[152] Huang S，Wen Z，Zhu X，et al. Preparation and electrochemical performance of Ag doped $Li_4Ti_5O_{12}$ [J]. Electrochem Commun，2004，6（11）：1093-1097.

[153] Ding K，Zhao J，Sun Y，et al. Using potassium ferricyanide as a dopant to prepare K and Fe co-doped $Li_4Ti_5O_{12}$ [J]. Ceram Int，2016，42（16）：19187-19194.

[154] Zhao F，Xue P，Ge H，et al. Na-doped $Li_4Ti_5O_{12}$ as an anode material for sodium-ion battery with superior rate and cycling performance [J]. J Electrochem Soc，2016，163（5）：A690-A695.

[155] Wang W，Wang H，Wang S，et al. Ru-doped $Li_4Ti_5O_{12}$ anode materials for high rate lithium-ion batteries [J]. J Power Sources，2013，231：247-252.

[156] Erdas A，Ozcan S，Nalci D，et al. Novel Ag/$Li_4Ti_5O_{12}$ binary composite anode electrodes for high capacity Li-ion batteries [J]. Surf Coat Technol，2015，274：136-140.

[157] Wang X，Shen L，Li H，et al. PEDOT coated $Li_4Ti_5O_{12}$ nanorods：soft chemistry approach synthesis and their lithium storage properties [J]. Electrochim Acta，2014，129：286-292.

[158] Wang Y-Q，Gu L，Guo Y-G，et al. Rutile-TiO_2 nanocoating for a high-rate $Li_4Ti_5O_{12}$ anode of a lithium-ion battery [J]. J Am Chem Soc，2012，134（18）：7874-7879.

[159] Zhang H，Liu Y，Wang T，et al. Li_2ZrO_3-coated $Li_4Ti_5O_{12}$ with nanoscale interface for high performance lithium-ion batteries [J]. Appl Surf Sci，2016，368：56-62.

[160] Wang W，Guo Y，Liu L，et al. Gold coating for a high performance $Li_4Ti_5O_{12}$ nanorod aggregates anode in lithium-ion batteries [J]. J Power Sources，2014，248：624-629.

[161] Li X，Xu J，Huang P，et al. In-situ carbon coating to enhance the rate capability of the $Li_4Ti_5O_{12}$ anode material and suppress the electrolyte reduction decomposition on the electrode [J]. Electrochim Acta，2016，190：69-75.

[162] 曾晖，王强，王康平，等．转化型过渡金属氧化物负极材料的研究进展 [J]. 电池工业，2014，19（2）：91-96.

[163] Yuan C，Wu H B，Xie Y，et al. Mixed transition-metal oxides：design，synthesis，and energy-related applications [J]. Angew Chem Int Ed，2014，53（6）：1488-1504.

[164] 王传宝，孔继周，张仕玉，等．锂离子电池过渡金属氧化物负极材料改性技术的研究进展 [J]. 材料导报，2012，26（7）：36-40.

[165] 向银域，陈婵，肖天赐，等．过渡金属氧化物在锂离子电池中的应用 [J]. 电源技术，2017，41（12）：1782-1784.

[166] Fenton D E，Parker J M，Wright P V. Complexes of alkali metal ions with poly（ethylene oxide）[J]. Polymer，1973，14：589.

[167] Armand M，Chabagno J，Duclot M. Second international meeting on solid electrolytes [D]. Scotland：St Andrews，1978.

[168] 王秋君．锂离子电池聚合物电解质的合成及性能研究 [D]. 北京：北京科技大学，2015.

[169] 孙宗杰，丁书江．PEO 基聚合物电解质在锂离子电池中的研究进展 [J]. 科学通报，2018，63：2313-2325.

[170] Murugan R, Thangadurai V, Weppner W. Fast lithium ion conduction in garnet-type $Li_7La_3Zr_2O_{12}$ [J]. Angew Chem Int Ed, 2007, 46 (41): 7778-7781.

[171] Buschmann H, Dölle J, Berendts S, et al. Structure and dynamics of the fast lithium ion conductor "$Li_7La_3Zr_2O_{12}$" [J]. Phys Chem Chem Phys, 2011, 13 (43): 19378-19392.

[172] Thangadurai V, Narayanan S, Pinzaru D. Garnet-type solid-state fast Li ion conductors for Li batteries: critical review [J]. Chem Soc Rev, 2014, 43 (13): 4714-4727.

[173] Bron P, Johansson S, Zick K, et al. $Li_{10}SnP_2S_{12}$: an affordable lithium superionic conductor [J]. J Am Chem Soc, 2013, 135 (42): 15694-15697.

[174] Kato Y, Kawamoto K, Kanno R, et al. Discharge performance of all-solid-state battery using a lithium superionic conductor $Li_{10}GeP_2S_{12}$ [J]. Electrochemistry, 2012, 80 (10): 749-751.

[175] Catti M. First-principles modeling of lithium ordering in the LLTO($Li_xLa_{2/3-x/3}TiO_3$) superionic conductor [J]. Chem Mater, 2007, 19 (16): 3963-3972.

[176] Thokchom J S, Gupta N, Kumar B. Superionic conductivity in a lithium aluminum germanium phosphate glass-ceramic [J]. J Electrochem Soc, 2008, 155 (12): A915-A920.

[177] Cheng H, Zhu C, Huang B, et al. Synthesis and electrochemical characterization of PEO-based polymer electrolytes with room temperature ionic liquids [J]. Electrochim Acta, 2007, 52 (19): 5789-5794.

[178] Zhu C, Cheng H, Yang Y. Electrochemical characterization of two types of PEO-based polymer electrolytes with room-temperature ionic liquids [J]. J Electrochem Soc, 2008, 155 (8): A569-A575.

[179] Sutto T E. The electrochemical behavior of trialkylimidazolium imide based ionic liquids and their polymer gel electrolytes [J]. J Electrochem Soc, 2007, 154 (11): 130-135.

[180] Andreev Y G, Bruce P G. Polymer electrolyte structure and its implications [J]. Electrochim Acta, 2000, 45 (8-9): 1417-1423.

[181] Kamaya N, Homma K, Yamakawa Y, et al. A lithium superionic conductor [J]. Nat Mater, 2011, 10 (9): 682.

[182] Thangadurai V, Adams S, Weppner W. Crystal structure revision and identification of Li^+-ion migration pathways in the garnet-like $Li_5La_3M_2O_{12}$(M=Nb, Ta) oxides [J]. Chem Mater, 2004, 16 (16): 2998-3006.

[183] Thangadurai V, Weppner W. $Li_6ALa_2Ta_2O_{12}$(A=Sr, Ba): novel garnet-like oxides for fast lithium ion conduction [J]. Adv Funct Mater, 2005, 15 (1): 107-112.

[184] Thangadurai V, Weppner W. Effect of sintering on the ionic conductivity of garnet-related structure $Li_5La_3Nb_2O_{12}$ and In-and K-doped $Li_5La_3Nb_2O_{12}$ [J]. J Solid State Chem, 2006, 179 (4): 974-984.

[185] Bucheli W, Durán T, Jimenez R, et al. On the influence of the vacancy distribution on the structure and ionic conductivity of a-site-deficient $Li_xSr_xLa_{2/3-x}TiO_3$ Perovskites [J]. Inorg Chem, 2012, 51 (10): 5831-5838.

[186] Šalkus T, Kazakevičius E, Kežionis A, et al. Determination of the non-Arrhenius behaviour of the bulk conductivity of fast ionic conductors LLTO at high temperature [J]. Solid State Ionics, 2011, 188 (1): 69-72.

[187] Bohnke O, Bohnke C, Fourquet J. Mechanism of ionic conduction and electrochemical intercalation of lithium into the perovskite lanthanum lithium titanate [J]. Solid State Ionics, 1996, 91 (1, 2): 21-31.

[188] Goodenough J, Hong H-P, Kafalas J. Fast Na^+-ion transport in skeleton structures [J]. Mater Res Bull, 1976, 11 (2): 203-223.

[189] Arbi K, Kuhn A, Sanz J, et al. Characterization of lithium insertion into NASICON-Type $Li_{1+x}Ti_{2-x}Al_x(PO_4)_3$ and its electrochemical behavior [J]. J Electrochem Soc, 2010, 157 (6): 654-659.

[190] Perez-Estebanez M, Isasi-Marin J, Rivera-Calzada A, et al. Spark plasma versus conventional sintering in the electrical properties of Nasicon-type materials [J]. J Alloys Compd, 2015, 651: 636-642.

[191] Braga M H, Ferreira J A, Stockhausen V, et al. Novel Li_3ClO based glasses with superionic properties for lithium batteries [J]. J Mater Chem A, 2014, 15 (2): 5470-5480.

[192] Zheng N, Bu X, Feng P. Synthetic design of crystalline inorganic chalcogenides exhibiting fast-ion conductivity [J]. Nature, 2003, 426 (6965): 428.

[193] Kanno R, Hata T, Kawamoto Y, et al. Synthesis of a new lithium ionic conductor, thio-LISICON-lithium germanium sulfide system [J]. Solid State Ionics, 2000, 130 (1, 2): 97-104.

[194] Komiya R, Hayashi A, Morimoto H, et al. Solid state lithium secondary batteries using an amorphous solid electrolyte in the system $(100-x)$ $(0.6Li_2S \cdot 0.4SiS_2)$ $\cdot xLi_4SiO_4$ obtained by mechanochemical synthesis [J]. Solid State Ionics, 2001, 140 (1, 2): 83-87.

[195] Ohtomo T, Hayashi A, Tatsumisago M, et al. All-solid-state lithium secondary batteries using the $75Li_2S \cdot 25P_2S_5$ glass and the $70Li_2S \cdot 30P_2S_5$ glass-ceramic as solid electrolytes [J]. J Power Sources, 2013, 236: 234-238.

[196] Mizuno F, Hayashi A, Tadanaga K, et al. New, highly ion-conductive crystals precipitated from Li_2S-P_2S_5 glasses [J]. Adv Mater, 2005, 17 (7): 918-921.

[197] Zhang S, Gu H, Pan H, et al. A novel strategy to suppress capacity and voltage fading of Li- and Mn-rich layered oxide cathode material for lithium-ion batteries [J]. Adv Energy Mater, 2017, 7 (6): 1601066.

[198] Wu B, Yang X, Jiang X, et al. Synchronous tailoring surface structure and chemical composition of Li-rich-layered oxide for high-energy lithium-ion batteries [J]. Adv Funct Mater, 2018, 28 (37): 1803392.

[199] Hu E, Yu X, Lin R, et al. Evolution of redox couples in Li- and Mn-rich cathode materials and mitigation of voltage fade by reducing oxygen release [J]. Nat Energy, 2018, 3: 690-698.

[200] Park M S, Ma S B, Lee D J, et al. A highly reversible lithium metal anode [J]. Sci Rep, 2014, 4: 3815.

[201] Miao R, Yang J, Xu Z, et al. A new ether-based electrolyte for dendrite-free lithium-metal based rechargeable batteries [J]. Sci Rep, 2016, 6: 22101.

[202] Huang Z, Zeng H, Xie M, et al. A stable lithium-oxygen battery electrolyte based on fully methylated cyclic ether [J]. Angew Chem Int Ed Engl, 2019, 58 (8): 2345-2349.

[203] Ding F, Xu W, Chen X, et al. Effects of carbonate solvents and lithium salts on morphology and coulombic efficiency of lithium electrode [J]. J Electrochem Soc, 2013, 160 (10): A1894-A1901.

[204] Li X, Zheng J, Engelhard M H, et al. Effects of imide-orthoborate dual-salt mixtures in organic carbonate electrolytes on the stability of lithium metal batteries [J]. ACS Appl Mater Inter, 2018, 10 (3): 2499-2509.

[205] Han J-G, Lee J B, Cha A, et al. Unsymmetrical fluorinated malonatoborate as an amphoteric additive for high-energy-density lithium-ion batteries [J]. Energy Environ Sci, 2018, 11 (6): 1552-1562.

[206] Fang Z, Ma Q, Liu P, et al. Novel concentrated Li [(FSO_2) $(n\text{-}C_4F_9SO_2)N$]-based ether electrolyte for superior stability of metallic lithium anode [J]. ACS Appl Mater Inter, 2017, 9 (5): 4285-4292.

[207] Li X, Zheng J M, Ren X, et al. Dendrite-free and performance-enhanced lithium metal batteries through optimizing solvent compositions and adding combinational additives [J]. Adv Energy Mater, 2018, 8 (15): 1703022.

[208] Ding F, Xu W, Graff G L, et al. Dendrite-free lithium deposition via self-healing electrostatic shield mechanism [J]. J Am Chem Soc, 2013, 135 (11): 4450-4456.

[209] Mcowen D W, Seo D M, Borodin O, et al. Concentrated electrolytes: decrypting electrolyte properties and reassessing Al corrosion mechanisms [J]. Energy Environ Sci, 2014, 7: 416-426.

[210] Yamada Y, Yaegashi M, Abe T, et al. A superconcentrated ether electrolyte for fast-charging Li-ion batteries [J]. Chem. Commun, 2013, 49 (95): 11194-11196.

[211] Yamada Y, Usui K, Chiang C H, et al. General observation of lithium intercalation into graphite in ethylene-carbonate-free superconcentrated electrolytes [J]. ACS Appl Mater Inter, 2014, 6 (14): 10892-10899.

[212] Howlett P C, MacFarlane D R, Hollenkamp A F. High lithium metal cycling efficiency in a room-temperature ionic liquid [J]. Electrochem Solid-State Lett, 2004, 7 (5): 97-101.

[213] Song J, Lee H, Choo M J, et al. Ionomer-liquid electrolyte hybrid ionic conductor for high cycling stability of lithium metal electrodes [J]. Sci Rep, 2015, 5: 14458.

[214] Yan K, Lu Z, Lee H-W, et al. Selective deposition and stable encapsulation of lithium through heterogeneous seeded growth [J]. Nat Energy, 2016, 1 (3): 16010.

[215] 张华民．储能与液流电池技术 [J]. 储能科学与技术，2012，9 (1)：58-63.

[216] 张华民．液流电池技术［M］．北京：化学工业出版社，2015.

[217] Soloveichik G L. Low batteries：current status and trends ［J］. Chem Rev，2015，115：11533-11558.

[218] 贾志军，宋士强，王保国．液流电池储能技术研究现状与展望［J］．储能科学与技术，2012，9（1）：50-57.

[219] Cunha Á，Martins J，Rodrigues N，et al. Vanadium redox flow batteries：a technology review ［J］. Int J Energy Res，2015，39：889-918.

[220] 谢聪鑫，郑琼，李先锋，等．液流电池技术的最新进展［J］．储能科学与技术，2017，6（5）：1050-1057.

[221] Leung P，Shah A A，Sanz L，et al. Recent developments in organic redox flow batteries：a critical review ［J］. J Power Sources，2017，360：246-286.

[222] Walsh F C，De León C P，Berlouis L，et al. The development of Zn-Ce hybrid redox flow batteries for energy storage and their continuing challenges ［J］. Chem Plus Chem，2015，80：291-311.

[223] Potiron E，Le Gal La Salle A，Verbaere A，et al. Electrochemically synthesized vanadium oxides as lithium insertion hosts ［J］. Acta，1999，45：197-217.

[224] Li L，Kim S，Wang W，et al. A stable vanadium redox-flow battery with high energy density for large-scale energy storage ［J］. Adv Energy Mater，2011，1：394-400.

[225] Stephens I E L，Ducati C，Fray D J. Correlatingmicrostructure and activity for polysulfide reduction and oxidation atWS_2 electrocatalysts ［J］. J Electrochem Soc，2013，160：A757-A768.

[226] Zhao P，Zhang H，Zhou H，et al. Nickel foam and carbon felt applications for sodium polysulfide/bromine redox flow battery electrodes ［J］. Electrochim Acta，2005，51：1091-1098.

[227] Climent M A，Garces P，Lopez-Segura M，et al. Systemsfor storage of electric energy. Ⅱ. Filter press-type iron/chromium redox battery ［J］. An Quim Ser A，1987，83（1）：12-14.

[228] Khor A，Leung P，Mohamed M R，et al. Review of zinc-based hybrid flow batteries：from fundamentals to applications ［J］. Mater Today Energy，2018，8：80-108.

[229] 胡林童，郭凯，李会巧，等．新型锂-液流电池［J］．科学通报，2016，61（3）：350-363.

[230] Hazza A，Pletcher D，Wills R. A novel flow battery：a lead acid battery based on an electrolyte with soluble lead（Ⅱ）Part Ⅰ. Preliminary studies ［J］. Phys Chem Chem Phys，2004，6：1773-1778.

[231] Pletcher D，Wills R. A novel flow battery：a lead acid battery based on an electrolyte with soluble lead（Ⅱ）Part Ⅱ. Flow cell studies ［J］. Phys Chem Chem Phys，2004，6：1779-1785.

[232] Choi C，Kim S，Kim R，et al. A review of vanadium electrolytes for vanadium redox flow batteries ［J］. Renew Sust Energ Rev，2017，69：266-277.

[233] Cao L，Skyllas-Kazacos M，Menictas C，et al. A review of electrolyte additives and impurities in vanadium redox flow batteries ［J］. J Energy Chem，2018，27：1272-1291.

[234] Rahman F，Skyllas-Kazacos M. Solubility of vanadyl sulfate in concentrated sulfuric acid solutions ［J］. J Power Sources，1998，72：105-110.

[235] Rahmana F，Skyllas-Kazacos M. Evaluation of additive formulations to inhibit precipitation of positive electrolyte in vanadium battery ［J］. J Power Sources，2017，340：139-149.

[236] Skyllas-Kazacos M，Chakrabarti M H，Hajimolana S A，et al. Progress in flow battery research and development ［J］. J Electrochem Soc，2011，158：R55-R79.

[237] Cheng F，Chen J. Metal-air batteries：from oxygen reduction electrochemistry to cathode catalysts ［J］. Chem Soc Rev，2012，41（6）：2172-2192.

[238] Girishkumar G，McCloskey B，Luntz A C，et al. Lithium-air battery：promise and challenges ［J］. J Phys Chem Lett，2010，1（14）：2223-2233.

[239] Rahman M A，Wang X，Wen C. High energy density metal-air batteries：a review ［J］. J Electrochem Soc，2013，160（10）：A1759-A1771.

[240] Lee J-S，Tai Kim S，Cao R，et al. Metal-air batteries with high energy density：Li-air versus Zn-air ［J］. Adv Energy Mater，2011：1（1），34-50.

[241] Li X，Yang S，Feng N，et al. Progress in research on Li-CO_2 batteries：mechanism，catalyst and performance

[J]. Chinese J Catal, 2016, 37 (7): 1016-1024.

[242] Zou L, Cheng J, Jiang Y, et al. Spinel $MnCo_2O_4$ nanospheres as an effective cathode electrocatalyst for rechargeable lithium-oxygen batteries [J]. RSC Adv, 2016, 6 (37): 31251-31258.

[243] Surya K, Michael M S, Prabaharan S R S. A review on advancement in non-noble metal based oxides as bifunctional catalysts for rechargeable non-aqueous Li/air battery [J]. Solid State Ionics, 2018, 317: 89-96.

[244] Debart A, Paterson A J, Bao J, et al. Alpha-MnO_2 nanowires: a catalyst for the O_2 electrode in rechargeable lithium batteries [J]. Angew Chem Int Ed Engl, 2008, 47 (24): 4521-4524.

[245] Read J. Characterization of the lithium/oxygen organic electrolyte battery [J]. J Electrochem Soc, 2002, 149 (9): A1190-A1195.

[246] Débart A, Bao J, Armstrong G, et al. Effect of catalyst on the performance of rechargeable lithium/air batteries [J]. ECS Transactions, 2007, 3 (27): 228-235.

[247] Wang H, Yang Y, Liang Y, et al. Rechargeable Li-O_2 batteries with a covalently coupled $MnCo_2O_4$-graphene hybrid as an oxygen cathode catalyst [J]. Energy Environ Sci, 2012, 5 (7): 7931-7935.

[248] Minowa H, Hayashi M, Hayashi K, et al. Mn-Fe-based oxide electrocatalysts for air electrodes of lithium-air batteries [J]. J Power Sources, 2013, 247: 17-22.

[249] Zhang G Q, Zheng J P, Liang R, et al. α-MnO_2/carbon nanotube/carbon nanofiber composite catalytic air electrodes for rechargeable lithium-air batteries [J]. J Electrochem Soc, 2011, 158 (7): A822.

[250] Li J, Wang N, Zhao Y, et al. MnO_2 nanoflakes coated on multi-walled carbon nanotubes for rechargeable lithium-air batteries [J]. Electrochem Commun, 2011, 13 (7): 698-700.

[251] Cheng H, Scott K. Carbon-supported manganese oxide nanocatalysts for rechargeable lithium-air batteries [J]. J Power Sources, 2010, 195 (5): 1370-1374.

[252] Ma S, Sun L, Cong L, et al. Multiporous $MnCo_2O_4$ microspheres as an efficient bifunctional catalyst for nonaqueous Li-O_2 batteries [J]. J Phys Chem C, 2013, 117 (49): 26190-26197.

[253] Riaz A, Jung K N, Chang W, et al. Carbon-, binder-, and precious metal-free cathodes for non-aqueous lithium-oxygen batteries: nanoflake-decorated nanoneedle oxide arrays [J]. ACS Appl Mater Inter, 2014, 6 (20): 17815-17822.

[254] Liu Y, Cao L J, Cao C W, et al. Facile synthesis of spinel $CuCo_2O_4$ nanocrystals as high-performance cathode catalysts for rechargeable Li-air batteries [J]. Chem Commun, 2014, 50 (93): 14635-14638.

[255] Cao Y, Cai S R, Fan S C, et al. Reduced graphene oxide anchoring $CoFe_2O_4$ nanoparticles as an effective catalyst for non-aqueous lithium-oxygen batteries [J]. Faraday Discuss, 2014, 172: 218-221.

[256] Sun B, Zhang J, Munroe P, et al. Hierarchical $NiCo_2O_4$ nanorods as an efficient cathode catalyst for rechargeable non-aqueous Li-O_2 batteries [J]. Electrochem. Commun, 2013, 31: 88-91.

[257] Zhang L, Zhang S, Zhang K, et al. Mesoporous $NiCo_2O_4$ nanoflakes as electrocatalysts for rechargeable Li-O_2 batteries [J]. Chem Commun, 2013, 49 (34): 3540-3542.

[258] Sun B, Huang X, Chen S, et al. Hierarchical macroporous/mesoporous $NiCo_2O_4$ nanosheets as cathode catalysts for rechargeable Li-O_2 batteries [J]. J Mater Chem A, 2014, 2 (30): 44556-44565.

[259] Xu J J, Xu D, Wang Z L, et al. Synthesis of perovskite-based porous $La_{0.75}Sr_{0.25}MnO_3$ nanotubes as a highly efficient electrocatalyst for rechargeable lithium-oxygen batteries [J]. Angew Chem Int Ed Engl, 2013, 52 (14): 3887-3890.

[260] Fu Z, Lin X, Huang T, et al. Nano-sized $La_{0.8}Sr_{0.2}MnO_3$ as oxygen reduction catalyst in nonaqueous Li/O_2 batteries [J]. J Solid State Electrochem, 2011, 16 (4): 1447-1452.

[261] Luo Y, Lu F, Jin C, et al. $NiCo_2O_4$@$La_{0.8}Sr_{0.2}MnO_3$ core-shell structured nanorods as efficient electrocatalyst for LiO_2 battery with enhanced performances [J]. J Power Sources, 2016, 319: 19-26.

[262] Trahey L, Johnson C S, Vaughey J T, et al. Activated lithium-metal-oxides as catalytic electrodes for Li-O_2 cells [J]. Electrochem Solid-State Lett, 2011, 14 (5): A64-A66.

[263] Shang C, Dong S, Hu P, et al. Compatible interface design of CoO-based Li-O_2 battery cathodes with long-cycling

stability [J]. Sci Rep，2015，5：8335.

[264] Cui Y，Wen Z，Sun S，et al. Mesoporous Co_3O_4 with different porosities as catalysts for the lithium-oxygen cell [J]. Solid State Ionics，2012，228：598-603.

[265] Xia C，Kwok C Y，Nazar L F. A high-energy-density lithium-oxygen battery based on a reversible four-electron conversion to lithium oxide [J]. Science，2018，361 (6404)：777-781.

[266] Balaish M，Kraytsberg A，Ein-Eli Y. A critical review on lithium-air battery electrolytes [J]. Phys Chem Chem Phys，2014，16 (7)：2801-2822.

[267] 曹殿学．燃料电池系统 [M]. 北京：北京航空航天大学出版社，2009.

[268] Kraytsberg A，Ein-Eli Y. Review on Li-air batteries—Opportunities，limitations and perspective [J]. J Power Sources，2011，196 (3)：886-893.

[269] Mainar R A，Leonet O，Bengoechea M，et al. Alkaline aqueous electrolytes for secondary zinc-air batteries：an overview [J]. Int J Energ Res，2016，40 (8)：1032-1049.

[270] Clark S，Latz A，Horstmann B. A review of model-based design tools for metal-air batteries [J]. Batteries，2018，4 (1)：5.

[271] Pan J，Xu Y Y，Yang H，et al. Advanced architectures and relatives of air electrodes in Zn-air batteries [J]. Adv Sci，2018，5 (4)：1700691.

[272] Li P C，Chien Y J，Hu C C. Novel configuration of bifunctional air electrodes for rechargeable zinc-air batteries [J]. J Power Sources，2016，313：37-45.

[273] Davari E，Ivey D G. ifunctional electrocatalysts for Zn-air batteries [J]. Sustain Energ Fuels，2018，2 (1)：39-67.

[274] Meng F L，Liu K H，Zhang Y，et al. Recent advances toward the rational design of efficient bifunctional air electrodes for rechargeable Zn-air batteries [J]. Small，2018，14 (32)：e1703843.

[275] Wang H F，Tang C，Zhang Q. A review of precious-metal-free bifunctional oxygen electrocatalysts：rational design and applications in Zn-air batteries [J]. Adv Funct Mater，2018，28 (46)：22.

[276] Fu G T，Tang Y W，Lee J M. Recent advances in carbon-based bifunctional oxygen electrocatalysts for Zn-air batteries [J]. Chemelectrochem，2018，5 (11)：1424-1434.

[277] Cai X Y，Lai L F，Lin J Y，et al. Recent advances in air electrodes for Zn-air batteries：electrocatalysis and structural design [J]. Mater Horizons，2017，4 (6)：945-976.

[278] Wang Y-J，Fang B，Zhang D，et al. A review of carbon-composited materials as air-electrode bifunctional electrocatalysts for metal-air batteries [J]. Electro Ener Rev，2018，1 (1)：1-34.

[279] Tan P，Chen B，Xu H，et al. Flexible Zn- and Li-air batteries：recent advances，challenges，and future perspectives [J]. Energy Environ Sci，2017，10 (10)：2086-2110.

[280] Zeng S，Tong X，Zhou S，et al. All-in-one bifunctional oxygen electrode films for flexible Zn-air batteries [J]. Small，2018，14 (48)：1803409.

[281] Park J，Park M，Nam G，et al. All-solid-state cable-type flexible zinc-air battery [J]. Adv Mater，2015，27 (8)：1396-1401.

[282] Liu Q，Wang Y，Dai L，et al. Scalable fabrication of nanoporous carbon fiber films as bifunctional catalytic electrodes for flexible Zn-air batteries [J]. Adv Mater，2016，28 (15)：3000-3006.

[283] Li Y，Yin J，An L，et al. Metallic $CuCo_2S_4$ nanosheets of atomic thickness as efficient bifunctional electrocatalysts for portable，flexible Zn-air batteries [J]. Nanoscale，2018，10 (14)：6581-6588.

[284] Marcus K，Liang K，Niu W，et al. Nickel sulfide freestanding holey films as air-breathing electrodes for flexible Zn-air batteries [J]. J Phys Chem Lett，2018，9 (11)：2776-2780.

[285] Qiao Y，Yuan P，Hu Y，et al. Sulfuration of an Fe-N-C catalyst containing Fe_xC/Fe species to enhance the catalysis of oxygen reduction in acidic media and for use in flexible Zn-air batteries [J]. Adv Mater，2018，30 (46)：1804504.

[286] Shinde S S，Lee C H，Yu J Y，et al. Hierarchically designed 3D holey C_2N aerogels as bifunctional oxygen elec-

trodes for flexible and rechargeable Zn-air batteries [J]. ACS nano，2018，12 (1)：596-608.

[287] Li B Q，Zhang S Y，Wang B，et al. A porphyrin covalent organic framework cathode for flexible Zn-air batteries [J]. Energy Environ Sci，2018，11 (7)：1723-1729.

[288] Zhao X T，Abbas S C，Huang Y Y，et al. Robust and highly active FeNi@NCNT nanowire arrays as integrated air electrode for flexible solid-state rechargeable Zn-air batteries [J]. Adv Mater Interfaces，2018，5 (9)：1701448.

[289] Lee D，Kim H W，Kim J M，et al. Flexible/rechargeable Zn-air batteries based on multifunctional heteronanomat architecture [J]. ACS Appl Mater Inter，2018，10 (26)：22510-22517.

[290] Egan D R，Ponce de León C，Wood R J K，et al. Developments in electrode materials and electrolytes for aluminium-air batteries [J]. J Power Sources，2013，239：293-310.

[291] Mutlu R N，Ates S，Yazici B. Al-6013-T6 and Al-7075-T7351 alloy anodes for aluminium-air battery [J]. Int J Hydrogen Energy，2017，42 (36)：23315-23325.

[292] Park I J，Choi S R，Kim J G. Aluminum anode for aluminum-air battery - Part Ⅱ：influence of in addition on the electrochemical characteristics of Al-Zn alloy in alkaline solution [J]. J Power Sources，2017，357：47-55.

[293] Di Palma T M，Migliardini F，Caputo D，et al. Xanthan and kappa-carrageenan based alkaline hydrogels as electrolytes for Al/air batteries [J]. Carbohydr Polym，2017，157：122-127.

[294] Liu Y S，Sun Q，Yang X F，et al. High-performance and recyclable Al-air coin cells based on eco-friendly chitosan hydrogel membranes [J]. ACS Appl Mater Inter，2018，10 (23)：19730-19738.

[295] Moghadam Z，Shabani-Nooshabadi M，Behpour M. Electrochemical performance of aluminium alloy in strong alkaline media by urea and thiourea as inhibitor for aluminium-air batteries [J]. J Mol Liq，2017，245：971-978.

[296] Hopkins B J，Shao-Horn Y，Hart D P. Suppressing corrosion in primary aluminum-air batteries via oil displacement [J]. Science，2018，362 (6415)：658-661.

[297] 康维 B E. 电化学超级电容器-科学原理及技术应用 [M]. 陈艾，吴孟强，张绪礼，等译．北京：化学工业出版社，2006.

[298] 袁国辉．电化学电容器 [M]. 北京，化学工业出版社，2006.

[299] Francois B，Elizieta F. 超级电容器：材料、系统及应用 [M]. 张治安，等译．北京：机械工业出版社，2014.

[300] 陈永真，李锦．电容器手册 [M]. 北京：科学出版社，2008.

[301] Helmholtz H L F V. Ann Phys (Leipzig)，1879，89：211.

[302] Becker H I. Low voltage electrolytic capacitor：US 04381536A [P]. 1957-07-23.

[303] Rightmire R A. Electrical energy storage apparatus：US 20170331311A1 [P]. 1966-11-29.

[304] Boos D L. Electrolytic capacitor having carbon paste electrodes：US 3536963DA [P]. 1970-09-27.

[305] Endo M，Takeda T，Kim Y J，et al. High power electric double layer capacitor (EDLC's)；from operating principle to pore size control in advanced activated carbons [J]. Carbon Sci，2001，1：117-128.

[306] Gouy G. Sur la constitution de la charge électrique à la surface d'un electrolyte [J]. J Phys，1910，9：457-468.

[307] Chapman D L. LI. A contribution to the theory of electrocapillarity [J]. Phil Mag，1913，25：475-481.

[308] Stern O. zu den Leisten verlaufenden Schnitt erkennt man Fibrillenzüge，die in Form von Bügel verlaufen，deren konvexe Scheitel der äuβeren Aufbiegung der Drüsen-leisten [J]. Elektrochem，1924，30：508-524.

[309] Gonzalez A，Goikolea E，Barrena J A，et al. Review on supercapacitors：technologies and materials [J]. Renew Sustain Energy Rev，2016，58：1189-1209.

[310] Zhang L L，Zhao X S. Carbon-based materials as supercapacitor electrodes [J]. Chem Soc Rev，2009，38 (9)：2520-2531.

[311] Williams H S. A history of Science [M]. New York：Harper & Brothers，II(VI)，1904.

[312] 邢宝林，谌伦建，张传祥，等．超级电容器用活性炭电极材料的研究进展 [J]. 材料导报，2010，24：22-25.

[313] Centeno T A，Stoeckli F. The role of textural characteristics and oxygen-containing surface groups in the supercapacitor performances of activated carbons [J]. Electrochim Acta，2006，52：560-566.

[314] Pietrzak R，Jurewicz K，Nowicki P. Microporous activated carbons from ammoidised anthracite and their capacitance behaviors [J]. Fuel，2007，86：1086-1092.

[315] Saliger R, Fischer U, Herta C, et al. High surface area carbon aerogels for supercapacitors [J]. Non-Cryst Solids, 1998, 228: 81-85.

[316] Kim S J, Hwang S W, Hyun S H. Preparation of carbon aerogel electrodes for supercapacitor and their electrochemical characteristics [J]. J Mater Sci, 2005, 40: 725-731.

[317] 王康，余爱梅，郑华均．超级电容器电极材料的研究发展 [J]. 浙江化工，2010，41：18-23.

[318] Hwang S W, Hyun S H. Capacitance control of carbon aerogel electrodes [J]. Non-Cryst Solids, 2004, 347: 241-248.

[319] 蒋亚娴，陈晓红，宋怀河．用于超级电容器电极材料的球形炭气凝胶 [J]. 北京化工大学学报，2007，34：616-620.

[320] 吴锋，徐斌．碳纳米管在超级电容器中的应用研究进展 [J]. 新型炭材料，2006，21：176-181.

[321] 江奇，卢晓英，赵勇等．碳纳米管微结构的改变对其容量性能的影响 [J]. 物理化学学报，2004，20：546-549.

[322] 匡达，胡文彬．石墨烯复合材料的研究进展 [J]. 无机材料学报，2013，28：238-249.

[323] Zhao X, Hayner C M, Kung M C, et al. Flexible holey graphene paper electrodes with enhanced rate capability for energy storage applications [J]. ACS Nano, 2011, 5: 8739-8749.

[324] 阮殿波，陈宽，傅冠生．超级电容器用石墨烯基电极材料的进展 [J]. 电池，2013，43：353-356.

[325] 中国中车株机公司新一代大容量石墨烯超级电容问世 [J]. 化工新型材料，2015，43：246.

[326] Wang G, Zhang L, Zhang J. A review of electrode materials for electrochemical supercapacitors [J]. Chem Soc Rev, 2012, 41: 797-828.

[327] Conway B E, Birss V, Wojtowicz J. The role and utilization of pseudocapacitance for energy storage by supercapacitors [J]. J Power Sources, 1997, 66: 1-14.

[328] Simon P, Gogotsi Y. Materials for electrochemical capacitors [J]. Nat Mater, 2008, 7: 845-854.

[329] Cheng D, Yang Y F, Xie J L, et al. Hierarchical $NiCo_2O_4$@$NiMoO_4$ core-shell hybrid nanowire/nanosheet arrays for high-performance pseudocapacitors [J]. J Mater Chem A, 2015, 3: 14348-14357.

[330] Yuan C Z, Li J Y, Hou L R, et al. Ultrathin mesoporous $NiCo_2O_4$ nanosheets supported on Ni foam as advanced electrodes for supercapacitors [J]. Adv Funct Mater, 2012, 22: 4592-4597.

[331] Cheng J P, Zhang J, Liu F. Recent development of metal hydroxides as electrode material of electrochemical capacitors [J]. RSC Adv, 2014, 4: 38893-38917.

[332] Hu W K, Gao X P, Dureus D, et al. Evaluation of nano-crystal sized α-nickel hydroxide as an electrode material for alkaline rechargeable cells [J]. J Power Sources, 2006, 160: 704-710.

[333] 涂亮亮，贾春阳．导电聚合物超级电容器电极材料 [J]. 化学进展，2010，22：1611-1618.

[334] 冯鑫．导电聚合物超级电容器电极材料研究进展 [J]. 化工技术与开发，2016，45：47-64.

[335] Novak P, Muller K, Santhanam K S V, et al. Electrochemically active polymers for rechargeable batteries [J]. Chem Rev, 1997, 97: 210-285.

[336] 袁美蓉，宋宇，徐永进．导电聚噻吩作为超级电容器电极材料的研究进展 [J]. 材料导报，2014，28：10-13.

[337] Chen L, Yuan C Y, Gao B, et al. Microwave-assisted synthesis of organic-inorganic poly (3, 4-ethylenedioxythiophene)/$RuO_2 \cdot xH_2O$ nanocomposite for supercapacitor [J]. J Solid State Electrochem, 2009, 13: 1925-1933.

[338] Naoi K, Suematsu S, Hanada M, et al. Enhanced cyclability of π-π stacked supramolecular (1,5-diaminoanthraquinone) oligomer as an electrochemical capacitor material [J]. J Electrochem Soc, 2002, 149: A472-A477.

[339] Suematsu S, Nakajima Y, Naoi K. Nanocomposites based on carbon/pi-stacked supramolecules for supercapacitors [J]. Electrochem Soc Series, 2002, 7: 285-288.

[340] 王彦鹏．电化学超级电容器复合电极材料的制备与研究 [D]. 西安：西北师范大学，2007.

[341] Lei J C, Zhang X, Zhou Z. Recent advances in MXene: preparation, properties, and applications [J]. Frontiers of Phys, 2015, 10: 279-289.

[342] 李作鹏，赵建国，温雅琼，等．超级电容器电解质研究进展 [J]. 化工进展，2012，31：1631-1640.

[343] 吕晓静，朱平．超级电容器聚合物电解质的研究进展 [J]. 微纳电子技术，2016，53：102-118.

[344] 殷金玲．水系电解液超级电容器的研究与应用 [D]. 哈尔滨：哈尔滨工程大学，2005.

[345] Perreta P, Khania Z, Brousse T, et al. Carbon/PbO_2 asymmetric electrochemical capacitor based on methanesulfonic acid electrolyte [J]. Electrochim Acta, 2011, 56: 8122-8128.
[346] Stepniak I, Ciszewski A. New design of electric double layer capacitors with aqueous LiOH electrolyte as alternative to capacitor with KOH solution [J]. J Power Sources, 2010, 195: 2594-2599.
[347] Lee H Y, Manivannan V, Goodenough J B. Electrochemical capacitors with KCl electrolyte [J]. Academie des Sciences, 1999, 1: 565-577.
[348] 鞠群．有机电解液超级电容器的性能研究 [D]. 哈尔滨：哈尔滨工程大学，2005.
[349] 张宝宏，石庆沫，黄柏辉．碳基有机电解液超级电容器性能研究 [J]. 哈尔滨工程大学学报，2007，28：474-479.
[350] Wang H, Yoshio M. Effect of water contamination in the organic electrolyte on the performance of activated carbon/graphite capacitors [J]. J Power Soures, 2010, 195: 389-392.
[351] Zhang Q, Rong J, Ma D, et al. The governing self-discharge processes in activated carbon fabric-based supercapacitors with different organic electrolytes [J]. Energy Environ Sci, 2011, 4: 2182-2189.
[352] 邓友全．离子液体——性质、制备与应用 [M]. 北京：中国石化出版社，2006.
[353] Armand M, Endres F, Mac Farlane D R, et al. Ionic-liquid materials for the electrochemical challenges of the future [J]. Nature Mater, 2009, 8: 621-629.
[354] 李凡群，赖延清，高宏权，等．超级电容器用离子液体电解质的研究进展 [J]. 电池，2008，8：63-65.
[355] Rennie A J R, Sanchez-Ramirez N, Torresi R M, et al. Ether-bondcontaining ionic liquids as supercapacitor electrolytes [J]. J Phys Chem Lett, 2013, 4: 2970-2974.
[356] Yuyama K, Masuda G, Yoshida H, et al. Ionic liquids containing the tetrafluoroborate anion have the best performance and stability for electric double layer capacitor applications [J]. J Power Sources, 2006, 162: 1401-1408.
[357] Largeot C, Portet C, Chmiola J, et al. Relation between the ion size and pore size for an electric double-layer capacitor [J]. J Am Chem Soc, 2008, 130: 2760-2761.
[358] Choudhury N A, Sampath S, Shukla A K. Hydrogel-polymer electrolytes for electrochemical capacitors: An overview [J]. Energy Environ Sci, 2009, 2: 55-67.
[359] 许开卿，吴季怀，范乐庆，等．水凝胶聚合物电解质超级电容器研究进展 [J]. 材料导报，2011，25：27-30.
[360] Gao H, Xiao F, Ching C B, et al. High-performance asymmetric supercapacitor based on graphene hydrogel and nanostructured MnO_2 [J]. ACS Appl Mater Interfaces, 2012, 4 (5): 2801-2810.
[361] Choudhary N, Li C, Moore J, et al. Asymmetric supercapacitor electrodes and devices [J]. Adv Mater, 2017, 29 (21): 1-30.
[362] Xu H H, Hu X L, Yang H L, et al. Flexible asymmetric micro-supercapacitors based on Bi_2O_3 and MnO_2 nanoflowers: larger areal mass promises higher energy density [J]. Adv Energy Mater, 2015, 5 (6): 1401882.
[363] Amatucci G G, Badway F, Pasquier A D, et al. An asymmetric hybrid nonaqueous energy storage cell [J]. J Electrochem Soc, 2001, 148 (8): A930-A939.
[364] Wang H, Zhu C, Chao D, et al. Nonaqueous hybrid lithium-ion and sodium-ion capacitor [J]. Adv Mater, 2017, 29 (46): 1-18.
[365] Han P, Xu G, Han X, et al. Lithium ion capacitors in organic electrolyte system: scientific problems, material development, and key technologies [J]. Adv Energy Mater, 2018, 8 (26): 1801246.
[366] 尧李，宋家旺，刘庆雷，等．电容器设计与制备研究 [J]. 中国材料进展，2018，37 (6)：428-435.
[367] 荣长如，张克金，韩金磊，等．电容器设计与制备研究 [J]. 汽车工艺与材料，2014，8：47-50.
[368] 杨军，解晶莹，王久林．化学电源测试原理 [M]. 北京：化学工业出版社，2006.
[369] Siang F T, Chee W T. A review of energy sources and energy management system in electric vehicles [J]. Renew Sust Energ Rev, 2013, 20: 82-102.
[370] Wang D W, Li F, Liu M, et al. 3D aperiodic hierarchical porous graphitic carbon material for high-rate electrochemical capacitive energy storage [J]. Angew Chem Int Ed, 2008, 47: 373-376.
[371] 崔晓莉，江志裕．交流阻抗谱的表示及应用 [J]. 上海师范大学学报，2001，30：53-56.

[372] 仇上．双电层电容器电极涂覆过程中若干工艺问题研究［D］．上海：华东理工大学，2016.

[373] 唐西胜，齐智平．独立光伏系统中超级电容器蓄电池有源混合储能方案的研究［J］．电工电能新技术，2006，3：37-41.

[374] Abdorreza E，Hossein K，Jamshid A. A review of energy storage systems in microgrids with wind turbines［J］. Renew Sust Energ Rev，2013，18：316-326.

[375] Kim S M，Sul S K. Control of rubber tyred gantry crane with energy storage based on supercapacitor bank［J］. Power Electronics，2006，5：1420-1427.

[376] Peter C，Tariq M，Kevin C. Cutting vehicle emissions with regenerative braking［J］. Transportation Research Part D：Transport and Environment，2010，3：160-167.

[377] 陈雪丹，陈硕翼，乔志军，等．超级电容器的应用［J］．储能科学与技术，2016，5：800-806.